浙江省普通高校"十二五"优秀教材
普通高等教育电子电气基础课程系列教材

电路与电子技术实验教程

主　编　吴　霞
副主编　沈小丽　李　敏

机械工业出版社

本教程是按照高等学校电路分析基础、电子技术基础课程教学基本要求，结合作者多年来从事电路与电子技术实践性教学改革的经验，针对加强学生实践能力和创新能力培养的教学目的编写的。全书分为7章，共有41个实验项目，涵盖了基础实验、设计性扩展实验和电子电路综合实验选题三大模块。实验项目内容分成基本实验和扩展实验两部分，实验难度循序渐进，递阶式上升，并强调了Multisim仿真软件在实验过程中的应用。

本教程配有帮助学生预习实验的微课视频，学生可通过使用手机二维码扫描进行实验课前预习。

本教程可以作为高等院校及其独立学院电路与电子技术实验课程的教材和教师的教学参考书，也适合于非电类专业电工电子实验课程的学生选用。

图书在版编目（CIP）数据

电路与电子技术实验教程/吴霞主编．—北京：机械工业出版社，2013.2（2023.1重印）
浙江省普通高校“十二五”优秀教材　普通高等教育电子电气基础课程系列教材
ISBN 978-7-111-41658-6

Ⅰ．①电…　Ⅱ．①吴…　Ⅲ．①电路-实验-高等学校-教材②电子技术-实验-高等学校-教材　Ⅳ．①TM13-33②TN-33

中国版本图书馆CIP数据核字（2013）第037938号

机械工业出版社（北京市百万庄大街22号　邮政编码100037）
策划编辑：徐　凡　责任编辑：路乙达　徐　凡
版式设计：霍永明　责任校对：陈秀丽
封面设计：张　静　责任印制：郜　敏
北京盛通商印快线网络科技有限公司印刷
2023年1月第1版·第9次印刷
184mm×260mm·13印张·317千字
标准书号：ISBN 978-7-111-41658-6
定价：35.00元

电话服务	网络服务
客服电话：010-88361066	机　工　官　网：www.cmpbook.com
010-88379833	机　工　官　博：weibo.com/cmp1952
010-68326294	金　　书　　网：www.golden-book.com
封底无防伪标均为盗版	机工教育服务网：www.cmpedu.com

前　言

为了满足电路与电子技术实验教学改革的需求，加强对学生电路基础实验的训练，突出对学生电路综合设计能力、应用能力的培养，我们根据多年的教学经验体会，在修改、提炼校内实验讲义的基础上，编写了这本实验教程。本教程内容涵盖广，包括了电路分析基础、模拟电子技术与数字电子技术实验，以及电子电路综合实验等，既适用于高等学校电类专业、也适合于高等学校非电类专业使用。本教程具有以下特点：

第一，在教学理念上，针对学生学习能力的不同因材施教，减少验证性实验，增加设计性、综合性实验，为学有余力的学生留出发展个性的空间。每个实验项目的教学目标都分为三个层次，即基础性实验、设计性实验、综合应用性实验，逐步递阶式上升。实验内容既有基本实验、又有扩展实验，这样编写的好处是鼓励学有余力的学生选择挑战一些难度大的实验任务。每个实验项目的难度由浅入深，循序渐进，并给出了必要的实验预习提示，方便学生课前预习。指导教师可根据学生所学专业和课程学时数选择实验项目和安排相应的实验任务。

第二，在课堂教学方法上，以学生为中心，强调实验的预习环节，强调实践环节以学生自主学习的教学模式，在实验前要求学生运用所学相关的理论知识，自行设计实验方案及实验电路。教师在实验过程中起到是导演的角色，改变以往学生在实验环节中过分依赖教师的习惯。

第三，独立列一章介绍 Multisim10 仿真软件，将现代的电子设计自动化技术（EDA）融入到实验项目中。通过引入 Multisim 仿真典型实例的介绍，让学生快速掌握 Multisim 仿真工具。强调 Multisim 仿真软件在实验过程中的应用，要求学生在进入实验室之前对实验电路进行仿真，对自己设计的电路进行验证，对实验结果有正确的预期判断。所有实验都要有仿真结果，然后再进入实验室完成实验。培养学生利用计算机仿真软件对电路进行分析的能力。

第四，配有帮助学生预习实验的微课视频，学生可通过使用手机二维码扫描进行实验课前的预习，支持学习者通过移动终端随时随地进行学习。

本教程在结构上分为7章。其中，第1章为常用电工电子仪器，第2章为 Multisim10 仿真分析，第3章为电子电路的调试与故障检测，第4章为电路分析基础实验，第5章为模拟电子技术实验，第6章为数字电子技术实验，第7章为电子电路综合实验。附录中给出了常用的集成电路引脚排列。

本教程由池金谷编写第1章；李弘洋编写第2章的2.1节~2.5节；吴霞编写第2章的2.6节、2.8节，第3章，第5章的5.1节、5.2节、5.4节~5.6节、5.8节~5.9节，第7章的7.13、7.14节；何翔编写第5章的5.3节、5.7节；李敏编写第2章的2.7节，第4章；沈小丽编写第2章的2.9节，第6章及附录；卢飒编写第7章的7.1节~7.3节；施阁编写第7章的7.4节~7.12节，李敏与吴霞合编第5章的5.10节。全书由吴霞统稿。微课视频由李弘洋录制。

在本书的编写过程中，中国计量学院电路与系统学科的各位教师提出了诸多宝贵的建议，并给予了大力支持，在此表示衷心的感谢。正是有了大家的帮助，才使本书得以顺利出版。

由于编者水平有限，书中的错误、疏漏在所难免，恳请读者批评指正。

编　者

目　　录

第 1 章　常用电工电子仪器

1.1　数字交流毫伏表

数字交流毫伏表专用于对交流电压有效值的测量。可测量的交流电压信号波形类型包括正弦波、方波、三角波、锯齿波、脉冲波等。较之万用表，数字交流毫伏表有测量频率范围广、测量精确度高的特点，尤其是对微小交流信号的测量精度优势明显。

本节以 YB2173F 型数字交流毫伏表为例，介绍数字交流毫伏表的功能特点及使用方法。YB2173F 型数字交流毫伏表测量电压范围为 300μV ~ 300V，被测电压的频率范围为 10Hz ~ 2MHz，分辨力为 10μV。该仪表由单片机进行智能化控制和数据处理，量程自动转换，具有双通道、双数显和开关切换显示有效值或分贝值的功能。

1. 数字交流毫伏表控制面板功能介绍

YB2173F 型数字交流毫伏表控制面板如图 1-1 所示。

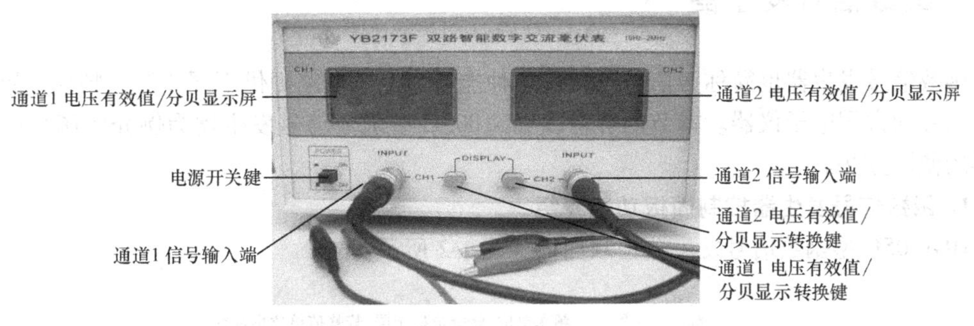

图 1-1　YB2173F 型数字交流毫伏表控制面板

YB2173F 型数字交流毫伏表的常用按键、端口功能见表 1-1。

表 1-1　YB2173F 型数字交流毫伏表的常用按键、端口功能

按键/端口名称	功　能
电源开关键（POWER）	开/关电源
通道 1 电压有效值/分贝显示转换键（DISPLAY _ CH1）	该键处于弹出位置时，通道 1 显示屏显示电压有效值；该键被按下时，显示屏显示分贝值
通道 1 电压有效值/分贝显示屏	显示通道 1 被测信号的电压有效值或分贝值及单位
通道 1 信号输入端（INPUT _ CH1）	通道 1 被测信号输入端

注：通道 2 的相关按键、端口功能与通道 1 相同。

2. 数字交流毫伏表的使用操作实例

下面以测量一个频率为1kHz、有效值为90mV的正弦交流电压信号为例来进一步描述数字交流毫伏表的使用方法。具体步骤如下：

1）按下“POWER”键启动数字交流毫伏表。

2）将被测信号通过信号输入线接入“INPUT _ CH1”端，即信号输入线的黑色夹子接到实验电路的公共接地端，红色夹子接到被测点。

3）确保“DISPLAY _ CH1”键处于弹出位置。

4）读取“通道1电压有效值/分贝显示屏”示数为“90.0mV”，此即为被测信号的电压有效值。

3. 数字交流毫伏表的使用注意事项

1）数字交流毫伏表通常用来测量正弦交流电压有效值。

2）被测电压有效值不能高于300V，以免损坏仪表。

3）本仪表用于测量交流电压信号有效值时，相关的“DISPLAY _ CH1”或“DISPLAY _ CH2”键应处于弹出位置。

4）信号输入线的黑色夹子接在实验电路的公共接地端。

5）本仪表可同时测量两路交流电压信号的电压有效值。

1.2 函数信号发生器

函数信号发生器也简称为信号源，是一种能够为电子电路提供不同波形、频率、幅度的电压信号的常用电子仪器。本节内容将以HG1005C型函数信号发生器为例介绍函数信号发生器的使用方法。

1. 函数信号发生器控制面板功能介绍

HG1005C型函数信号发生器控制面板如图1-2所示。

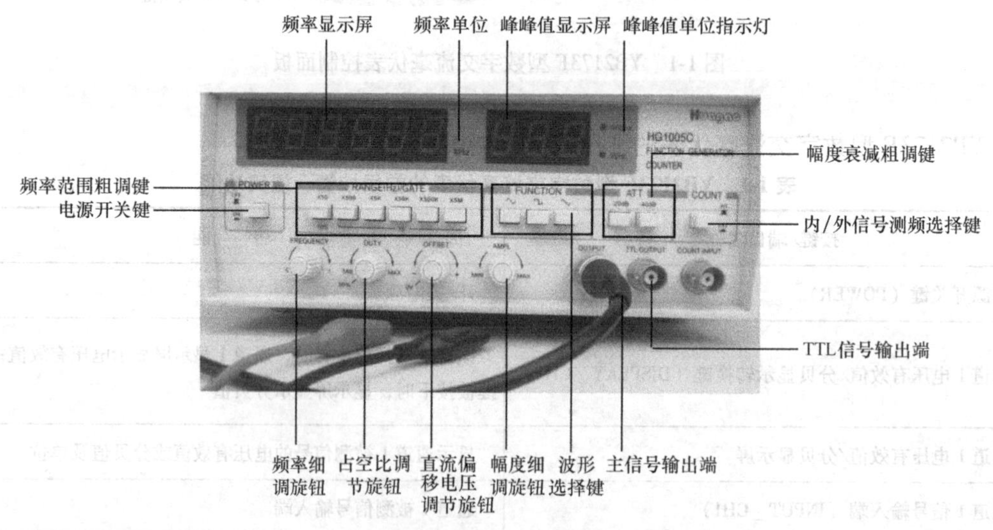

图1-2 HG1005C型函数信号发生器控制面板

HG1005C 型函数信号发生器上的常用旋钮、按键功能见表 1-2。

表 1-2　HG1005C 型函数信号发生器的常用旋钮、按键功能

旋钮/按键名称	功　能
电源开关键（POWER）	开/关电源
波形选择键（FUNCTION）	可选择产生的波形有：正弦波、方波、三角波
频率范围粗调键（RANGE/GATE）	将 5Hz ~ 5MHz 的频率范围分为 6 挡，每挡覆盖 10 倍频率，可进行信号频率的粗调
频率细调旋钮（FREQUENCY）	在当前频率范围内进行细调
幅度衰减粗调键（ATT）	按下不同的键可对信号幅度进行衰减粗调，0dB（两键都不按下）、-20dB、-40dB 、-60dB（两键都按下），分别对应衰减 1、10、100、1000 倍
幅度细调旋钮（AMPL）	在当前衰减倍数下进行幅度细调
占空比调节旋钮（DUTY）	调节波形占空比。调节范围为 15% ~ 80%，旋钮逆时针旋到底时占空比为 50%
直流偏移电压调节旋钮（OFFSET）	调节信号的直流分量幅度。调节范围为 ±8V（空载时），旋钮逆时针旋到底时直流分量幅度为 0V
内/外信号测频选择键（COUNT）	按键弹出时，频率显示屏显示本机输出的信号的频率；按键按下时，频率显示屏显示“COUNT INPUT”端输入信号的频率
主信号输出端（OUTPUT）	主信号输出端口
TTL 信号输出端（TTL OUTPUT）	输出峰峰值为 3.5V 的方波。该端口输出信号不受“波形选择键”、“幅度衰减粗调键”、“幅度细调旋钮”以及“直流偏移电压调节旋钮”的控制
频率显示屏	显示输出电压信号的频率，频率单位为 kHz
峰峰值显示屏	显示输出电压信号的峰峰值
峰峰值单位指示灯	点亮的发光二极管灯指示此时输出电压信号峰峰值的单位。峰峰值单位包括 mV、V

2. 函数信号发生器的使用操作实例

下面以调制一个频率为 1kHz、有效值为 1.25V、占空比为 70%、直流偏移电压为 0V 的方波信号为例来进一步描述函数信号发生器的使用方法。具体步骤如下：

1）按下“POWER”键，启动函数信号发生器。

2）确保“COUNT”键处于弹出位置。

3）按下“FUNCTION”键中的方波键。

4）按下“RANGE/GATE”键中的“×5k”键。

5）旋转“FREQUENCY”旋钮直至“频率显示”屏上显示“1.000”。

6）将“OFFSET”旋钮逆时针旋转到底。

7）旋转“DUTY”旋钮，通过在“OUTPUT”端外接示波器 CH1 或 CH2 通道来观测输出信号的占空比，利用示波器“Measure”键中相应菜单功能来测量信号的占空比，直至菜单中“ + Duty”（正占空比）达到70%。

8）按下“ATT”键中的“ -20dB”键。

9）旋转“AMPL”旋钮，通过“OUTPUT”端所连接输出线的红色、黑色夹子对接交流毫伏表输入线的红色、黑色夹子来观测输出电压信号的有效值，直至毫伏表显示屏显示1.25V。至此，在“OUTPUT”端即可得到所要求的方波信号。

3. 函数信号发生器的使用注意事项

在函数信号发生器的使用过程中，还需要特别注意以下一些事项：

1）本仪器用于输出交流电压信号。

2）信号输出线的红色、黑色夹子严禁短接，否则会烧毁函数信号发生器内部器件。

3）信号输出端严禁接输入电压信号，以免损坏仪器。

4）信号输出线的黑色夹子接实验电路的公共接地端。

5）本仪器用作信号发生器时，“COUNT”键应处于弹出位置。

6）模拟电子技术实验中通常选用“OUTPUT”端输出信号，数字电子技术实验中通常选用“TTL OUTPUT”端输出方波信号。

7）在输出正弦波时“DUTY”旋钮要逆时针旋到底，否则波形会畸变。

8）在输出正弦交流信号时，即不需要叠加直流信号时，“OFFSET”旋钮要逆时针旋到底。

1.3 数字万用表

万用表是一种多功能、多量程的仪表。常用的万用表具备基本的交直流电压、交直流电流、电阻、电容、频率、晶体管、二极管及导线通断测量功能。万用表可分为模拟式（即指针式）和数字式两大类。目前，数字万用表应用比较广泛。数字万用表具有测量精度高、极性自动转换、读数直观等优点。

测量准确度和显示位数是数字万用表的两个很重要的指标。一般而言，显示位数越多，其测量准确度越高。但二者并不完全一致，显示位数相同的两个表，其测量准确度也可能有很大差距。

常见的数字万用表显示位数有3½、3⅔、3¾、4½、5½、6½、7½、8½位共八种。其中，3½、3⅔、3¾位万用表最大显示数值依次为1 999、2 999、3 999；8½位万用表最大显示数值为199 999 999。4½、5½、6½、7½位万用表位数显示规律同3½、8½位万用表。平常所谓的“三位半”万用表即3½位万用表。该称谓的含义是指显示位最高位只能显示“1”或不显示，称为“半位”；其他位能显示0~9的任意一个数字。

VC8045-II型数字万用表是一种4½位台式数字万用表。该仪表电压测量最高可达1000V直流或交流峰值，分辨力可达10μV；电流测量最高可达20A；交流测量采用高精度真有效值，具有测量频带宽的特点。下面以该型号万用表为例，介绍数字万用表的功能特点及使用方法。图1-3所示为VC8045-II型数字万用表控制面板。

1. 数字万用表控制面板功能介绍

VC8045-II型数字万用表的常用按键、旋钮功能见表1-3。

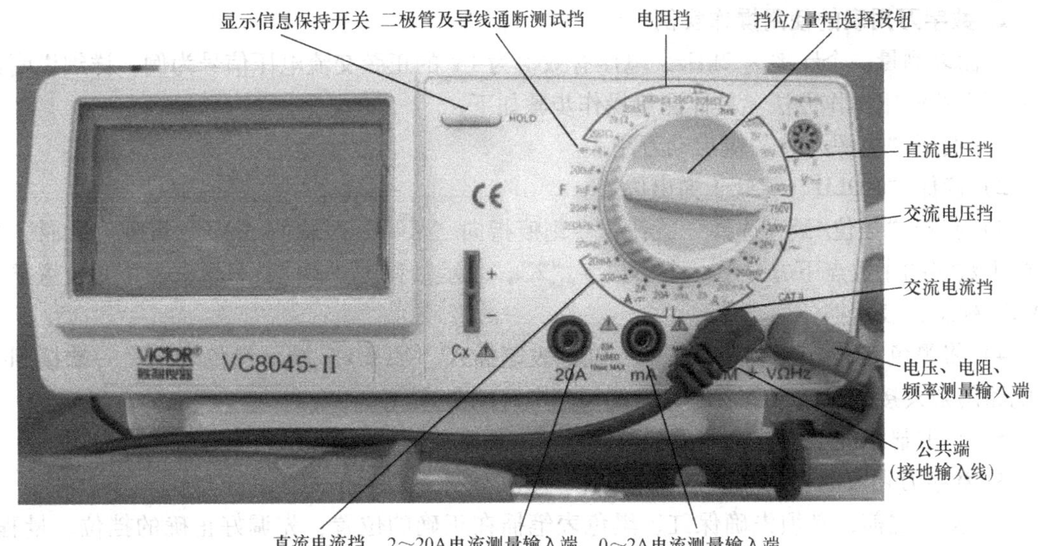

图 1-3　VC8045-II 型数字万用表控制面板

表 1-3　VC8045-II 型数字万用表的常用按键、旋钮功能

按键/旋钮名称	功　能
电源开关键①	开/关电源
电压、电阻、频率测量输入端（VΩHz）	测量电压、电阻、频率时，将红色表笔插入该端口
0～2A 电流测量输入端（mA）	测量 0～2A 电流时，将红色表笔插入该端口
2～20A 电流测量输入端（20A）	测量 2～20A 电流时，将红色表笔插入该端口
公共端（COM）	黑色表笔插入该端口。接被测量电路的公共接地端
挡位/量程选择旋钮	依照旋钮上刻痕指向选择所需的测量挡位及量程
直流电压挡（V－）	测量直流电压时在该挡位区域中选择相应量程
交流电压挡（V～）	测量交流电压时在该挡位区域中选择相应量程
直流电流挡（A－）	测量直流电流时在该挡位区域中选择相应量程
交流电流挡（A～）	测量交流电流时在该挡位区域中选择相应量程
电阻挡（Ω）	测量电阻时在该挡位区域中选择相应量程
二极管及线路通断测试挡②	测试二极管的好坏及线路的通断状况时，选择该挡位
显示信息保持键（HOLD）	按下该键时，显示屏显示信息保持按下瞬间的数值不变化，显示屏左侧显示“H”标志；弹出该键时，显示信息变为正常动态显示

① 电源开关键在仪表的背面。

② 测试二极管的好坏及线路的通断状况时，红表笔插入“VΩHz”端，黑表笔插入“COM”端。测试二极管时，若二极管开路或被反接（即红表笔接二极管负极，黑表笔接正极），显示屏显示“1”；若二极管被正接，则显示屏显示数值为两表笔之间二极管正向压降的毫伏值。测试线路通断状况时，若两表笔间的阻值小于约 70Ω 时，仪表内蜂鸣器响，表示线路通；若显示屏显示“1”，则表示线路断。

2. 数字万用表的使用操作实例

下面以测量一个频率为2kHz、电压有效值为1V的正弦交流电压信号为例，详细说明数字万用表的使用操作方法。具体测量操作步骤如下：

1）按下“电源开关”键启动万用表。

2）确保“HOLD”键处于弹出位置。

3）旋转“挡位/量程选择”旋钮，令刻痕指向“V～”区域的“2V”量程。此时，显示屏上数字的小数点下方显示一个小数字“2”，表示量程为“2V”；显示屏左下角位置显示“AC”标志，表示挡位为交流。

4）将黑色表笔插入“COM”端，红色表笔插入“VΩHz”端。黑色表笔另一端接到被测电路的公共接地端，红色表笔另一端接到电路测量点。

5）读取显示屏上示数，即为被测信号的电压有效值。

3. 数字万用表的使用注意事项

1）测量之前，必须先确保红、黑色表笔插在正确的位置，先调好正确的挡位、量程，再接入电路、元器件进行测量。否则，容易损坏仪表。

2）被测电压不能高于1000V直流或交流峰值，以免损坏仪表。

3）测量高电压或大电流时，务必谨慎操作，避免电击危险。

4）测量在线电阻时，需做到“两断”：电阻所在电路需断电，电路中电容需放完电；确保电阻至少有一端从所在电路断开。否则，会导致测量结果出错，甚至损坏仪表。

5）应当选用不小于实际值的最小量程。这样，既避免了实际值超量程的问题，又减少了测量误差。

6）当显示屏上只在最高位显示“1”时，表示实际值已超量程，需调高量程。

7）本仪表在正常测量时，“HOLD”键应处于弹出位置。

8）黑色表笔应接被测电路的公共接地端。

9）输入过载时，可能会熔断内置熔断器，需及时更换。

1.4 数字示波器

示波器是一种应用广泛的电子测量仪器。示波器的主要功能是对电压信号进行波形观测，同时，也可以进行峰峰值、频率、相位、占空比等参数的测量。示波器的种类很多，主要可以分为两大类：模拟示波器和数字示波器。数字示波器由于具备测量精度高、智能化程度高、使用方便等优点，得到越来越广泛的应用。

DS1052E型数字示波器是双通道加一个外部触发输入通道的数字示波器。该示波器最大实时采样率达1GSa/s，每通道带宽达50MHz；波形显示可以自动设置（AUTO），且具有自动光标跟踪测量功能。数字示波器虽然种类越来越多，功能越来越强，但其基本的测量原理是相同的。下面以DS1052E数字示波器为例，介绍数字示波器的功能特点及使用方法。DS1052E型数字示波器控制面板如图1-4所示。

1. 数字示波器控制面板功能介绍

DS1052E型数字示波器的常用按键、旋钮功能见表1-4。

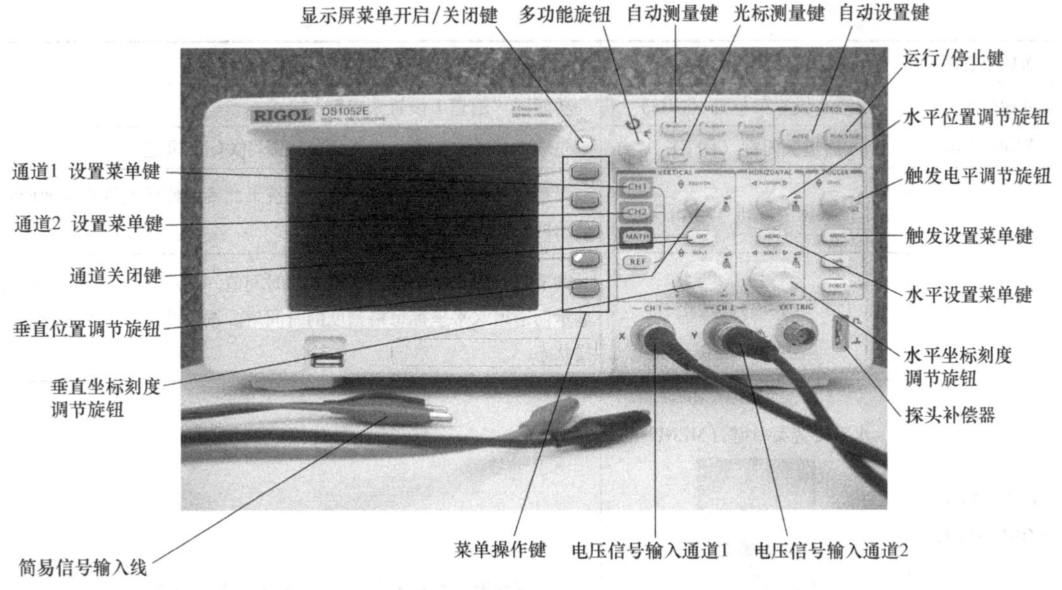

图 1-4 DS1052E 型数字示波器控制面板

表 1-4 DS1052E 型数字示波器的常用按键、旋钮功能

面板控制区	按键/旋钮名称	功 能
运行控制区（RUN CONTROL）	自动设置键（AUTO）	按下此键，示波器将自动设置各项控制参数，迅速显示适宜观察的波形
	运行/停止键（RUN/STOP）	当此键亮绿光时，显示屏正常动态显示波形；当按下此键令此键亮红光时，显示屏上波形变成静止不动 利用此键可方便观测波形
垂直控制区（VERTICAL）	垂直位置调节旋钮（POSITION）	调整被选定通道波形的垂直位置。按下此旋钮使波形显示位置恢复到零点
	垂直坐标刻度调节旋钮（SCALE）	调节显示屏垂直坐标每格刻度的电压值：①在此旋钮弹出状态时旋转此旋钮进行粗调；②按下此旋钮后再旋转则为细调。显示屏下方位置分别以黄、蓝两种颜色显示通道1、2垂直坐标每格刻度的电压值
	通道1设置菜单键（CH1） CH1 耦合 直流 带宽限制 关闭 探头 1X 数字滤波 1/2 CH1 2/2 档位调节 粗调 反相 关闭	按一下“CH1”键，在显示屏右侧会弹出通道1设置菜单（见左栏图），可对通道1的“耦合”（耦合方式）、“探头”（探头衰减倍率）和“反相”（波形反相功能）等项目进行设置；此外，按一下此键后，即选定通道1波形，可对该波形进行垂直坐标刻度调节和垂直位置调节。连续按两次此键，此键黄灯熄灭，表示通道1关闭，此时显示屏上不显示通道1波形

（续）

面板控制区	按键/旋钮名称	功　能
垂直控制区（VERTICAL）	通道2设置菜单键（CH2）	功能同"通道1设置菜单键"
	通道关闭键（OFF）	先选定某通道波形，再按此键，即可关闭此通道
水平控制区（HORIZONTAL）	水平位置调节旋钮（POSITION）	调整两个通道波形的水平位置。按下此旋钮使触发位置立即回到显示屏中心
	水平坐标刻度调节旋钮（SCALE）	调节显示屏水平坐标每格刻度的时间值。显示屏下方位置以白色显示两通道水平坐标每格刻度的时间值。按下此旋钮后变为延迟扫描状态
	水平设置菜单键（MENU） Time 延迟扫描 关闭 时基 Y-T 采样率 触发位移 复位	按一下此键，在显示屏右侧会弹出"水平设置菜单"（见左栏图），可对"时基"（显示屏坐标系）、"延迟扫描"等项目进行设置
触发控制区（TRIGGER）	触发设置菜单键（MENU） TRIGGER 触发模式 边沿触发 信源选择 CH1 边沿类型 触发方式 自动 触发设置	按一下此键，在显示屏右侧会弹出"触发设置菜单"（见左栏图），可对"触发模式"、"信源选择"（触发信号选择）等项目进行设置
	触发电平调节旋钮（LEVEL）	调节触发电平。旋转此旋钮，可发现显示屏上出现一条橘黄色的触发电平线随此旋钮的转动而上下移动。移动此线，使之与触发信号波形相交，则可使波形稳定。按一下此旋钮，可迅速令触发电平恢复到零点
	中点触发键（50%）	按一下此键，可迅速设定触发电平在触发信号幅值的垂直中点。利用此键可较方便地选好触发电平，使波形稳定下来

（续）

面板控制区	按键/旋钮名称	功 能
功能菜单区（MENU）	自动测量键（Measure）	利用此键可对通道内电压信号的峰峰值，最大、最小值，频率，周期，占空比，正、负脉宽等参数进行自动测量
	光标测量键（Cursor）	对电压信号参数的测量可利用此键通过光标模式来完成。例如第4章4.3节“一阶 *RC* 暂态电路的暂态过程”实验中，τ 值测算任务常用“光标追踪模式”完成，非常方便。此键的详细使用方法见下文“2. 数字示波器常用按键和旋钮的操作方法”第（7）项“光标测量键”的介绍
	存储功能键（Storage）	可利用此键将电压信号波形以位图的形式通过 USB 接口存储到外部存储设备中
	辅助系统设置键（Utility）	可利用此键设置不同的显示屏显示界面方案
输入输出界面	电压信号输入通道1（CH1）	电压信号输入通道1
	电压信号输入通道2（CH2）	电压信号输入通道2
	探头补偿器	对首次使用的输入线探头进行补偿，使之与本通道匹配。步骤：将输入线的黑色夹子与补偿器的接地端（下方）连接，红色夹子与信号输出端（上方）连接，然后按下“AUTO”键。此时示波器屏幕上应显示一峰值为3V的方波
	显示屏菜单开启/关闭键（MENU ON/OFF）	控制显示屏右侧菜单的打开或关闭
	菜单操作键	纵向排列于显示屏右侧边框上的五个蓝灰色按键（见左栏图）。通常将这五个键从上到下依次编号为1、2、3、4、5号。通过此五键可对显示屏右侧菜单的各项进行选择操作。连续按压操作键，可在对应项目下令选择光标在不同选项上移动，在选择光标在某选项上停留几秒钟后即选定此项
	多功能旋钮	1. 配合“菜单操作键”对菜单各项进行选择操作。旋转此旋钮使选择光标在不同选项上滚动，按下此旋钮来选定 2. 在未指定任何功能时，旋转此旋钮可调节显示屏中波形的亮度
	电源开关键①	开/关电源

① 电源开关键在仪表的顶面。

2. 数字示波器常用按键和旋钮的操作方法

（1）自动设置键

“AUTO”键用于自动设置各项控制参数，迅速显示适宜波形，如果善于利用，能达到事半功倍的效果。当按下“AUTO”键后波形显示效果不佳时，再手动调节各项控制参数。

（2）通道的耦合方式设置

按下“VERTICAL”区的“CH1”或“CH2”键，弹出的“通道设置菜单”的“耦合”项目下有三个选择项：“直流”、“交流”、“接地”。其中，“直流”方式表示通过信号的直流和交流成分；“交流”方式表示只通过信号的交流成分；“接地”方式表示断开输入信号，此时显示屏显示一条水平扫描基线。

（3）通道的探头衰减倍率设置

“通道设置菜单”的“探头”项目是指对探头的衰减倍率进行设置。探头衰减倍率设置与通道连接的探头的实际衰减倍率要保持一致，否则测量结果将出错。如图1-4所示，与示波器相连的是一种简易信号输入线，其衰减倍率是1倍，故该示波器通道的“探头”项目应设置为“1×”倍率。图1-5中所示的是一种标准示波器信号输入线。其探棒上设有“衰减倍率选择键”，可选择“1×”或“10×”两种不同倍率。当使用此类信号输入线，并选择“10×”衰减倍率时，与之相连的示波器通道“探头”倍率菜单则需设置为“10×”倍率。

图1-5所示的标准示波器信号输入线，当衰减倍率选为“1×”时，其功能与简易信号输入线相同。当观测高频信号时，为避免波形失真，则需要使用标准示波器信号输入线，且必须将衰减倍率调到“10×”挡。其原理是利用标准信号输入线的电容来抵消示波器的输入电容，提高示波器在高频状况下的输入阻抗，避免波形失真。在利用标准信号输入线观测波形时，黑色接地夹接被测电路公共接地端，探头接信号测试点。

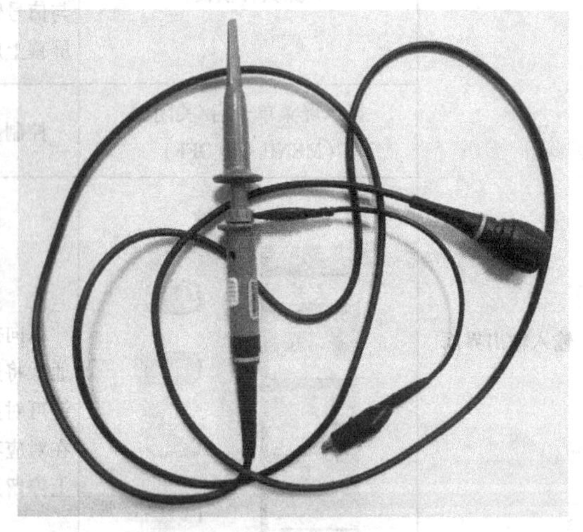
图1-5 标准示波器信号输入线

（4）水平设置菜单的时基设置

按下“HORIZONTAL”区的“MENU”键，显示屏右侧弹出“水平设置菜单”，该菜单中的“时基”项目下有：“Y-T”、“X-Y”和“ROLL”三个选项。其中，“Y-T”方式下Y轴表示电压量，X轴表示时间量，此方式较为常用；“X-Y”方式下Y轴表示通道2电压量，X轴表示通道1电压量；“ROLL”方式下波形显示进入滚动模式。

（5）触发设置菜单的信源选择设置

按下“TRIGGER”区的“MENU”键，显示屏右侧弹出“触发设置菜单”，该菜单的“信源选择”项目下的四个选项：“CH1”、“CH2”、“EXT”和“市电”，对应表示触发信号源的来源可选：通道1信号、通道2信号、外部触发输入通道信号或交流电源。触发信号源选择应注意：当一个通道为交流信号，另一个为直流信号时，触发信号源应选交流信号；当两个通道皆为交流信号，且其中一个的频率为另一个的若干倍时，触发信号源选较低频的那个信号。在对触发控制区进行设置时，注意触发电平线应与所选的触发信号源波形相交，才能令波形稳定。

（6）自动测量键

利用“Measure”键可便捷地对波形多种参数进行测量。按下“Measure”键，显示屏右侧弹出一列菜单。其中，“信源选择”项是指测量对象信号选择：可选通道 1 或通道 2。在“全部测量”项目下选择“打开”，则在显示屏下半部分弹出一张测量结果报表，表中共有 18 项测量数据。其中主要参数有：Vmax（最大值）、Vmin（最小值）、Vpp（峰峰值）、Freq（频率）、Prd（周期）、+Wid（正向脉宽）、-Wid（负向脉宽）、+Duty（正占空比）、-Duty（负占空比）等。

（7）光标测量键

利用“Cursor”键可通过光标动态显示被测波形上任意一点的电压值和时间值，从而为测量和计算提供了极大方便，并且减少了测量误差。例如第 4 章 4.3 节“一阶 *RC* 暂态电路的暂态过程”实验中测量计算放电时间常数 τ 值的任务，若利用该键功能完成，可取得良好的效果。下面就以该实验中利用电容 *C* 放电过程测算放电时间常数 τ 值的任务，详细介绍“光标测量”功能的使用方法。

首先将通道 2 信号输入线的红、黑夹子分别接到被测实验电路中电容两端，其中黑色夹子接电路公共接地端。设置示波器各项控制参数使电容放电过程的电压波形良好地显示在示波器显示屏上，按下示波器“RUN/STOP”键令波形静止，将波形尽量放大，如图 1-6 所示。按下“Cursor”键，在弹出菜单中“光标模式”项目下选择“追踪”，则弹出一个二级菜单（见图 1-6）。按压“2、3 号菜单操作键”令“光标 A”、“光标 B”项目均选取“CH2”，使两个光标都置于通道 2 输入信号波形上。其中，光标 A 为白色，光标 B 为黄色。按压“4 号菜单操作键”令“CurA”项目下的“多功能旋钮”标志被选定（即标志周围变成白色），旋转“多功能旋钮”移动显示屏上的光标 A 至放电波形的起始放电位置。此时，显示屏右上角位置的光标坐标小菜单显示光标 A 的坐标为（$X=8.000\text{s}$，$Y=10.0\text{V}$），表示波形在此点的时刻为 8.000s（相对于触发零点时刻），电压值为 10.0V。按压“5 号菜单操作键”令“CurB”项目下的“多功能旋钮”标志被选定，旋转“多功能旋钮”使光标 B 移到波形上已放电至 0.368 倍起始电压（即 $10.0\times0.368\text{V}=3.68\text{V}$）的位置。此时，光标 B

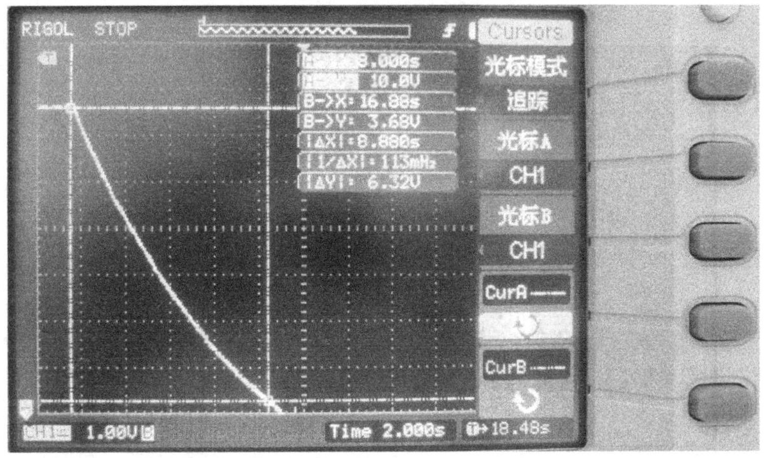

图 1-6　“光标追踪法”测算 τ 值

的坐标显示此点时刻为 16.88s。从光标坐标小菜单上可方便地读出两光标的横坐标之差：$|\Delta X|=(16.88-8.000)\ s=8.880s$，即从起始放电时刻到放电至0.368倍起始电压时刻所经历的时间，也就是所需测算的 τ 值（τ 的理论值为9.4 s）。测量的相对误差为5.86%。产生误差的主要原因是电容、电阻元器件的标称值和实际值的误差以及实际测量时开关抖动产生的误差。

（8）存储功能键

利用“Storage”键可将被测电压信号波形以位图的形式通过USB接口存储到外部存储设备中。步骤如下：将外部存储设备（如U盘）连接至示波器USB接口。按下“Storage”键，在显示屏右侧弹出“存储设置菜单”（见图1-7），在该菜单的“存储类型”项目中选择“位图存储”，然后按“3号菜单操作键”进入“外部存储设置菜单”（见图1-8）。在“外部存储设置菜单”中先通过“浏览器”项目来选择存储位置，然后按“2号菜单操作键”进入“新建文件操作菜单”（见图1-9）。在“新建文件操作菜单”中通过“1、2号菜单操作键”和“多功能旋钮”的配合，在弹出的对话框中为新建文件起名，最后按下“4号菜单操作键”，创建并保存该新建的位图文件。

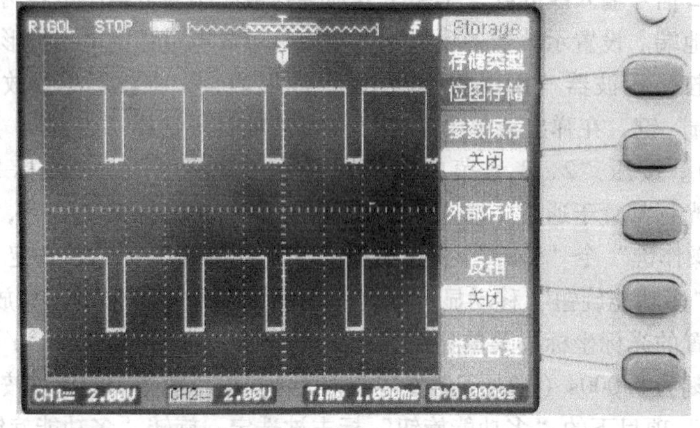

图1-7 存储设置菜单

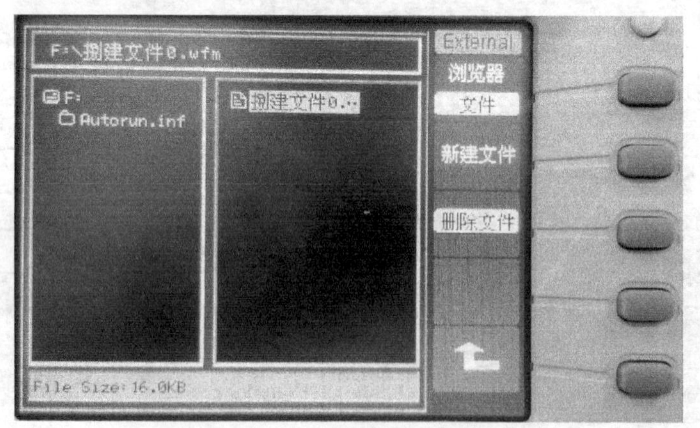

图1-8 外部存储设置菜单

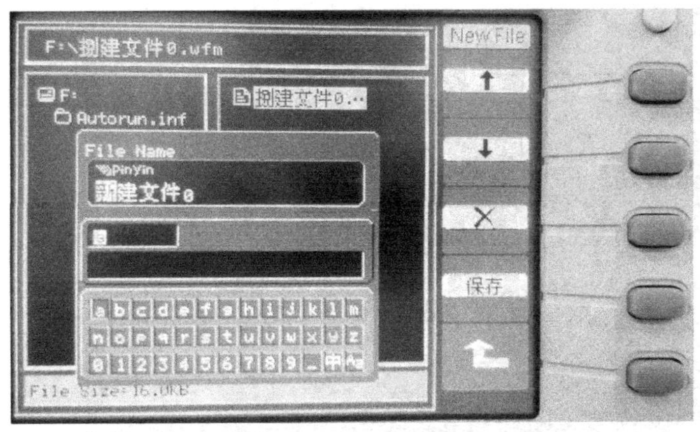

图 1-9　新建文件操作菜单

（9）辅助系统设置键

利用“Utility”键可设置不同的显示屏显示界面方案。步骤如下：按下“Utility”键，在显示屏右侧弹出的“辅助系统设置菜单”的第 3 页中按选“参数设置”项目，在之后弹出的菜单中的“界面方案”项目中可选取“经典”、“传统”、“简洁”等不同的界面方案。

3. 数字示波器的使用操作实例

下面以用示波器精确测量一个由函数信号发生器产生的频率约为 1kHz、峰峰值约为 200mV 的正弦电压信号为例，说明数字示波器的使用操作方法。具体测量操作步骤如下：

1）按下“电源开关”键启动示波器。

2）将通道 1 的信号输入线连接至探头补偿器，按下“AUTO”键，等待几秒钟后，当示波器显示屏上稳定显示出一个标准的方波波形时，即表示探头补偿完成。

3）将通道 1 的信号输入线从探头补偿器上取下，并将该输入线的红、黑夹子分别连接至函数信号发生器的信号输出线红、黑夹子上。

4）按下“AUTO”键进行自动设置波形显示。若波形效果不佳，则进行以步骤（5）~（9）进行手动调节。

5）按一下“CH1”键，在弹出菜单的“耦合”项目中，借助“1 号菜单操作键”选取“交流”方式；在“探头”项目中，选取“1 ×”倍率（因信号输入线选用简易信号输入线）。该步骤的菜单操作界面及波形如图 1-10 所示。

6）按一下“HORIZONTAL”区的“MENU”键，确保弹出菜单的“时基”项目中选取了“Y-T”选项。

7）按一下“TRIGGER”区的“MENU”键，在弹出菜单的“信源选择”项目中选取“CH1”，然后调节“LEVEL”旋钮使橘黄色触发电平线与波形相交，或按一下“50%”键，使波形稳定显示。若波形已经稳定显示，则本项步骤可省略。该步骤的菜单操作界面及波形如图 1-11 所示。

8）按一下“CH1”键（选定通道 1 波形），然后分别调节“VERTICAL”区和“HORIZONTAL”区的“POSITION”旋钮使波形显示在显示屏中央位置。也可以通过分别按一下“VERTICAL”区和“HORIZONTAL”区的“POSITION”旋钮使波形迅速回到显示屏中央。

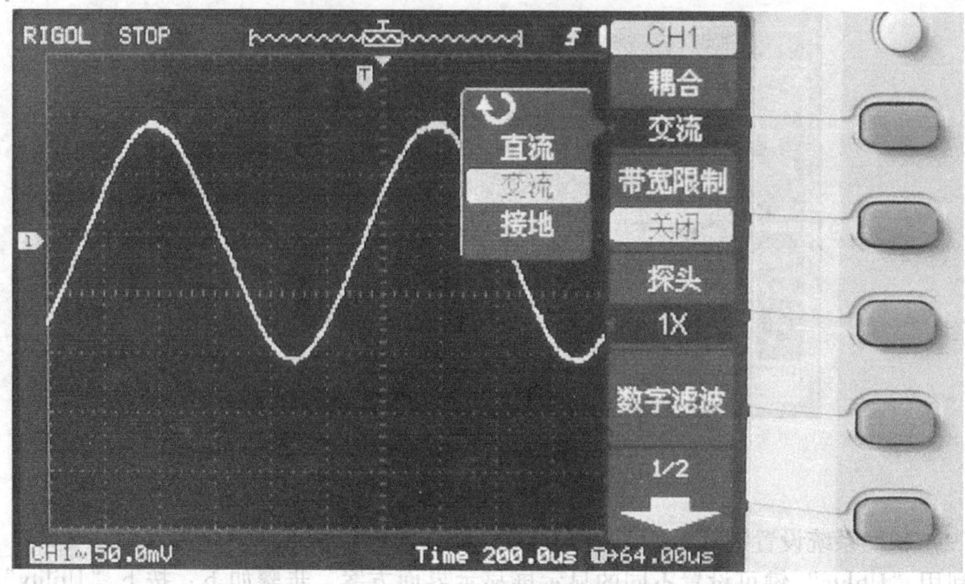

图 1-10 通道 1 设置菜单操作界面及波形

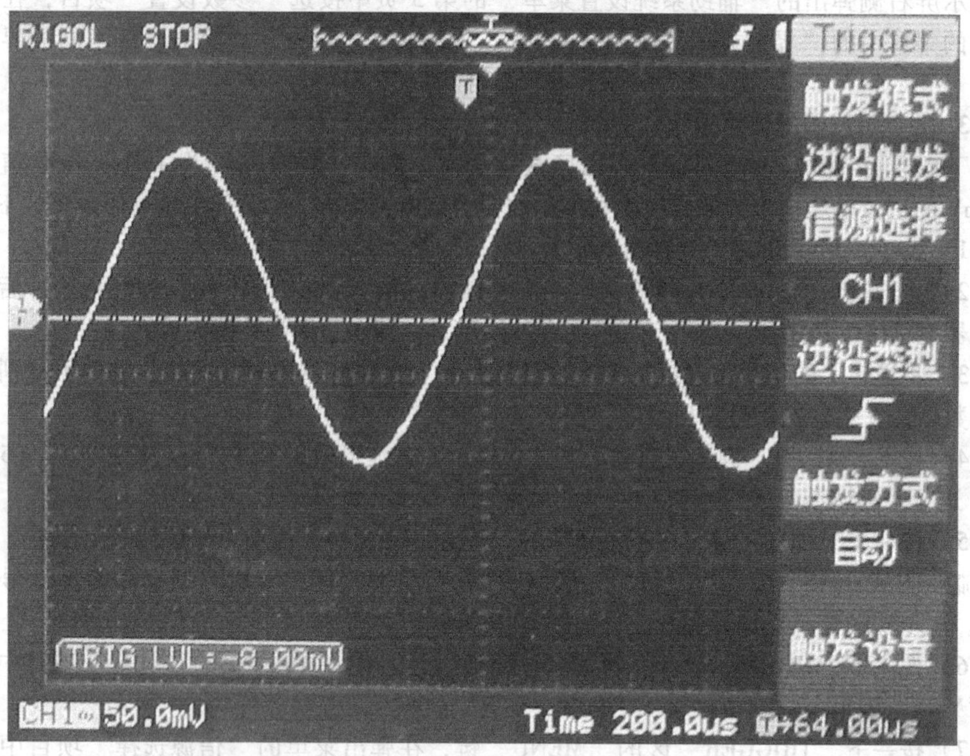

图 1-11 触发设置菜单操作界面及波形

9）调节“VERTICAL”区的“SCALE”旋钮使通道 1 垂直坐标每格刻度电压值至 50mV（显示于显示屏左下角），调节“HORIZONTAL”区的“SCALE”旋钮使通道 1 水平坐标每格刻度时间值至 100μs（显示于显示屏右下角），令正弦波形以一个完整周期显示在显示屏中，减少之后的测量误差。调整后的波形如图 1-12 所示。

10）按一下“Measure”键，在弹出菜单的“信源选择”项目中选取“CH1”，“全部测量”项目中选取“打开”。在弹出的测量数据表格中读取测量值如下：Vmax（最大值）：100mV；Vmin（最小值）：-102mV；Vpp（峰峰值）：202mV；Prd（周期）：1.000ms；Freq（频率）：1.000kHz。该步骤的菜单操作界面及测量数据如图 1-12 所示。

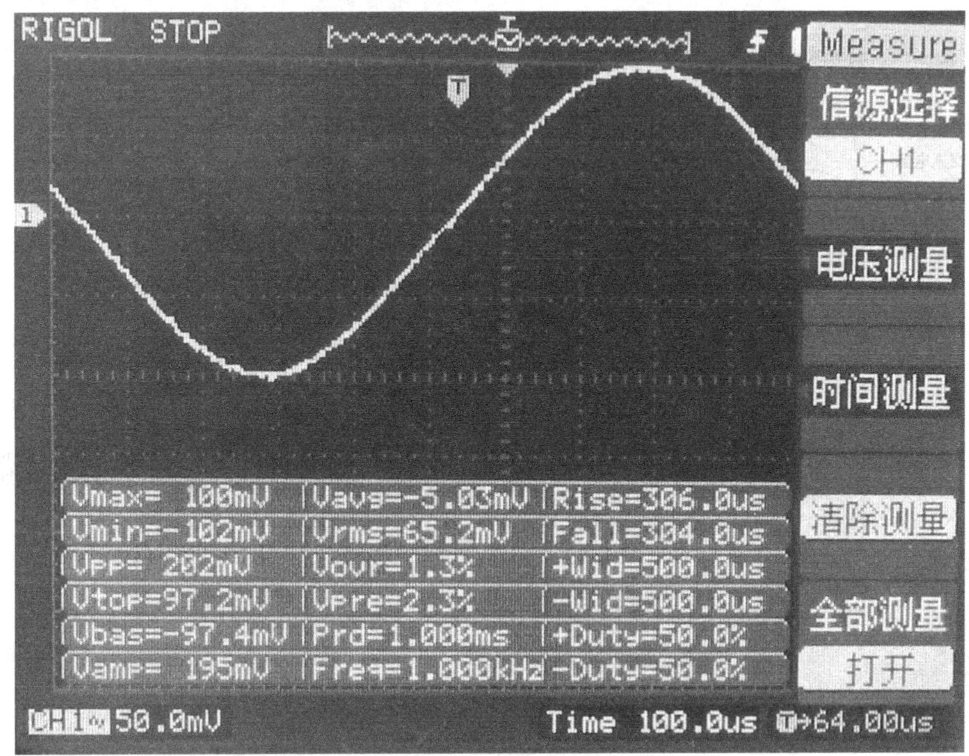

图 1-12　自动测量菜单操作界面及测量数据

4. 数字示波器的使用注意事项

1）示波器专用于观测电压信号波形。

2）测量时信号输入线的黑色夹子应先连接到被测电路的公共接地端，然后再将红色夹子连接到被测点。

3）“通道设置菜单”的“探头”倍率选择要与信号输入线的实际衰减倍率保持一致。

4）测量直流或含有直流分量的电压信号时，应先将通道“耦合”选为“接地”，调节“VERTICAL”区的“POSITION”键使水平扫描基线归零位，再将“耦合”选为“直流”，进行测量。

5）如果观测不到波形，可检查信号输入线是否损坏。判断方法是：将输入线按照探头补偿的方式连接到“探头补偿器”上，观察显示屏上是否显示峰峰值约为 3V 的方波。若无波形显示，则说明信号输入线已损坏。

1.5　模拟电路实验箱

1. 模拟电路实验箱的平面布局

THM—4 型模拟电路实验箱主要用于开展模拟电子技术实验的教学活动。该实验箱配备

±12V、±5V直流稳压电源，±5V可调直流信号源，17V交流电源，运算放大器的线性/非线性、整流电路、晶体管放大电路等实验模块。THM—4型模拟电路实验箱平面布局如图1-13所示。

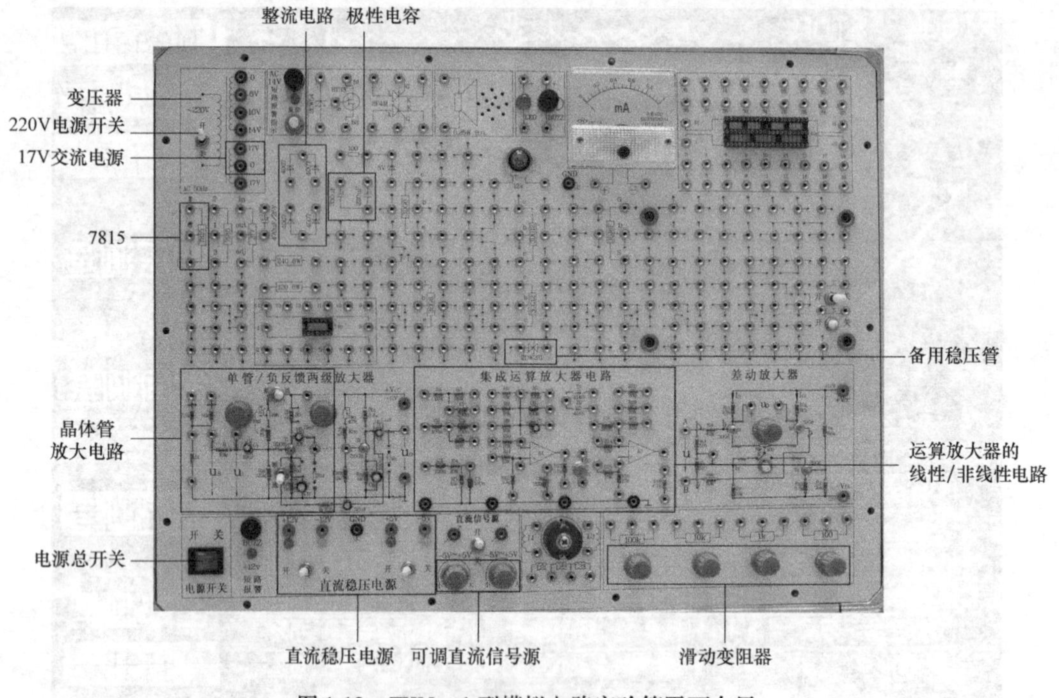

图1-13 THM—4型模拟电路实验箱平面布局

2. 模拟电路实验箱的使用注意事项

在使用THM—4型模拟电路实验箱进行实验时，需注意以下事项：

1）实验中发生蜂鸣器报警时，务必迅速关闭实验箱“电源总开关”，再排查短路故障。实验箱外框金属部件已接地，故实验线路与其接触可能会发生短路报警。

2）实验结束后应先关闭±12V、±5V直流稳压电源，再关闭实验箱“电源总开关”，否则可能会引起蜂鸣器短暂报警。

3）各实验模块（如晶体管放大电路）的地线需自行连接到±12V或±5V直流稳压电源的接地端（GND）。

4）集成运算放大器的±12V供电端已在箱内连接至相应电源。

5）使用交流电源，如17V交流电源时，电路两端应该分别接至“0”孔（中性线）和“17V”孔（相线）。

6）使用极性电容时必须注意极性，接错极性会引起电容爆炸。标注“+”号的一端为极性电容的正极，接在实验电路中电位较高的一端。

1.6 数字电路实验箱

1. 数字电路实验箱的平面布局

THD—2型数字电路实验箱主要用于开展数字电子技术实验的教学活动。该实验箱配备

±15V、±5V 直流稳压电源，14DIP、16DIP、20DIP、40DIP 等若干芯片插座，单次负正脉冲输入信号、逻辑电平显示、逻辑电平输出、七段数码管等实验模块。THD—2 型数字电路实验箱平面布局如图 1-14 所示。

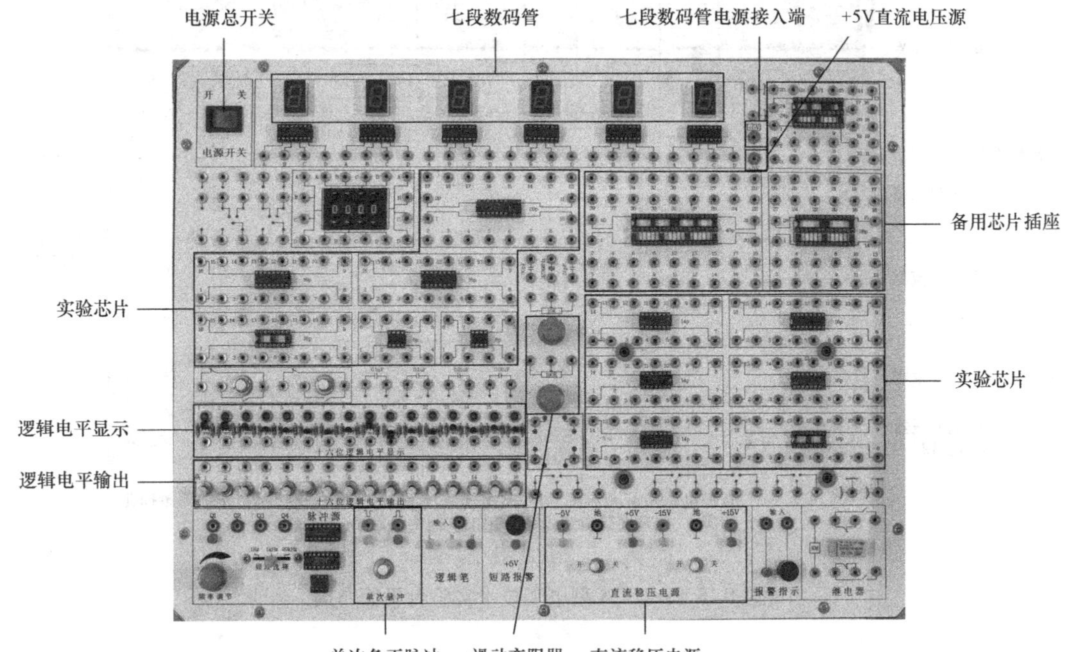

图 1-14　THD—2 型数字电路实验箱平面布局

2. 数字电路实验箱的使用注意事项

在使用本实验箱进行实验时，需注意以下事项：

1）实验中发生蜂鸣器报警时，务必迅速关闭实验箱“电源总开关”，再排查短路故障。实验箱外框金属部件已接地，故实验线路与其接触可能会发生短路报警。

2）实验结束后应先关闭 ±15V、±5V 直流稳压电源，再关闭实验箱“电源总开关”，否则可能会引起蜂鸣器短暂报警。

3）七段数码管电源接入端需连接到 +5V 电源，才能正常工作。

4）备用芯片座内有黑色印制导线相连的插孔是实际相连的，即相互导通的。

1.7　电工技术实验台

1. 电工技术实验台的平面布局

DGJ—3 型电工技术实验台主要用于开展电工技术实验的教学活动。该实验台上配备数控函数信号发生器、数字式功率表、交直流电压表和电流表等仪器，以及直流电压源和电流源、三相交流电源、十进制可调电阻箱、电容器组、叠加/戴维南定理实验电路、荧光灯实验电路、三相负载等实验模块。DGJ—3 型电工技术实验台平面布局如图 1-15 所示。

2. 电工技术实验台的使用方法

DGJ—3 型电工技术实验台中集成了许多电子仪表，现将其使用方法介绍如下。

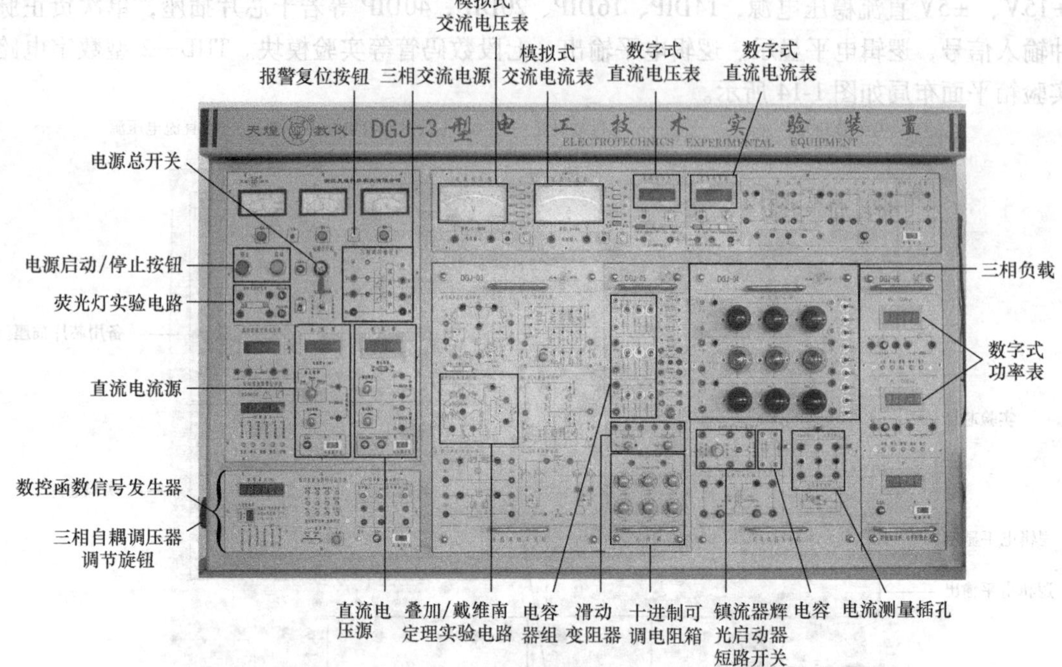

图 1-15 DGJ—3 型电工技术实验台平面布局

（1）数字式功率表

数字式功率表常用于测量正弦交流电路的有功功率和功率因数。数字式功率表内部有一个电流线圈和一个电压线圈，分别用于测量被测电路的电流有效值 I 和电压有效值 U。数字式功率表所测得的有功功率 $P = UI\cos\varphi$。其中，$\cos\varphi$ 为测得的功率因数。

本实验台的数字式功率表面板如图 1-16 所示。其中，“I_2”为电流线圈，需串联到被测电路中；“U_2”为电压线圈，需并联到被测电路中；且两线圈的任意一对同名端（颜色相同的两端互为同名端）需连接在一起。测量时，连续按“功能”键，直至显示屏显示“P”字样，再按“确认”键，则此时显示屏上的数值即为有功功率值。继续连续按“功能”键，直至显示屏显示“COS”字样，再按“确认”键，此时显示屏上右边显示的数值为功率因数值，左边显示一个英文字母“C”或者“L”。其中“C”表示所测为容性负载，“L”表示感性负载。任何状态下

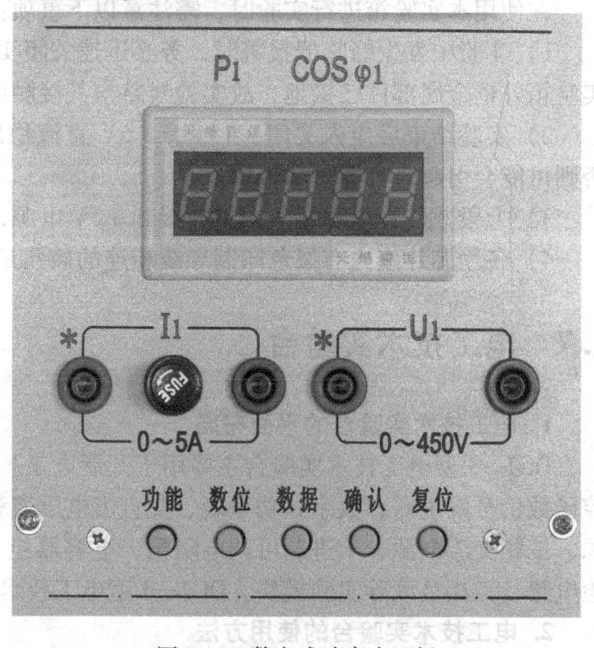

图 1-16 数字式功率表面板

按下“复位”键，均能使仪表恢复至初始状态。

数字式功率表使用时应注意：其电流、电压线圈的量程分别为 0~5A 和 0~450V；电流线圈切勿并联到被测电路中，否则将熔断熔丝甚至损坏电流线圈；为排查电流线圈的熔丝是否已经熔断，必须先断开实验台的电源，然后再旋开熔丝盖（黑色标注“FUSE”的旋钮），查看内部熔丝是否已熔断。

（2）数控函数信号发生器

本实验台的数控函数信号发生器面板如图 1-17 所示。该函数信号发生器主要用于产生各种波形的电压信号。

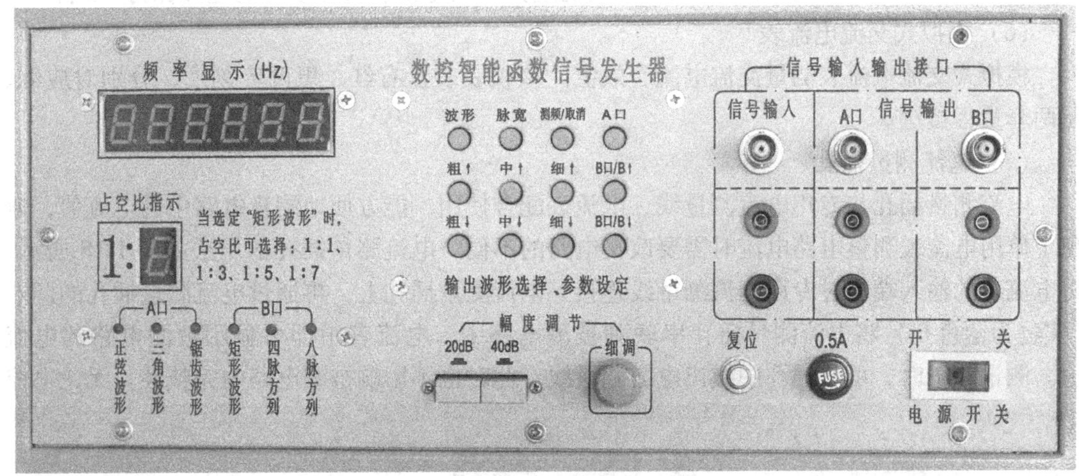

图 1-17 数控函数信号发生器面板

本函数信号发生器的输入、输出接口情况：信号输出端的“A 口”可输出正弦波、三角波和锯齿波信号，“B 口”可输出矩形波、四脉方列和八脉方列信号。

按键操作情况：①操作“A 口”键、“B 口/B↑”键或“B 口/B↓”键，选择信号输出端口；②操作“波形”键、“A 口”键及“B 口/B↑”键（或“B 口/B↓”键），可选择输出不同的波形，六个发光二极管将分别指示当前输出信号的波形；③操作“粗↑”键或“粗↓”键可单步调高或调低输出信号的频率值最高位，操作“中↑”键或“中↓”键可单步调高或调低输出信号的频率值次高位，操作“细↑”键或“细↓”键可单步调高或调低输出信号的频率值第二次高位；④在选定矩形波后，操作“脉宽”键可改变矩形波的占空比；⑤操作“测频/取消”键可使频率显示屏显示仪器内部输出信号频率或外部输入信号频率。

输出幅度调节情况：在“A 口”输出情况下，可通过衰减按钮（“20dB”、“40dB”）和“细调”旋钮来调节输出信号的幅度；在“B 口”输出情况下，按“B 口/B↑”键将连续增大输出信号幅度，按“B 口/B↓”键将连续减小输出信号幅度。

（3）直流电流源

直流电流源可输出恒定的电流，输出电流值通过显示屏显示。调节输出电流值之前必须将输出端用导线短接，否则显示屏将不显示数值。输出电流值的调节分为粗调和细调。

（4）直流电压源

直流电压源可输出恒定的电压，输出电压值通过显示屏显示。输出电压值可通过“输出调节”旋钮调节。电压源输出端的红、黑两端切勿直接用导线连接，以免发生短路。本实验台上装备有两台直流电压源，分别为“U_A”和“U_B”，可通过“指示切换”键使显示屏切换显示“U_A”或“U_B”的电压输出值。其中，“指示切换”键处于弹出位置时，显示屏显示电压源“U_A”的输出值，该键处于按下位置时，则显示“U_B”的输出值。

(5) 数字式直流电流表

数字式直流电流表测量直流电流值。该仪表正极输入端有两个，分别对应“0～20mA”和“20～2000mA”两个量程。正极输入端的选择必须与仪表量程按键的选择保持一致。

(6) 模拟式交流电流表

模拟式交流电流表测量交流电流有效值。该仪表表盘有红、黑两套刻度，分别对应红、黑两套量程按键。

(7) 电流测量插孔

电流测量插孔与专用电流测量线、电流表配合使用，能方便地测量电路中的电流值，避免了单用电流表测量电路电流时需要改接电路的不便。电流测量插孔的用法如图1-18所示，将电流表的输入端通过专用电流测量线连接到电流测量插孔上，再通过电流测量插孔的两端（实物为蓝色孔）将电流测量插孔串联到被测电路中，电流表中即可显示被测电路的电流值。测量完毕时，可从插孔中拔出电流测量线，此时也不影响被测电路的完整性。无论电流

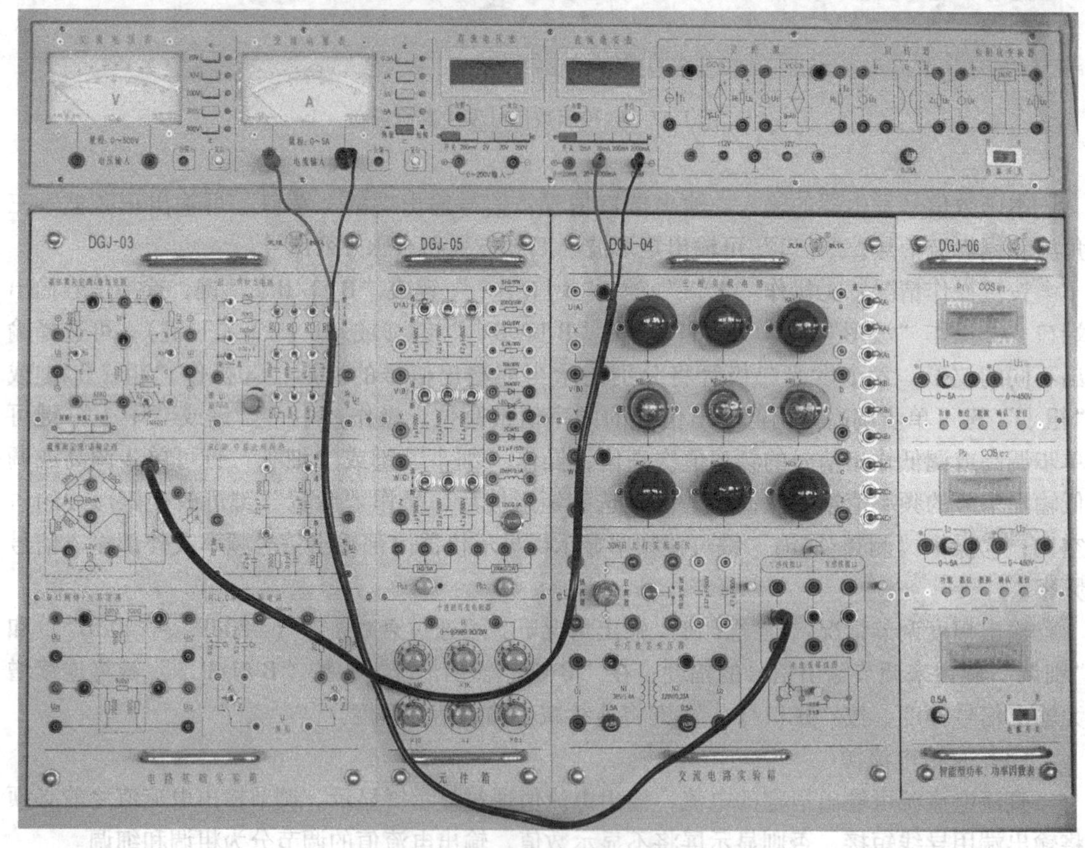

图1-18 电流测量插孔的用法

表、电流测量线是否连接在插孔中，电流测量插孔串联在被测电路中就相当于一根导线，其阻值近乎于零，不影响被测电路的结构。

3. 电工技术实验台的使用注意事项

在使用本实验台进行实验时，需注意以下事项：

1）实验中发生蜂鸣器报警时，务必迅速关闭实验台“电源总开关（即钥匙开关）”，再排查故障。在确保故障已排除后再开启电源。实验台报警的因素一般包括：电源短路、仪表超量程和强电实验中带电更改线路。

2）当实验中尤其是强电实验中，发生电源短路时，瞬间产生很大的短路电流，将使实验台的剩余电流断路器（漏电保护开关，限电流10A）跳开，切断实验台总电源。此时，在排除短路故障后，需合上剩余电流断路器才能重新给实验台供电。该剩余电流断路器安装于实验台背面柜门的反面，如图1-19所示。

图1-19　实验台剩余电流断路器

3）强电实验中必须佩戴橡胶绝缘手套。实验中要更改电路，务必先切断电源。

4）实验结束后务必关闭各模块及仪表的电源开关，并将三相交流电源的“电压调节旋钮”调至最小位置。

5）如果实验台中个别模块、仪表无法正常工作，可检查其保护用的熔丝是否已熔断。注意，在检查熔丝之前先切断总电源。

6）使用直流电流源、电压源或直流电流表、电压表时应注意极性。

第 2 章　Multisim 10 仿真分析

2.1　Multisim 10 的特点

Multisim 10 是美国国家仪器公司下属的 Electronics Workbench Group 推出的交互式 PSpice 仿真和电路分析软件，它可以实现电路原理图的捕获、电路分析、交互式仿真、印制电路板设计、仿真仪器测试、集成测试、射频分析、单片机等高级应用。其数量众多的元器件数据库、标准化的仿真仪器、直观的捕获界面、更加简洁明了的操作、强大的分析测试功能、可信的测试结果，将虚拟仪器技术的灵活性扩展到了电子设计者的工作平台上，弥补了测试与设计功能之间的缺口，缩短了产品的研发周期，强化了电子实验教学。

Multisim 10 具有以下主要特点：

1）直观的图形界面。整个界面就像是一个电子实验工作平台，绘制电路所需的元器件和仿真所需的仪器仪表均可直接拖放到工作区中，轻点鼠标即可完成导线的连接，软件仪器的控制面板和操作方式与实物相似，测量数据、波形和特性曲线与真实环境上看到的一样。

2）丰富的元器件库。Multisim 10 为用户提供了数万种真实元器件和虚拟元器件。真实元器件有型号、参数（不可修改）、封装，可以制作印制电路板（PCB）。虚拟元器件是该类型器件的代表，参数可修改、无封装，只能用于仿真，不可制作印制电路板。

3）丰富的测试仪器仪表。Multisim 10 提供了多种常用的仪器仪表，除了 EWB 软件原有的数字万用表、函数信号发生器、示波器、伯德图仪、字信号发生器、逻辑分析仪和逻辑转换器外，还新增了功率表、失真度测量仪、频谱分析仪和网络分析仪等，且所有仪器均可多台同时调用，同一种仪器使用数量不受限制。

4）完备的分析手段。Multisim 10 不但可以完成电路的直流工作点分析、交流分析和直流扫描分析，而且提供了瞬态分析、参数扫描分析等 18 种分析方法，能基本满足电子电路设计和分析的要求。

5）强大的仿真能力。Multisim 10 既可对模拟电路或数字电路分别进行仿真，也可进行数模混合仿真，尤其新增了射频（RF）电路的仿真功能。仿真失败时会显示错误的信息、提示可能出错的原因，仿真结果可随时存储或打印。

6）完美的兼容功能。Multisim 10 提供了与国内外流行的印制电路板设计自动化软件 Protel 及电路仿真软件 PSpice 之间的文件接口，也能通过 Windows 的剪贴板把电路原理图送往文字处理系统中进行编辑排版。Multisim 10 可以打开 PSpice 所建立的 PSpice 网络表文件，也可将 Multisim10 建立的电路原理图转换为网络表文件，提供给 Ultiboard、Protel、Orcad 等 EDA 工具软件进行印制电路板版图的设计，还可以提供给 MathCAD、Excel 等软件进行进一步处理，以获得更多的信息，同时支持 VHDL 和 VerilogHDL 语言的电路仿真与技术。

2.2 Multisim10 的工作界面

Multisim 10 的工作界面主要包括菜单栏、系统工具栏、视图工具栏、设计工具栏、所用元器件列表栏、元器件库工具栏、仪器库工具栏、设计管理窗口、仿真工作区、仿真开关等，如图 2-1 所示。

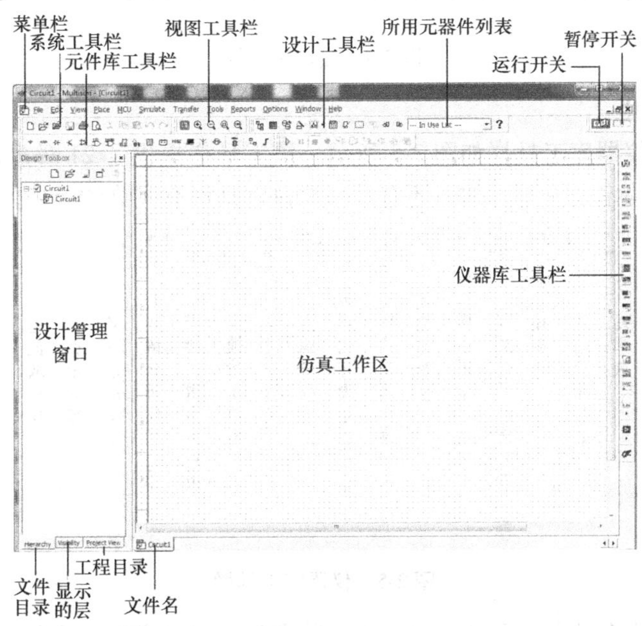

图 2-1　Multisim 10 的工作界面

2.3 Multisim 10 的工具栏

Multisim 10 的工具栏提供了编辑电路原理图所需要的一系列工具，使用该栏目下的工具按钮，可以更方便的操作菜单。

1. 系统工具栏

系统工具栏如图 2-2 所示，它包含了常用的基本功能按钮，从左至右分别为：新建文件、打开文件、打开安装路径下的自带实例、保存当前文件、打印当前文件、查找、剪切、复制、粘贴、撤销、恢复。

2. 视图工具栏

视图工具栏如图 2-3 所示，从左至右按钮的功能分别为：对电路窗口进行全盘显示、放大、缩小、放大选择区域、以合适比例显示。

图 2-2　系统工具栏

图 2-3　视图工具栏

3. 设计工具栏

设计工具栏如图 2-4 所示，它是 Multisim 10 的重要工具栏，从左至右的按钮功能分别为：打开/关闭工程设计窗口、打开/关闭电路原理图数据表、元器件数据库管理、创建元器件、图形分析、打开 Postprocessor 窗口、电气规则检查、区域截图、跳转到相应的父电路、Ultiboard 后标注、Ultiboard 前标注、列出当前电路元器件的列表、打开 Multisim 10 的帮助功能。

图 2-4 设计工具栏

4. 仪器库工具栏

Multisim 10 的仪器库工具栏如图 2-5 所示。该工具栏提供了 21 种虚拟仪器。有些仪器价值昂贵，一般实验室是见不到的，还有些虚拟仪器是没有实物的，如伯德图仪等。

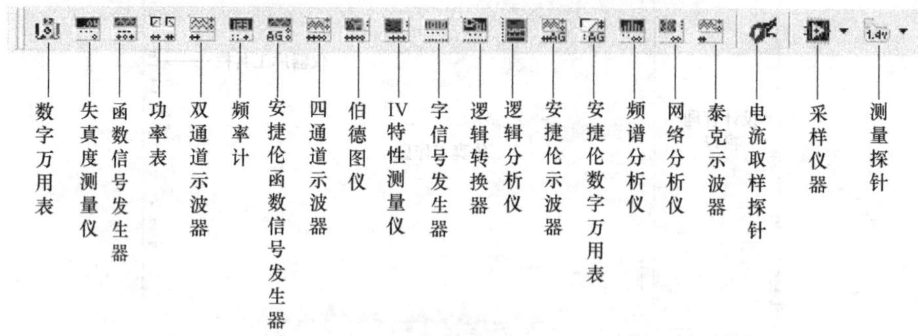

图 2-5 仪器库工具栏

仪器库工具栏中存放着各种测试电路工作状态的仪器和仪表，从左至右依次为：数字万用表（Multimeter）、失真度测量仪（Distortion Analyzer）、函数信号发生器（Function Generate）、功率表（Wattmeter）、双通道示波器（Oscilloscope）、频率计（Freq Counter）、安捷伦函数信号发生器（Agilent Function Generate）、四通道示波器（4 Channel Oscilloscope）、伯德图仪（Bode Plotter）、IV 特性测量仪（IV Analysis）、字信号发生器（Word Generator）、逻辑转换器（Logic Converter）、逻辑分析仪（Logic Analyzer）、安捷伦示波器（Agilent Oscilloscope）、安捷伦数字万用表（Agilent Multimeter）、频谱分析仪（Spectrum Analyzer）、网络分析仪（Network Analyzer）、泰克示波器（Tektronix Oscilloscope）、电流取样探针（Current Probe）、采样仪器（LabVIEW Instruments）、测量探针（Measurement Probe）。

图 2-6 Multisim 10 仿真开关

5. 仿真开关

Multisim 10 的仿真开关如图 2-6 所示。工具栏的左边按钮为开始/停止仿真开关，右边按钮为暂停仿真开关。

2.4 Multisim 10 的元器件操作

1. 元器件的调用

元器件的调用是通过“元器件选择”对话框来实现的。打开该对话框有以下两种方法：

1）直接用鼠标单击元器件库工具栏中相应的按钮，如图 2-7 所示。

图 2-7　元器件库工具栏

2）单击图 2-1 所示菜单栏中 Place 下拉菜单中的 Component 命令，打开“元器件选择”对话框，如图 2-8 所示。

在图 2-8 所示的“元器件选择”对话框中，通过 Group 栏选择待选元器件所在的元器件库，通过 Family 栏选择待选元器件的类型，类型选定后，Component 栏中显示该类型元器件的所有型号，选中某个型号，Symbol 栏下会出现该元器件的图形符号。单击“OK”按钮选取该元器件。例如，图 2-8 中显示的是一个交流信号源的元器件 AC _ POWER。

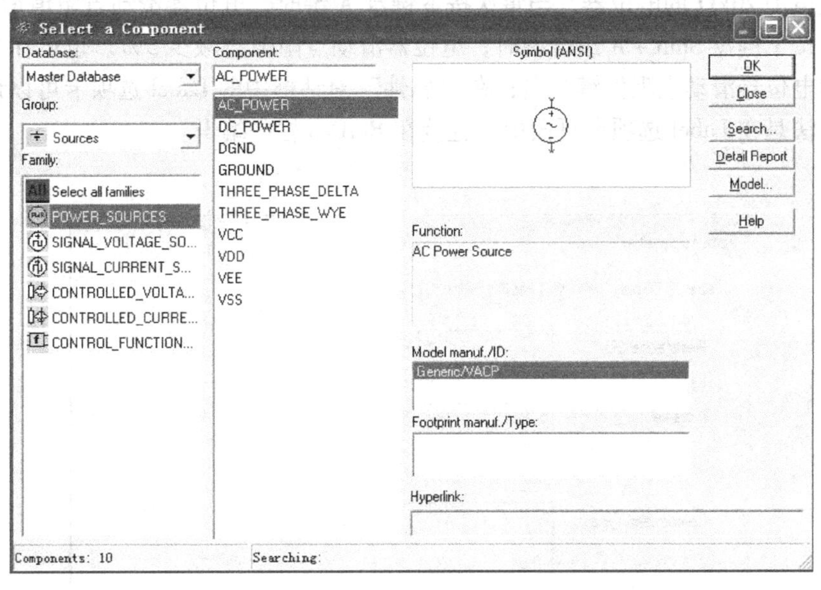

图 2-8　“元器件选择”对话框

2. 移动元器件

按住鼠标左键，将所选的元器件拖至仿真工作区的任何要放的位置后，松开鼠标左键即可。

3. 调整元器件的方向

右击要调整的元器件，将弹出一个对话框，如图 2-9 所示，有四种改变元器件方向的操作，对应的功能从上至下分别为：水平翻转、垂直翻转、顺时针旋转 90°、逆时针旋转 90°。

4. 复制、剪切和粘贴元器件

方法一，使用通用快捷组合键 Ctrl + c、Ctrl + x 和 Ctrl + v；方法二，选中该元器件，使用图 2-1 所示菜单栏中 Edit 下拉菜单操作。

5. 删除元器件

选中要删除的元器件，按键盘上的 Delete 键删除，或是右击要删除的元器件，在弹出的菜单中选择“Delete”命令删除。

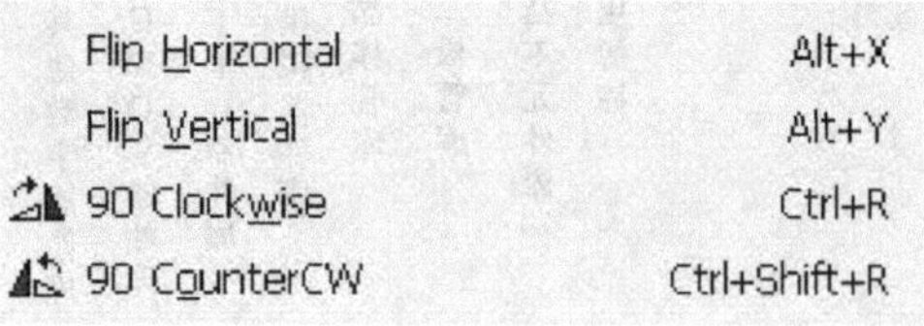

图 2-9 调整元器件的方向

6. 元器件的属性设置

双击仿真工作区中的元器件，会弹出元器件“属性”对话框，对话框包括七个选项卡，分别是 Label（标签）、Display（显示）、Value（数值）、Fault（故障）、Pins（引脚）、Variant（变量）、User Fields（用户自定义），通过这些选项卡可以设置元器件的属性。

例如，图 2-10 所示电位器的“属性”对话框中，显示的是 20kΩ 的电位器 Value 选项卡页面，用于设置电位器的参数。其中 Resistance 栏设置电位器的阻值，Key 栏设置控制电位器滑动点的移动键，Increment 设置电位器滑动点阻值的变化量。图 2-10 中所示的属性设置，表示一个阻值为 20kΩ 的电位器，当每次按下键盘 A 键时，电位器滑动点阻值增加 5%。另外，当每次按下键盘 Shift + A 组合键时，电位器滑动点阻值将减少 5%。也可在 Key 栏中直接修改控制电位器滑动点阻值键盘名；在“属性”对话框中的 Label 选项卡可以设置元器件的序号，方法是在 Label 选项卡页面中，直接在 RefDes 栏中编辑。

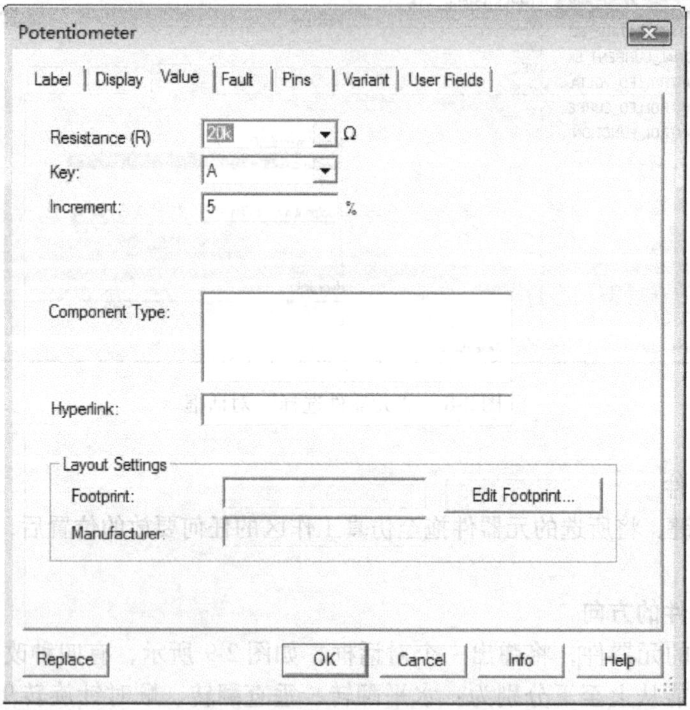

图 2-10 电位器的“属性”对话框

7. 元器件的连线

Multisim 10 提供了自动与手动两种连线方式。所谓自动连线，就是用户依次单击要连线的两个元器件的引脚，由 Multisim 10 选择引脚间最好的路径自动完成连线操作，这种方式可以避免连线时与其他元器件的重叠；手动连线由用户控制走线方向，操作时通过拖动连线，按自己设计的路径，单击确定路径转向并完成连线。连线完毕后，还可以手动调整线路的布局。

为了强调电路中的某些关键元器件或连线，可对其显示颜色进行设定。方法是：先将鼠标指针指向需要改变颜色的元器件或连线，右击，在弹出的对话框中选择 Change Color 项，然后在弹出的“颜色”对话框中选取所需颜色即可。

8. 元器件的查找

Multisim 10 提供了强大的搜索功能来帮助用户方便快速地找到所需的元器件，其具体操作步骤如下：

1）单击菜单栏中 Place 下拉菜单中的 Component 命令，打开“元器件选择”对话框，如图 2-8 所示。

2）在“元器件选择”对话框中，单击“Search（搜索）”按钮，弹出“搜索元器件”对话框，如图 2-11 所示。

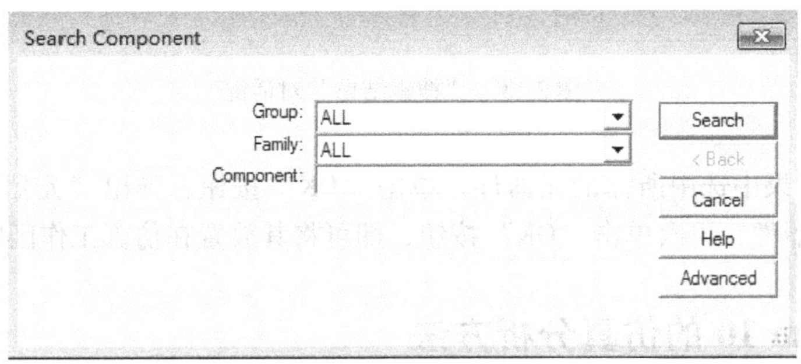

图 2-11　“搜索元器件”对话框

3）在“搜索元器件”对话框中，单击“Advanced”按钮，打开“高级搜索”对话框，如图 2-12 所示，提供更多的搜索条件。输入搜索的关键字，可以是数字或字母，不区分大小写，但至少要有一个条件，条件越多搜索越精确。例如，在 Component（元器件名称）栏中输入“74ls00”，在 Footprint type（封装名称）栏中输入“do”，即表示查找所有元器件名中含有“74ls00”字符且封装名称中含有“do”字符的元器件，如图 2-12 所示。

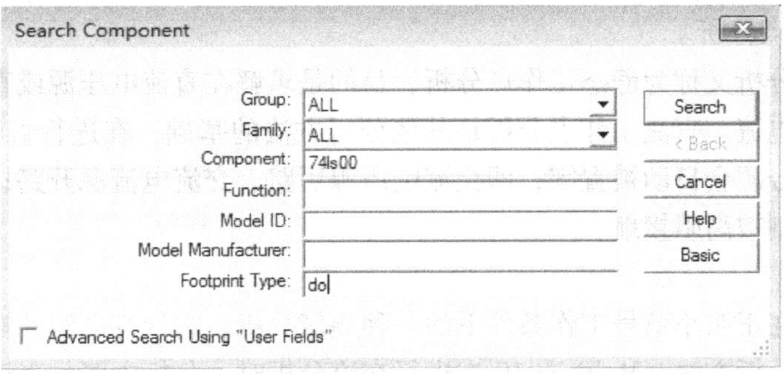

图 2-12　“高级搜索”对话框

4）在“高级搜索”对话框中，单击“Search”按钮开始查找，查找结束后自动弹出“搜索结果”对话框，如图 2-13 所示。

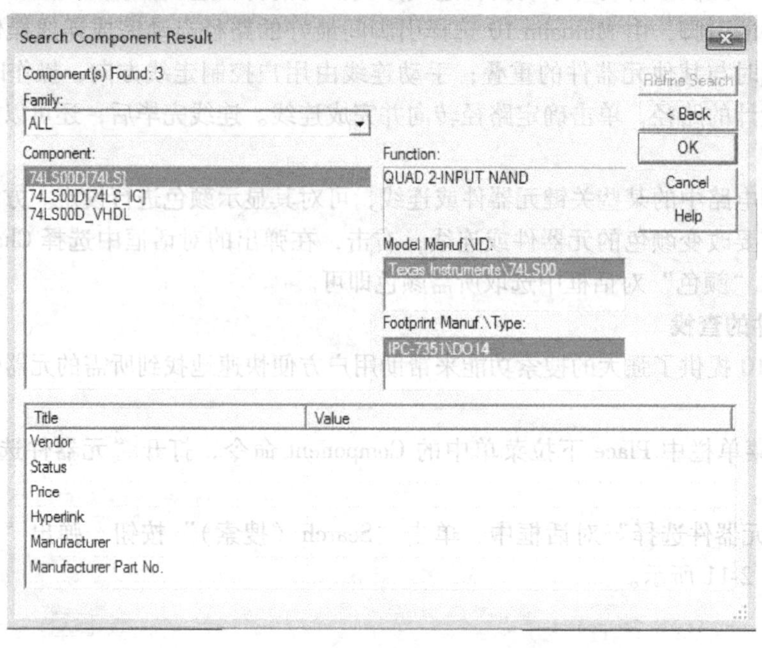

图 2-13　“搜索结果”对话框

5）从搜索结果中选中所需的元器件，单击“OK”按钮，弹出“元器件浏览”对话框并自动选中该元器件，再次单击“OK”按钮，即可将其放置在仿真工作区中。

2.5　Multisim 10 的仿真分析方法

Multisim 10 提供了 18 种电路分析功能，包括了绝大多数电路仿真软件的分析类型。在主窗口中执行菜单命令 Simulate→Analyses 或单击设计工具栏中按钮的下拉菜单时，可弹出图 2-14 所示的仿真分析方法列表。

由于本书篇幅有限，仅重点介绍电路与电子技术设计仿真分析常用的五种仿真分析方法。

1. 直流工作点分析

直流工作点分析又称为静态工作点分析，目的是求解在直流电压源或直流电流源作用下电路中的电压和电流。直流工作点分析是其他分析方法的基础，在进行直流工作点分析时，电路中的交流信号源会自动被置零，即交流电压源短路、交流电流源开路；电感短路、电容开路；数字器件则被高阻接地。

2. 交流分析

交流分析是在正弦小信号工作条件下的一种频域分析。它计算电路的幅频特性和相频特性，是一种线性分析方法。Multisim 10 在进行交流分析时，分析电路的直流工作点，在直流工作点处对各个非线性元件作线性化处理，得到线性化的交流小信号等效电路，并用交流小信号等效电路计算电路输出交流信号的变化。在进行交流分析时，电路工作区中自行设置的输入信号将被忽略，即无论给电路的信号源设置的是三角波还是矩形波，进行交流分析时，都将自动设置为正弦波信号，分析电路随正弦信号频率变化的频率响应曲线。其结果与伯德图仪的分析结果相同。

3. 瞬态分析

瞬态分析是一种非线性时域分析方法，是在给定输入激励信号时，分析电路输出端的瞬态响应。Multisim 10 在进行瞬态分析时，首先计算电路的初始状态，然后从初始时刻到某个给定的时间范围内，选择合理的时间步长，计算输出端在每个时间点的输出电压。输出电压由一个完整周期中的各个时间点的电压来决定。启动瞬态分析时，只要定义起始时间和终止时间，Multisim 10 就可以自动调节合理的时间步进值，以兼顾分析精度和计算时需要的时间。为满足一些特殊要求，也可以自行定义时间步长。

在进行瞬态分析时，直流电源保持常数；交流信号源随时间而改变，是时间的函数；电感和电容由能量存储模型来描述，是暂态函数。

4. 直流扫描分析

直流扫描分析是利用一个或两个直流电源分析电路中某个节点上的直流工作点数值变化的情况。利用直流分析，可快速地根据直流电源的变动范围确定电路直流工作点。它的作用相当于直流电源的数值每变动一次，就对电路做几次不同的仿真。在进行直流扫描分析时，电路中所有电容视为开路，所有电感视为短路。如果电路中有数字器件，将其视为一个大的接地电阻。

DC Operating Point...	直流工作点分析
AC Analysis...	交流分析
Transient Analysis...	瞬态分析
Fourier Analysis...	傅里叶分析
Noise Analysis...	噪声分析
Noise Figure Analysis...	噪声系数分析
Distortion Analysis...	失真分析
DC Sweep...	直流扫描分析
Sensitivity...	灵敏度分析
Parameter Sweep...	参数扫描分析
Temperature Sweep...	温度扫描分析
Pole Zero...	零极点分析
Transfer Function...	传递函数分析
Worst Case...	最坏情况分析
Monte Carlo...	蒙特卡洛分析
Trace Width Analysis...	布线宽度分析
Batched Analysis...	批处理分析
User Defined Analysis...	用户自定义分析
Stop Analysis	停止分析

图 2-14 仿真分析方法列表

5. 参数扫描分析

参数扫描分析是用来检测电路中某个元器件的参数在一定取值范围内变化时，对电路直流工作点、瞬态特性、交流频率特性的影响。它是将电路参数设置在一定的变化范围内，以分析参数变化对电路性能的影响。采用参数扫描分析电路，可以较快地获得某个元器件的参数，以及这些参数在一定的范围内变化时对电路的影响。这相当于该元器件每次取不同的值，进行多次仿真。对于数字器件，在进行参数扫描分析时将被视为高阻接地。

进行参数扫描分析时，用户可以设置参数变化的开始值、结束值、增量值和扫描方式，从而控制参数的变化。

2.6 Multisim 10 仿真分析的入门实例

本节以分压式共发射极放大电路的研究为例（电路原理图参见第 5 章 5.2 节），学习用 Multisim 10 进行电路仿真分析。

1. 电路原理图的绘制

首先进入仿真工作平台进行电路原理图绘制。

（1）元器件的调用

1）电阻、电容等无源元件的调用。在仿真工作平台的元器件库工具栏中单击“Place Basic”按钮，分别调用电阻 RESISTOR、电位器 POTENTIOMETER、电容 CAPACITOR；修改元件的序号，调整文字标注的位置。

2）晶体管的调用。在元器件库工具栏中单击“Place Transistor”按钮，调用晶体管，选择 Value 值型号为 2N2222A。由于实际晶体管的电流放大倍数 β 值为 80 左右，可以修改晶体管参数，使其更接近实际元件。双击晶体管，在弹出的页面（见图 2-15a）中选择 Value 选项卡，单击“Edit Model”按钮，在弹出的页面（见图 2-15b）中将 BF 原有的 Value 值 220 改为 80，按“回车”键，并单击“Change Part Model”按钮确定。

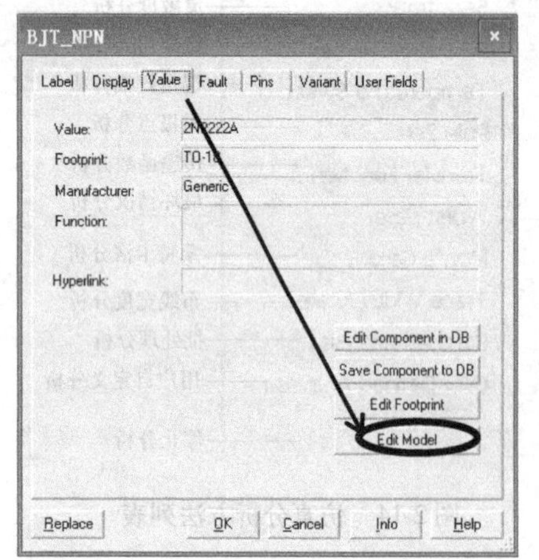

a)

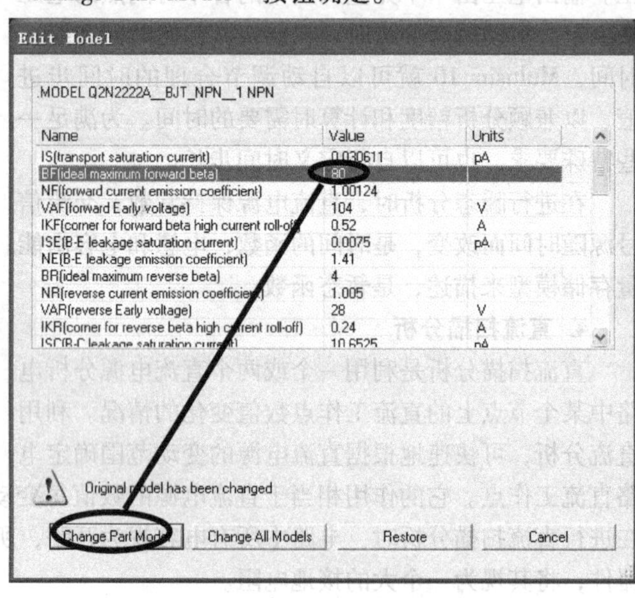

b)

图 2-15　晶体管参数的修改

（2）电源的调用

1）调用电源元件。需要根据实验电路的具体情况，对电源的参数进行相应的设置。例如，本例需调用直流工作电源 DC _ POWER，选用 +12V 的电源默认值；同时需调用正弦信号源，即会出现一个默认值的信号源，幅值为 120V、频率为 60Hz、初相角为 0°的交流信号电源。如需要改变其参数值，则可双击该信号源符号，弹出“交流电源”（AC _ POWER）对话框，如图 2-16 所示。对于本例，要求参数如下：电压有效值为 60mV、频率为 10kHz、初相角为 0°，则可在图 2-16 中的 Value 选项卡中将电压有效值 Voltage（RMS）的值修改为 0.06V。同理，可完成频率参数的调整。

2）调用接地端。在 Multisim 10 中的实验电路需要有一个接地端。对模拟电路或模数混合电路应选择模拟接地端，而对纯数字电路则应选择数字接地端。接地端的调用方法与电源相同，此处不再叙述。对于本例，放置完全部元器件后的工作界面如图 2-17 所示。

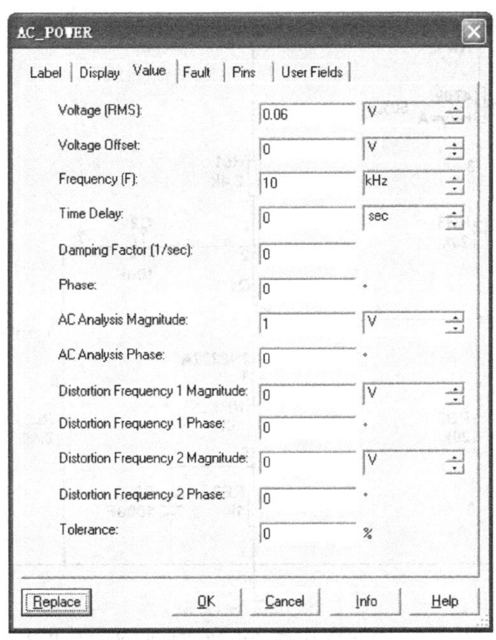

图 2-16　“交流电源”对话框

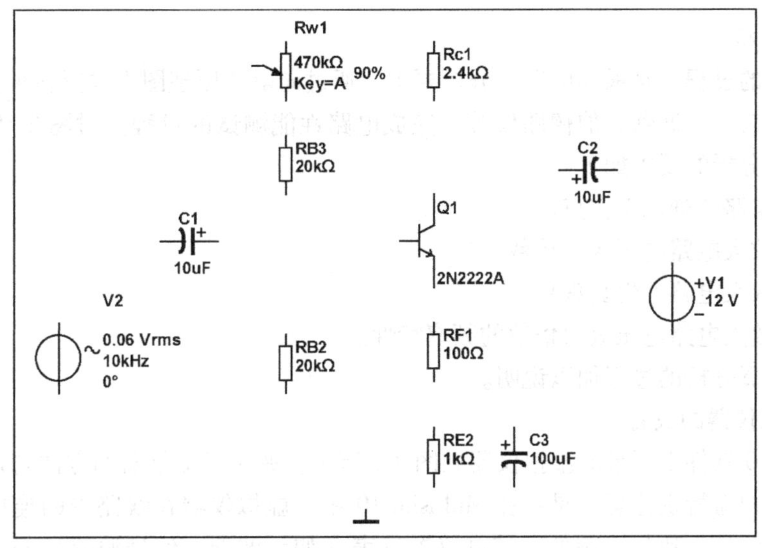

图 2-17　已完成放置元器件的工作界面

3）线路的连接

添加连线，连接电路，建立电路原理图，工作界面如图 2-18 所示。

（4）文件的保存

用户在创建电路原理图的过程中一定要注意存盘操作，电路原理图编辑完成之后可以将其换名保存。对于本例，原来系统自动命名为“Circuit1. msm”，可将其重命名为“分压偏置式单管放大电路”，系统自动为其加扩展名“. msm”。完成后的电路原理图如图 2-18 所示。

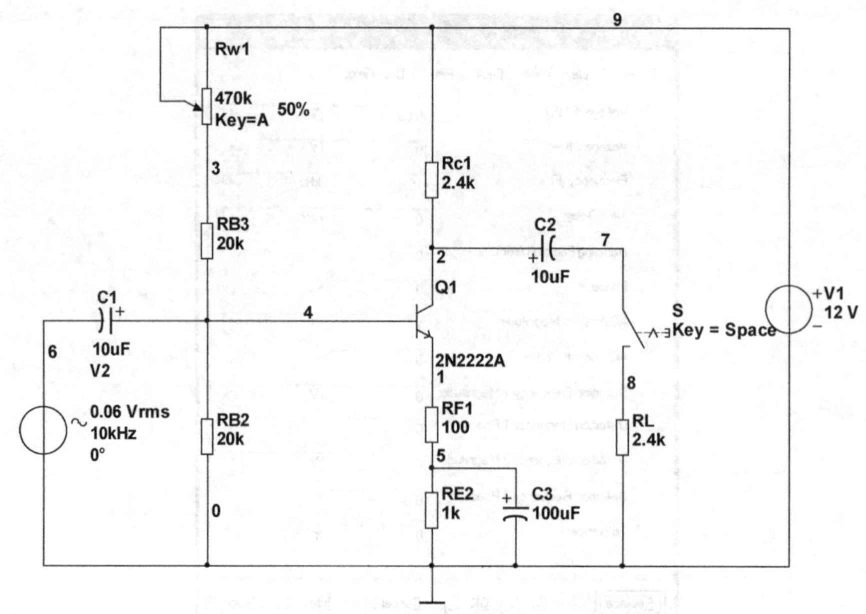

图 2-18 编辑完成后的电路原理图的工作界面

2. 仿真分析

仿真分析的过程，是根据电路的分析要求，通过向电路原理图中放置各种虚拟仪器，如电压表、电流表、示波器、伯德图仪等，完成电路性能测试的过程。对图 2-18 所示放大电路的仿真实验分析的要求如下：

1）测量电路的静态工作点。

2）测量放大电路电压放大倍数。

3）观察放大电路的失真现象。

4）测量放大电路电压放大倍数的频率特性。

下面对仿真分析的过程加以说明。

（1）虚拟仪器的放置

Multisim 10 软件中所带的虚拟仪器如图 2-5 所示，调用虚拟仪器的方法与调用元器件的方法相同。用户需特别注意的是：在 Multisim 10 中，虚拟仪器在线路中的连接基本上与实际仪器使用方法是一致的。例如，带电仪器仪表（如示波器、信号源等）必须接地，电压表必须与被测量并联、电流表必须与被测量串联等。

根据本例的要求，可用两个电压表和两个电流表测量电路的静态工作点；用一个双通道示波器观察放大电路的输入和输出电压信号，其中 A 通道接输入信号源，B 通道接输出端；用一个伯德图仪进行电压放大倍数的频率特性测量。接入虚拟仪器后的电路原理图如图 2-19 所示。

（2）虚拟仪器的参数设置

Multisim 10 软件为了能更好地仿真实际电路的情况，可以对所使用的虚拟仪器的参数进行设置。对于本例，各虚拟仪器的设置如下：

1）电压表设置。双击电压表，在弹出的“电压表设置”对话框中（见图 2-20），选择

Value 选项卡中 Mode 模式为 DC，电压表内阻 Resistance 设为 100MOhm（电压表内阻越大，测量精度越高）。

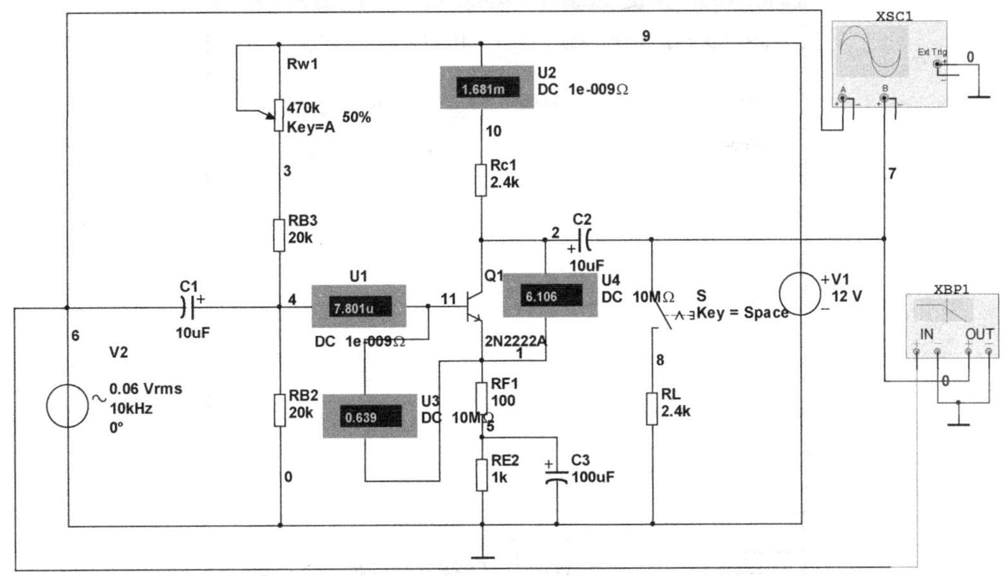

图 2-19　接入虚拟仪器后的电路原理图

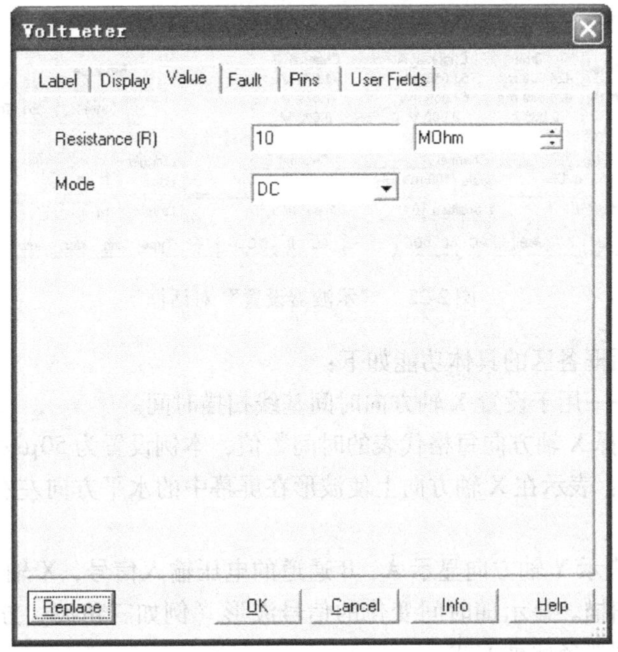

图 2-20　“电压表设置”对话框

2）电流表设置。双击电流表，在弹出的“电流表设置”对话框中（见图 2-21），在 Value 选项卡中选择 Mode 模式为 DC ，电流表内阻使用 Resistance 默认值 1nOhm（电流表内阻越小，测量精度越高）。

3）示波器设置。双击示波器，在弹出的“示波器设置”对话框中（见图 2-22），按照与实际示波器使用基本相同的方式对示波器进行设置。

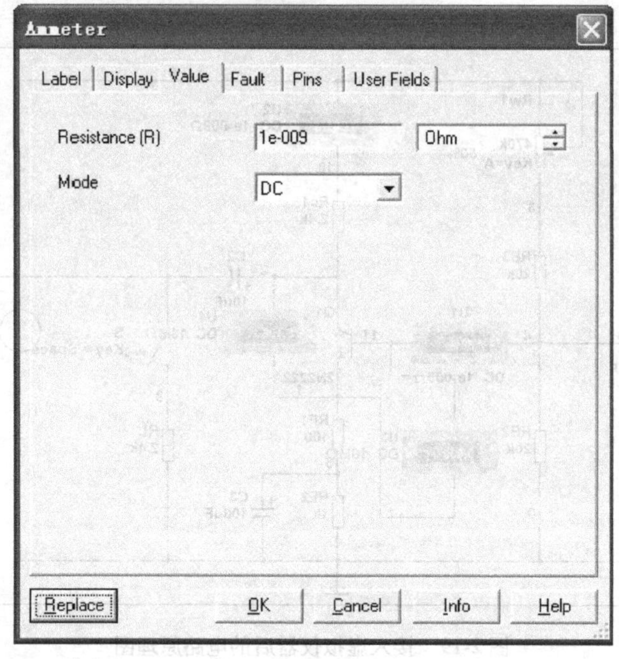

图 2-21 “电流表设置”对话框

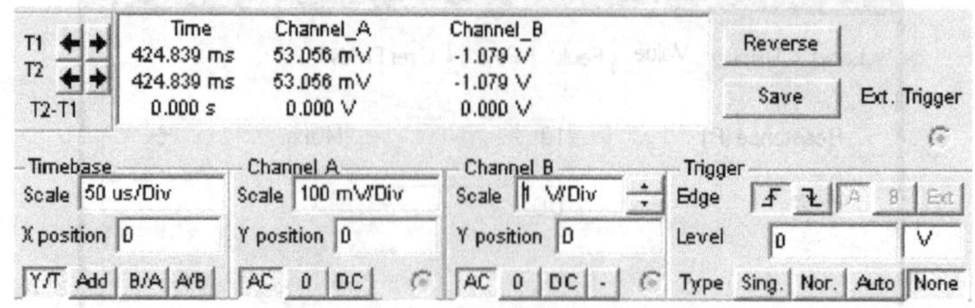

图 2-22 “示波器设置”对话框

示波器设置对话框各区的具体功能如下：

①Timebase 区——用于设置 X 轴方向时间基线扫描时间。

- Scale 栏：选择 X 轴方向每格代表的时间数值，本例设置为 50μs/Div。
- X position 栏：表示在 X 轴方向上使波形在屏幕中的水平方向左右移动的位置。本例设置为 0。
- Y/T 按钮：表示 Y 轴方向显示 A、B 通道的电压输入信号，X 轴方向显示时间基线，并按设置时间进行扫描。显示随时间变化的信号波形（例如三角波、方波及正弦波等）常采用此种方式。本例选择此种方式。
- Add 按钮：表示 X 轴按设置时间进行扫描，而 Y 轴方向显示 A、B 通道的输入信号之和。
- B/A 按钮：表示将 A 通道信号作为 X 轴扫描信号，将 B 通道信号施加在 Y 轴上。
- A/B 按钮：与 B/A 按钮相反。以上这两种方式可用于观察李沙育图形。

②ChannelA（B）区——用于设置 Y 轴方向 A（或 B）通道输入信号的标度。

- Scale 栏：表示置 Y 轴方向 A（或 B）通道输入信号每格所表示的电压数值。单击该栏后将出现刻度翻转列表，根据所测信号电压的大小，上下翻转，选择一适当的值。本例设置 ChannelA 区为 100mV/Div，设置 ChannelB 区为 1V/Div。

- Y position 栏：表示在 Y 轴方向上使波形在屏幕中的垂直方向上下移动的位置。本例设置为 0。
- AC 按钮：表示屏幕仪显示输入信号中的交变分量（相当于实际电路中加入了隔直流通交流的电容）。本例选择此项。
- DC 按钮：表示屏幕将信号的交直流分量全部显示。
- 0 按钮：表示将输入信号对地短路。

③Trigger 区——用于设置示波器触发方式。本例选择 Auto 方式。

- Edge 栏：有两个按钮，表示将输入信号的上升沿或下降沿作为触发信号。
- Level 栏：用于选择触发电平的大小。
- Type 栏：有三个按钮。

Sing. 按钮：选择单脉冲触发。

Nor. 按钮：选择一般脉冲触发。

Auto 按钮：表示触发信号不依赖外部信号。一般情况下使用 Auto 方式。

④Save（存储读数）区——单击“Save”按钮，可对读数指针测量的数据进行存储，数据存储格式为 ASCII 码格式。

⑤Reverse 区——“Reverse”按钮用于改变屏幕背景色。如要将屏幕背景恢复为原色，再次单击“Reverse”按钮即可。

3）伯德图仪设置。双击伯德图仪，在弹出的“伯德图仪设置”对话框中（见图 2-23）即可进行参数设置。伯德图仪对幅频特性和相频特性的测量是分别进行的，所以参数设置也是分别进行的。

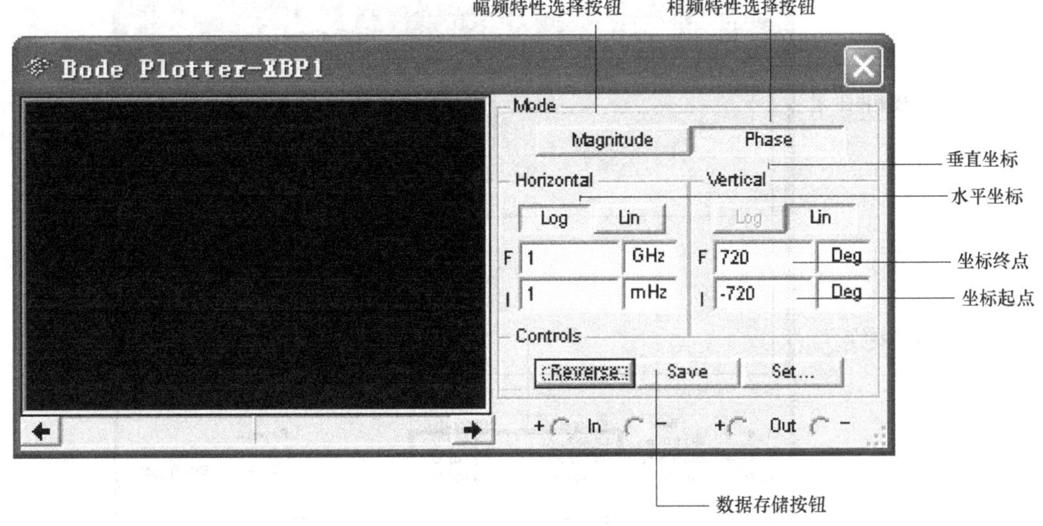

图 2-23　“伯德图仪设置”对话框

①测量幅频特性时，在图 2-23 中选择“Magnitude”按钮，在水平坐标区（Horizontal）中单击“Log（对数）”按钮设置 X 轴刻度的最终值 F 为 1GHz、初始值 I 为 2Hz。在垂直坐

标区（Vertical）单击“Log（对数）”按钮，Y轴刻度的单位选dB。本例将垂直坐标区（Vertical）Y轴刻度的最终值F设置为50dB、初始值I设置为－20dB。

②测量相频特性时，在图2-23中选择“Phase”按钮，Y轴坐标表示相位，在Vertical坐标区单击“Lin”按钮，单位是度，刻度是线性的。本例将垂直坐标区（Vertical）中Y轴刻度的最终值F设置为720 Deg（度）、初始值I设置为－720Deg（度）；水平坐标区（Horizontal）中单击“Log（对数）”按钮，设置X轴刻度的最终值F为1GHz、初始值I为2Hz。

（3）实验数据观测

虚拟仪器设置完毕后，单击开始/停止仿真开关“O/I”按钮（参见图2-1），电路仿真分析就被启动。在仿真分析完成后，需要测量数据或观测信号波形时，可单击暂停仿真开关“Pause”按钮（参见图2-1），暂停电路运行，以便观测。对本实验要求的各项实验分析，可进行如下操作：

1）测量静态工作点。放大电路的静态工作点Q的数据I_{BQ}、I_{CQ}、U_{BEQ}、U_{CEQ}，可以直接从图2-19中的电压表、电流表读出。例如本例：$I_{BQ}=7.801\mu A$；$U_{BEQ}=0.639V$；$I_{CQ}=1.680mA$；$U_{CEQ}=6.105V$。

在仿真分析过程中，为了得到合适的静态工作点，需要调节基极上偏置电阻R_{w1}的大小，使静态工作点调整在放大器交流负载线的中点处。改变电位器R_{w1}的方法是：按动键盘上Shift＋A组合键，改变电位器的阻值，使得R_{w1}一旁显示的电位器阻值百分比设置为11%，测得U_{CEQ}的电压为6.105V。

2）电压波形观测。在用示波器观测电压波形时，可先按下“Pause”按钮（参见图2-1）。双击示波器图标（见图2-19中的XSC1），打开示波器面板，可观察到放大电路输入、输出的电压波形，如图2-24所示。

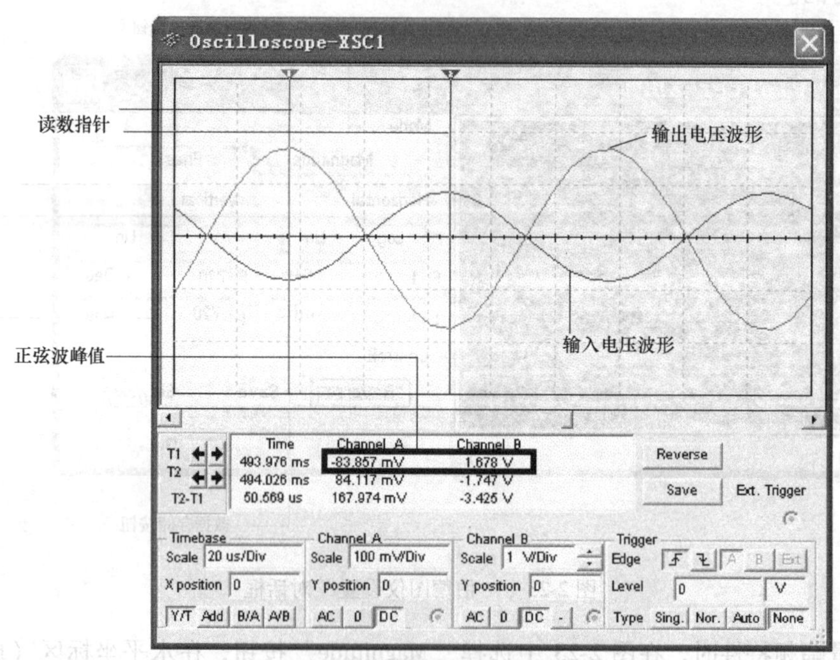

图2-24 用示波器观察输入、输出的电压波形

为便于对被测波形进行测量，示波器还提供了读数指针，如图 2-24 所示。直接用鼠标将指针拖到所需测量的点上，即可在示波器下方的坐标值栏中读出被测点坐标。例如，利用读数指针，在图 2-24 所示矩形方框中可测得放大电路输出波形不失真的电压放大倍数：

$$A_U = -U_{om}/U_{im} = -1678\text{mV}/83.857\text{mV} = -20.01$$

调节 R_{w1}，即减小 R_{w1}，反复按键盘上 Shift + A 组合键，改变电位器的阻值，观察示波器波形变化，随着 R_{w1} 一旁显示的电位器阻值百分比的减少，输出波形产生饱和失真现象，当数值百分比为 3% 时，波形如图 2-25 所示。

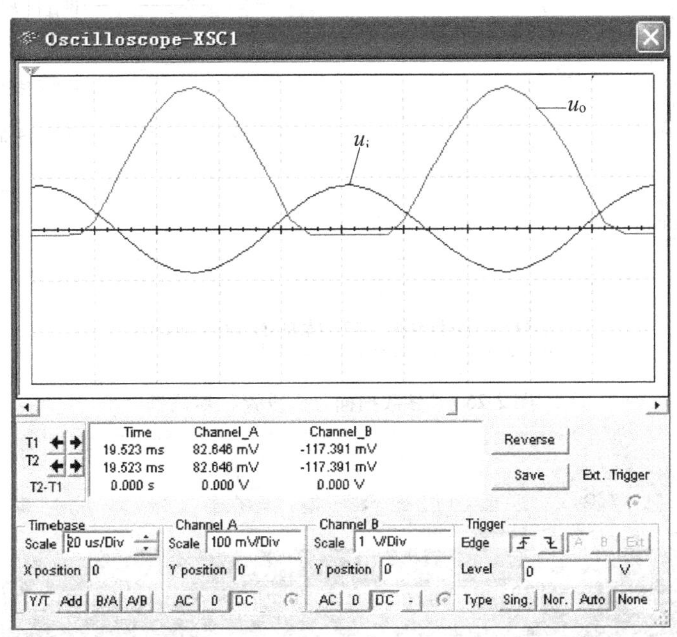

图 2-25　示波器显示的输出电压饱和失真波形

3）参数扫描分析。为了保证晶体管工作在线性区，以实现对输入信号的不失真放大，必须设置合适的静态工作点。在调试中，通常是通过改变图 2-19 中基极偏置电阻 R_{w1} 来调整静态工作点，但当增大 R_{w1} 时，输出电压波形容易出现截止失真；反之，容易出现饱和失真。

下面通过改变本例中电阻 R_{w1} 参数的过程，来介绍一下参数扫描分析的步骤和方法。

首先，单击菜单栏中的 “Simulate”，然后依次选择 “Analyses” → “Parameter Sweep” 选项。单击鼠标后，系统弹出如图 2-26 所示的 “参数扫描分析设置” 对话框。

本例在分析参数设置上，选择偏置可调电阻 R_{w1} 为扫描元器件，设置 R_{w1} 扫描的开始值为 10kΩ、结束值为 300kΩ、扫描点数为 3。选择扫描分析类型为瞬态分析，并在分析参数的设置中，采用默认设置。同时，在 Output 选项卡中选定 7 号节点作为需要分析的节点。即选定节点 V（7），点击 Add 按钮，然后单击 “Simulate” 按钮，得到的分析结果如图 2-27 所示。由图 2-27 可以观察到，当可调电阻 R_{w1} 在 10 ~300kΩ 之间变化时，放大器的输出波形由正常放大（蓝色线）、饱和失真（红色线）到截止失真（绿色线）的变化情况（一簇三条曲线组成）。

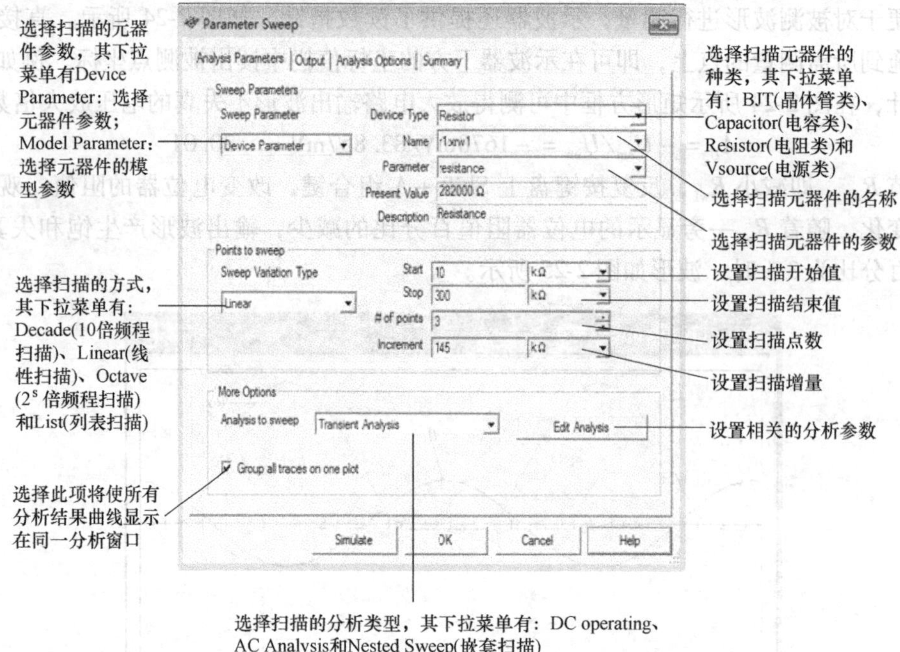

图 2-26 “参数扫描分析设置”对话框

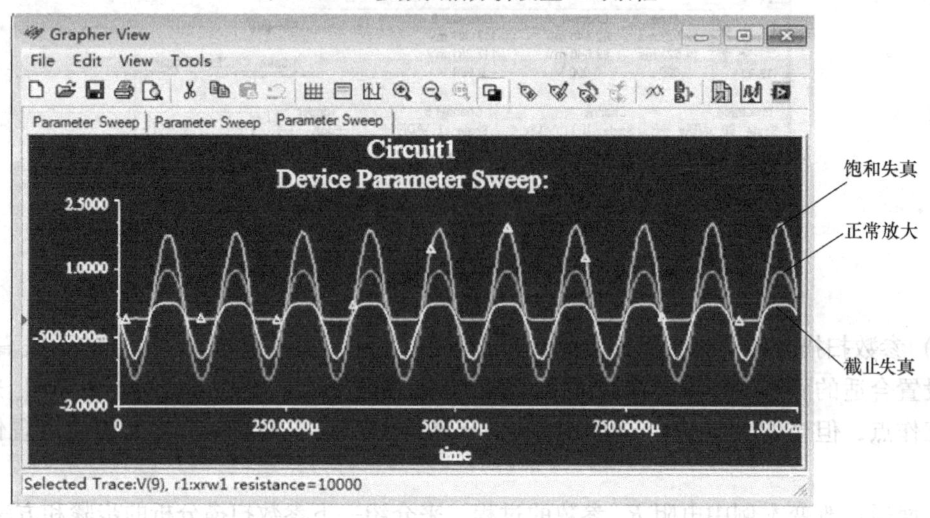

图 2-27 用参数扫描分析方法显示一簇输出电压波形

4）测量频率特性。双击伯德图仪图标（参见图 2-19 中的 XBP1），打开伯德图仪面板，单击“Magnitude”按钮，测得的分压偏置式放大电路的幅频特性，如图 2-28 所示。伯德图仪也提供用于读数的指针，拖拽读数指针（方法是：记录读数指针在频率 10.196kHz 中频段$|A_v|$的分贝值。如本例为 26.245 dB，然后移动读数指针到$|A_v|$分贝值下降 3dB 处所对应的上限频率f_H及下限频率高频f_L的频率），根据通频带的定义，移动指针可测得本例：上限频率为 17.067 MHz，下限频率为 15.874Hz，即通频带为

$$BW = f_H - f_L = 17.067\text{MHz} - 15.874\text{Hz} \approx 17.59\ \text{MHz}$$

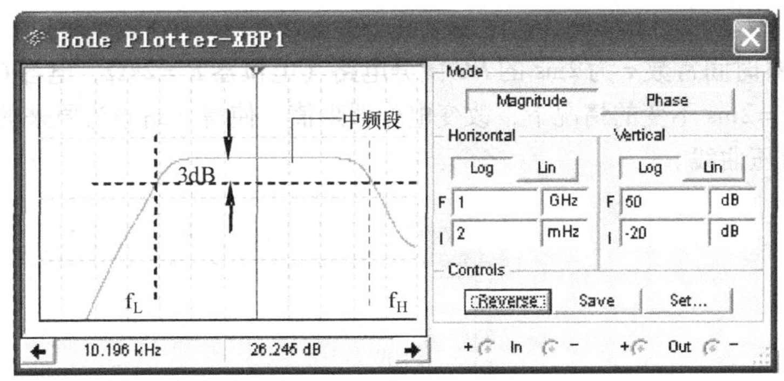

图 2-28 分压式共发射极放大电路的幅频特性

同理，单击“phase”按钮，可测得分压式共发射极放大电路的相频特性，如图 2-29 所示。

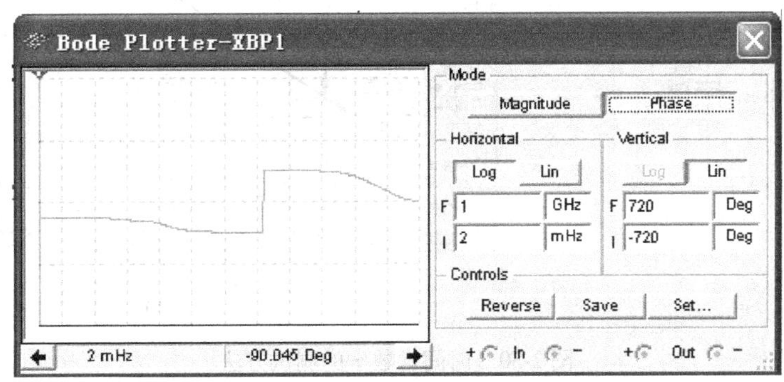

图 2-29 分压式共发射极放大电路的相频特性

2.7 电路分析基础实验的仿真分析实例

例 2-1 用 Multisim 10 观察记录图 2-30a 所示 *RC* 电路的放电过程，求出时间常数 τ。

在 Multisim 10 中调用直流电压源。单击元器件库工具栏中 “Place Source”，进入电源库页面后，单击“POWER _ SOURCES”，调用“DC _ POWER”（直流电压源），单击“OK”按钮，用鼠标将直流电压源拖至仿真工作区合适的位置，单击右按钮。双击该元器件，进入属性编辑对话框，可修改元器件符号和参数值。将直流电压源的电压值设为 10V。继续调用“GROUND”、1kΩ、100kΩ 电阻和 1μF 电容。

调用单刀双掷开关。单击元器件库工具栏中 “Place Basic”的“SWITCH”（开关），选定“SPDT”开关，单击“OK”按钮（注：SPDT 单刀双掷开关是通过控制默认的“Space”（空格键）使开关处于两个不同的位置）。

调用示波器。单击仪器库工具栏中 “Oscilloscope”（双通道示波器），用鼠标把双通道示波器拖到电路合适的位置，单击右按钮。将 A 通道的正端分别接入待测节点 4 和接地端节点 3，完成电路的连接。*RC* 充、放电电路原理图如图 2-30a 所示。

开启仿真开关，进行仿真。双击示波器图标，并改变通道 A 的 Y 轴位移，使得标尺 2 幅值显示为 3.68V，如图 2-30b 所示，即得到测试结果为 $\tau = T_2 - T_1 = 100.228\text{ms}$，接近理论

值 $\tau = R_2 C_1 = 10^5 \times 10^{-6}\text{s} = 100\text{ms}$。

例 2-2 观察时间常数 τ 为2ms 的 *RC* 微分电路（电位器 $R = 2\text{k}\Omega$，电容 $C = 1\mu\text{F}$）。在脉冲信号源周期 $T = 2\text{ms}$ 不变的情况下，改变电位器阻值，使得 τ 缩小为原来的1/10，观察电路输入、输出电压曲线。

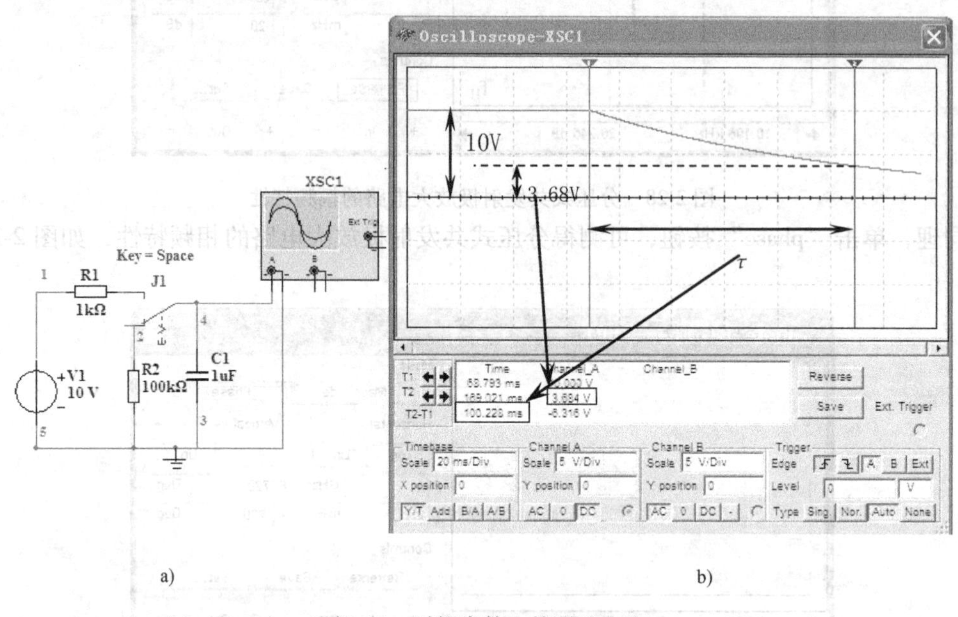

a) b)

图 2-30 时间常数 τ 的测试方法

a）*RC* 充、放电电路原理图 b）示波器上放电波形

本例首先介绍示波器测试法。

在 Multisim 10 中调用脉冲电压源。单击元器件库工具栏中 电源库里的“SIGNAL VOLTAGE SOURCES”（电压信号源），调用“PULSE VOLTAGE”（脉冲电压源），单击“OK”按钮，用鼠标将脉冲电压源拖至仿真工作区合适的位置，单击右按钮。双击脉冲电压源，在“Initial Value”（初始值）栏中输入 0V，在“Pulsed Value”（振幅）栏中输入 5V，在“Pulse Width”（高电平脉冲宽）栏中输入 1ms，在“Period”（脉冲周期）栏中输入2ms，即得到一幅值为5V、周期为2ms 的正脉冲。继续调用电阻、电容、接地、示波器，完成电路的连接。微分电路原理图如图 2-31 所示。

也可以调用信号发生器代替仿真电路脉冲电压源。调用仪器库工具栏中 “Function Generator”（信号发生器）。为保证共地，信号发生器接线应从“+”和中性点“Common”引出，即信号发生器“+”接节点 1，“Common”接节点 0。双击信号发生器后，修改面板参数：选择方波，频率设为 500Hz（即周期 2ms 的倒数），“Duty Cycle”（占空比）为默认值 50%，“Amplitude”（振幅）设为 2.5V，“Offset”（直流偏置）设为 2.5V，即得到一幅值为 2.5V + 2.5V = 5V、周期为 $T = \tau = 2\text{ms}$ 的正脉冲。信号发生器参数如图 2-32 所示。

开启仿真开关，用示波器测试法进行仿真测试，测得 $T = \tau = 2\text{ms}$ 时微分电路的波形，如图 2-33a 所示。

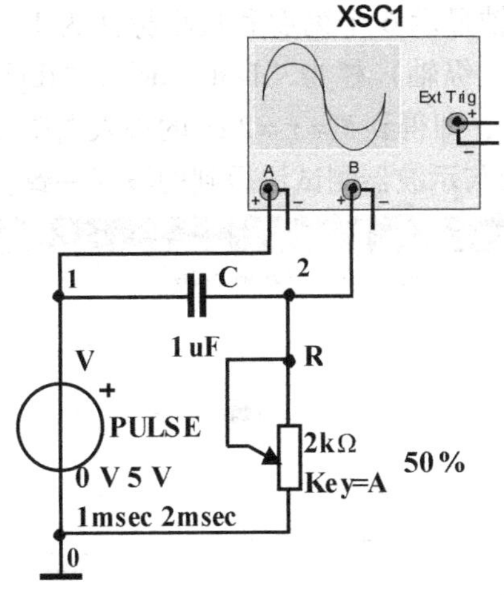

图 2-31 微分电路原理图

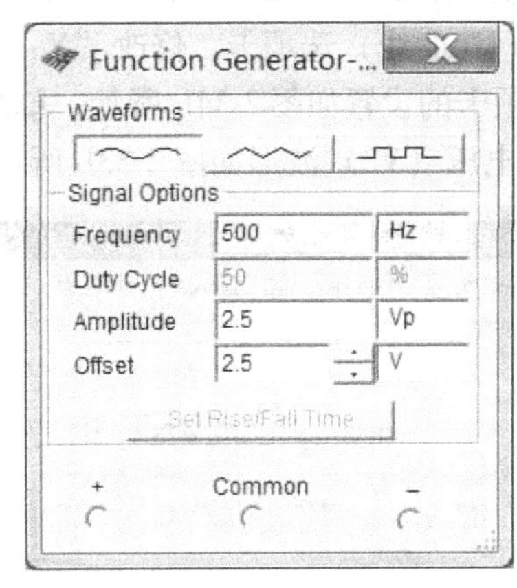

图 2-32 信号发生器参数

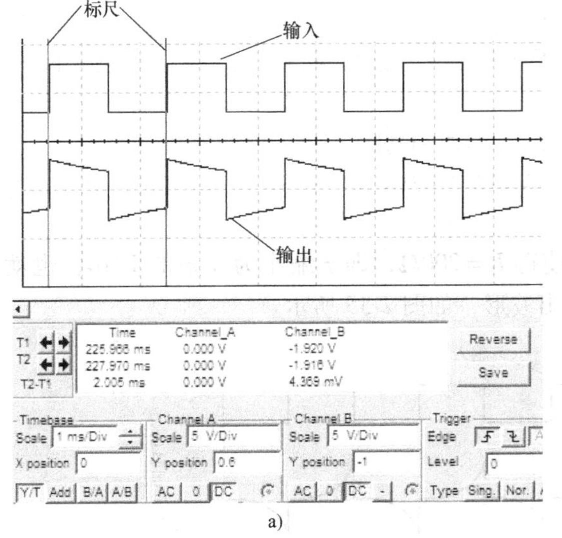

a)

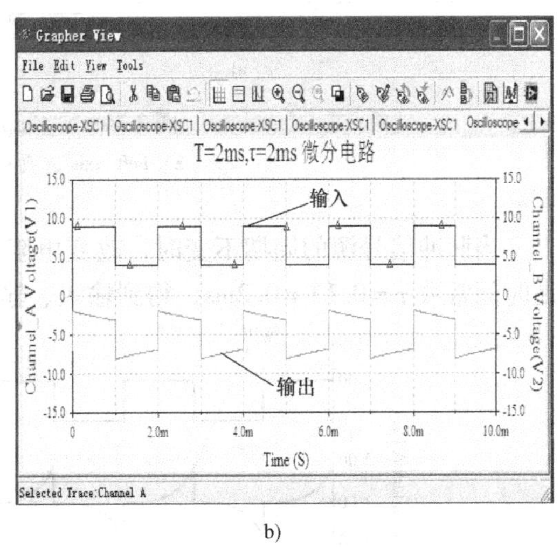

b)

图 2-33 $T=\tau=2$ms 时微分电路的波形

a）示波器测试法 b）Transient Analysis 分析法

其次介绍 Tansient Analysis 瞬态分析法

通过单击主菜单“Simulate”的下拉菜单“Analyses”，单击“Transient Analysis”，进入瞬态分析页面。在默认的“Analyses Parmeters”页面中将光标移动至“Start time”（起始时间）栏输入 0，在“End time”（终止时间）栏输入 0.1s，“Maximum time step”（最大扫描步长）栏输入 0.001s。单击“Output”选项卡，进入“Output”页面，分别选取节点 V（1）和 V（2），单击“Add”按钮，然后单击“Simulate”按钮，得到两个电压波形。这里可通过该页面（“Grapher View”页面，见图 2-33b）的“Edit”下拉菜单“Properties”进入“Graph Properties”曲线属性对话框进行修改。单击“Left Axis”选项卡，如图 2-34a 所示。在“Label”栏中输入 Voltage（V1）或 Voltage（Vi）标注，在“Range”栏设置纵轴显示刻

度范围为 -0.02~0.01V，在“Divisions”栏设置纵轴显示6个刻度和最小标注为1。单击“Traces”（曲线）选项卡，修改“Y-Vertical Axis”（纵轴）栏为“Left Axis”。“Right Axis”选项卡的设置如图2-34b所示。单击“OK”按钮，即得到 $T=\tau=2\text{ms}$ 的输入电压（V1）和输出电压（V2）波形如图2-33b所示。可见该波形与示波器测试法得到的波形一致。

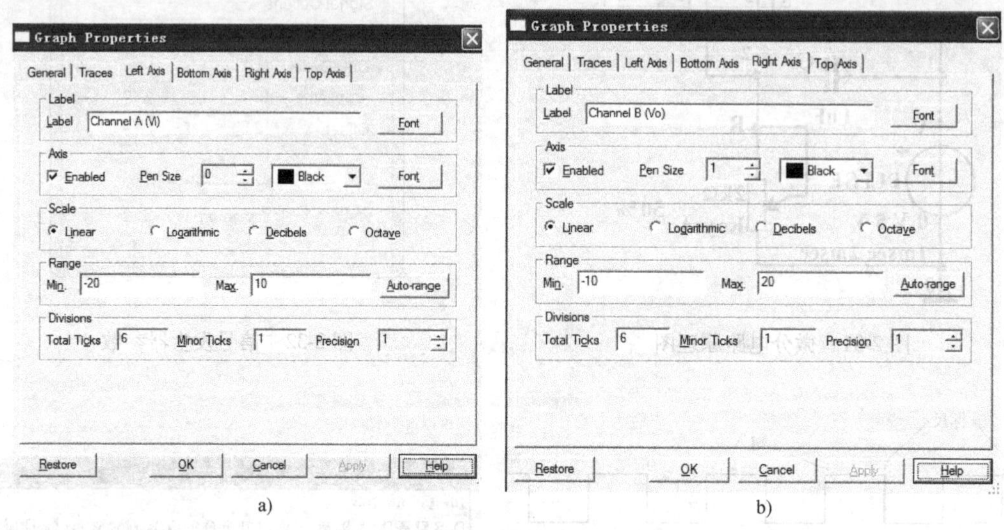

图2-34 “Graph Properties”对话框

a）Left Axis选项卡 b）Right Axis选项卡

当脉冲信号源的周期不变时，改变电阻使得 $R=200\Omega$，即 τ 缩小为原来的1/10，也就是时间常数 $\tau=0.1T=0.2\text{ms}$，得到输入、输出波形，如图2-35所示。

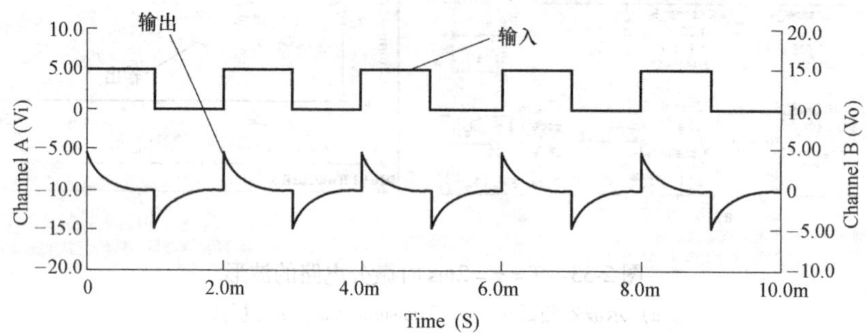

图2-35 $T=2\text{ms}$、$\tau=0.2\text{ms}$ 时微分电路的Transient Analysis波形

例2-3 求出 $R=942\Omega$，$C=8.45\text{nF}$、$L=30\text{mH}$ 串联谐振电路的谐振频率 f_0、电路参数和频率特性。

本例采用AC Analysis交流分析法

调用电源、电阻、电容、电感和接地元件，完成电路的连接。*RLC* 串联电路原理图如图2-36所示。

通过单击主菜单“Simulate”的下拉菜单“Analyses”，选择“AC Analysis”，进入AC Analysis交流分析对话框，如图2-37所示。在默认“Frequency Parmeters”选项卡中的“Vertical scale”栏选择“Liner”（线性），“Start frequency“（起始频率）及“Stop frequency”（终止频率）设置如图 2-37 所示。单击“Output”选项卡，选择 V（3）节点电压。单击“Simulate”按钮，即可得到电压波形。

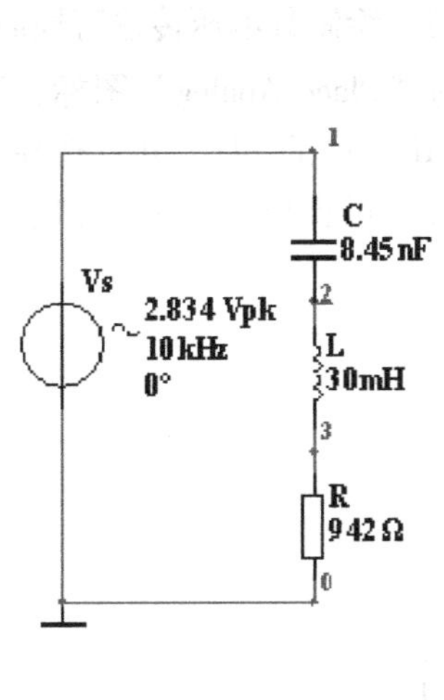

图 2-36　*RLC* 串联电路原理图

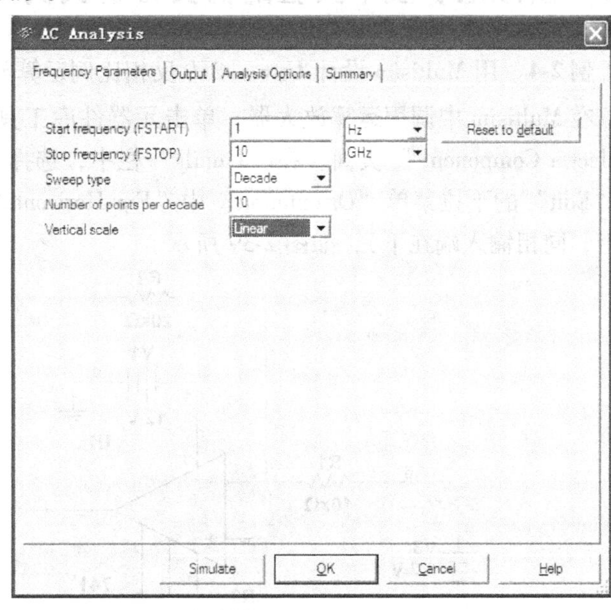

图 2-37　“AC Analysis”对话框

进入“Grapher View”页面，单击该页面上的图标，出现红、蓝两个标尺，移动标尺，测出 $f_0\approx9.912$kHz 和 $f_H\approx12.909$kHz，得到幅频特性、相频特性和数据，如图 2-38 所示，用同样方法测得 $f_L\approx7.6$kHz。

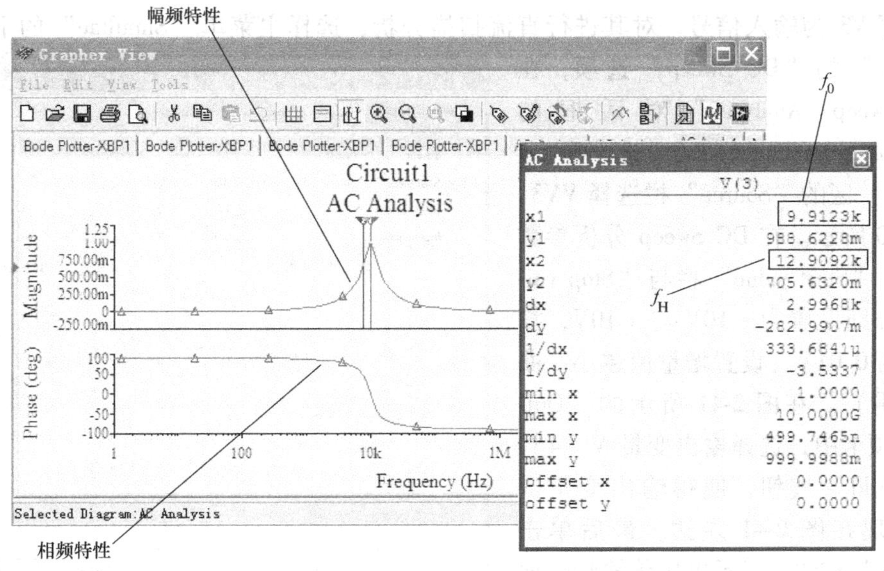

图 2-38　AC Analysis 分析法频率特性

2.8 模拟电子技术实验的仿真分析实例

例 2-4 用 Multisim 设计 $U_o = -2U_i$ 反相比例运算放大电路，绘制其电压传输特性曲线。

在 Multisim 中调用运算放大器，单击元器件库工具栏上的“Place Analog”图标，进入“Select a Component”页面，在“Family”栏中，选择“OPAMP”库的 741，并且选择主菜单“Edit”的下拉菜单“Orientation”中“Fip Horizontal”选项（运算放大器的反相输入端在上，同相输入端在下），如图 2-39 所示。

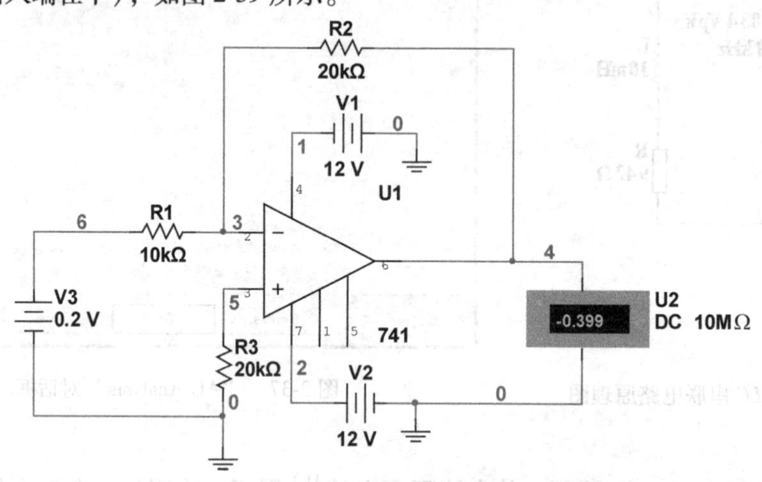

图 2-39 反相比例运算放大电路的测试

用 Multisim 的 DC-Sweep 扫描分析，实现电路的输入、输出电压传输特性分析。

为了得到电路输入、输出之间的数值关系，可对输入信号采用直流扫描分析。在图 2-39 中，电源 V3 为输入信号，对其进行直流扫描分析，选择主菜单“Simultae”的下拉菜单“Analyses”的“DC Sweep”选项，在“DC Sweep Analysis”对话框的“Analysis Parameleters”选项卡“Source1”区的“Source”栏选择 VV3，如图 2-40 所示。在 DC Sweep 分析参数设置中，“Start value”栏与“Stop value”栏分别设置为 -10V 与 +10V，扫描增量为 0.01V（设置增量值越小，曲线越光滑）。在图 2-41 所示的“Output”选项卡中，选择输出变量 V［4］，单击“Add”按钮，使得输出变量 V［4］出现在图 2-41 左边。最后单击“Simultae”按钮，显示电压传输特性曲线，如图 2-42 所示。

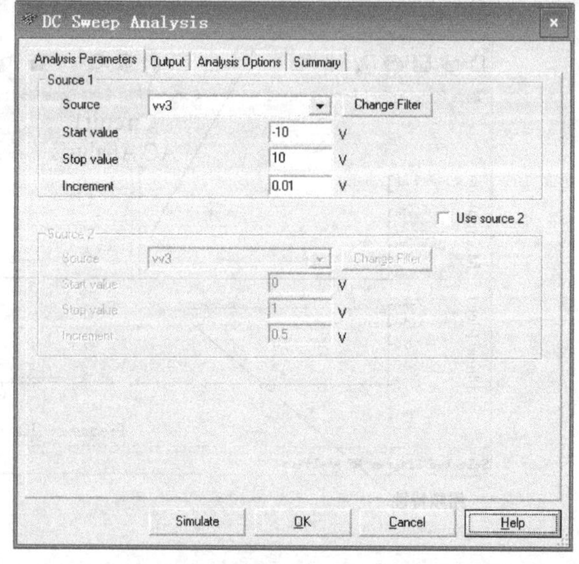

图 2-40 反相比例运算放大电路直流扫描分析设置

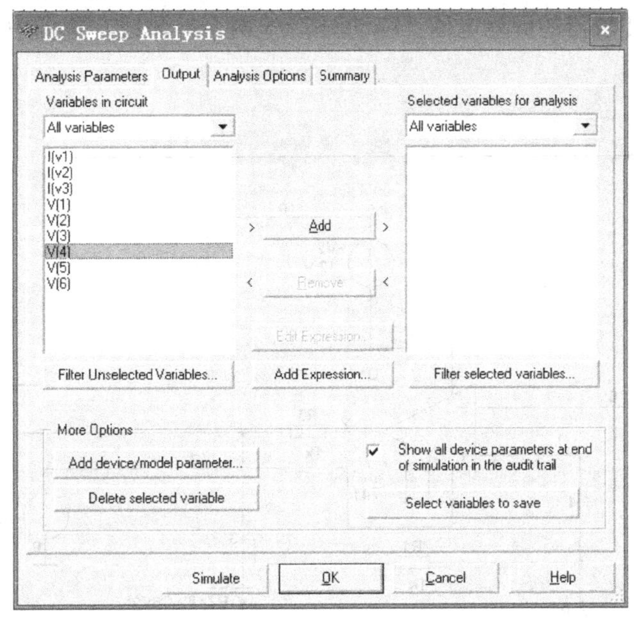

图 2-41　反相比例运算放大电路直流扫描分析添加输出变量的设置

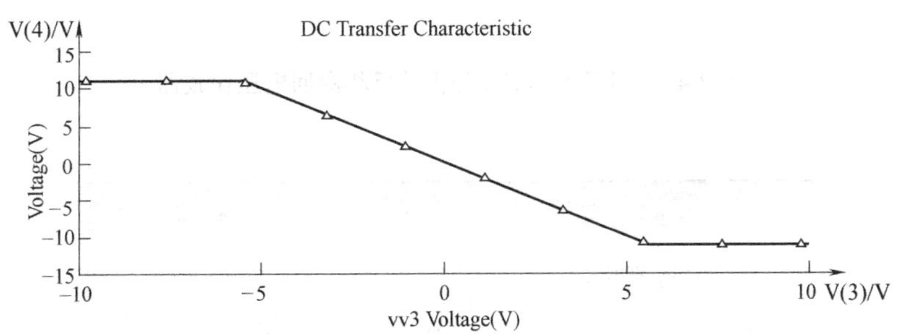

图 2-42　反相比例运算放大电路电压传输特性曲线

例 2-5　用 Multisim 观测反相滞回电压比较器的电压滞回特性曲线。

下面给出用双踪示波器观测一个反相滞回电压比较器的滞回特性的分析实例，如图 2-43 所示。首先将稳压管（1N4173A）的稳压值参数进行修改，将稳压值参数修改为 6V（双击稳压管，弹出“ZENER”页面，选择“Value”选项卡，单击“Edit Model”按钮，在弹出 BV 栏的 Value 值改为 6，按“回车”键，并单击“Change Part Model”按钮），如图 2-44 所示。

在图 2-43 中，双击示波器 XSC1，A 通道接电路的输入端，B 通道接电路的输出端，注意示波器的工作方式（即坐标轴）设置成为 B/A。启动仿真开关，即可观察到滞回电压传输特性曲线，如图 2-45 所示。为了使曲线清晰，观察时需调整两通道的 V/Div 挡。

由图 2-45 所示滞回电压特性曲线可见，当输入电压大于其阈值电压 +3.795V 时，输出

电压为 -7.495V；当输入电压小于阈值电压 -3.795V 时，输出电压为 +7.495V。

为了测试滞回比较器的回差电压，移动图 2-45 两个标尺线，从图中可读出回差电压 dx =7.591V。

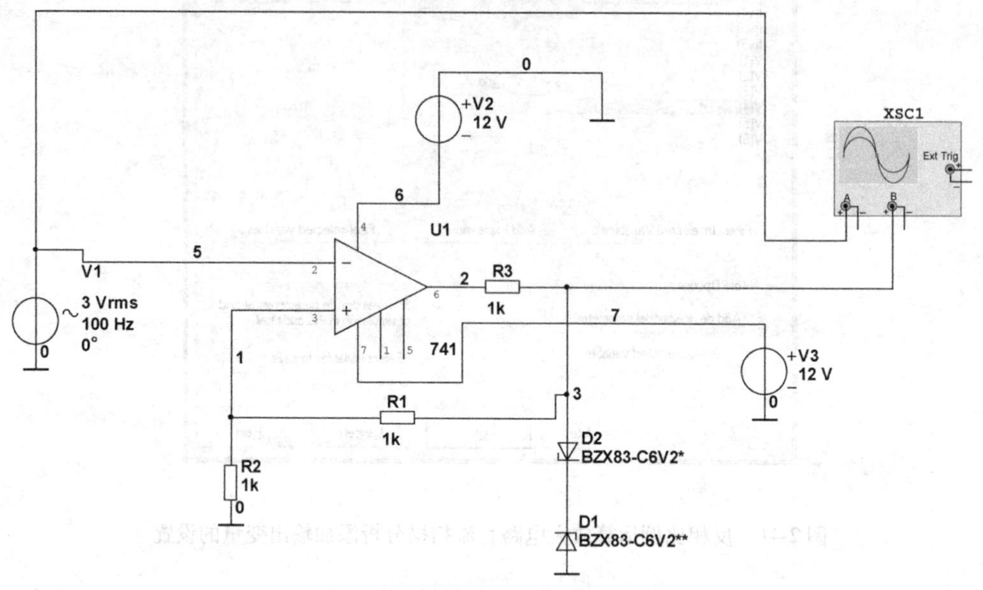

图 2-43 用于 Multisim 分析的反相滞回电压比较器

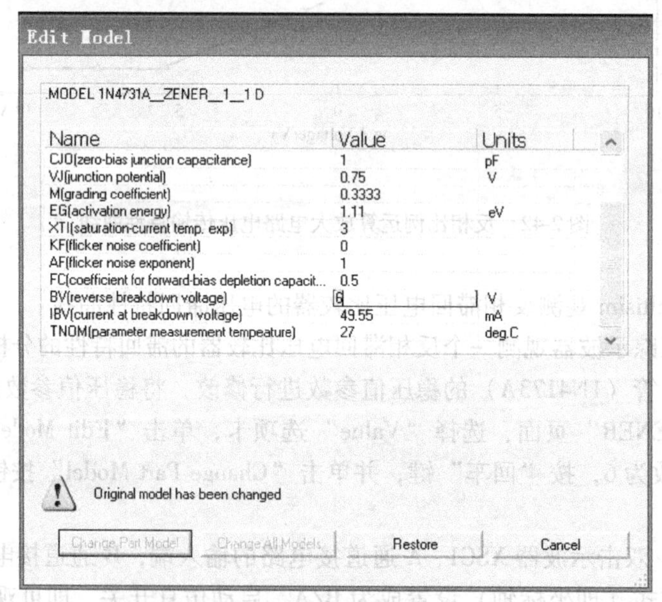

图 2-44 稳压管参数设置

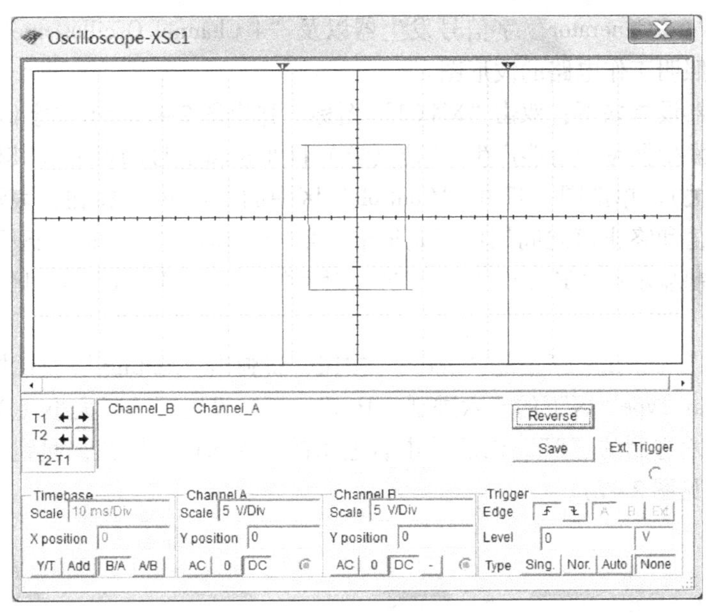

图 2-45 Multisim 分析的滞回电压传输特性曲线

2.9 数字电子技术实验的仿真分析实例

例 2-6 照明工作电路由红、黄、绿三盏灯组成。正常工作时，只允许有一盏灯点亮；在其他的点亮状态时要求发出故障信号（用 74LS54 “与或非”门和 74LS04 “非”门实现）。

设输入变量 A、B、C 分别表示三盏灯，用“1”表示点亮，“0”表示不点亮；输出变量用 F 表示，假设“1”表示故障，“0”表示正常。

输出化简结果为

$$F=\overline{A}BC+A\overline{B}C+AB\overline{C}+ABC=\overline{\overline{AB+BC+AC}}$$

在 Multisim 10 中，连接好的仿真电路原理图如图 2-46 所示。单击仪器库工具栏（参见

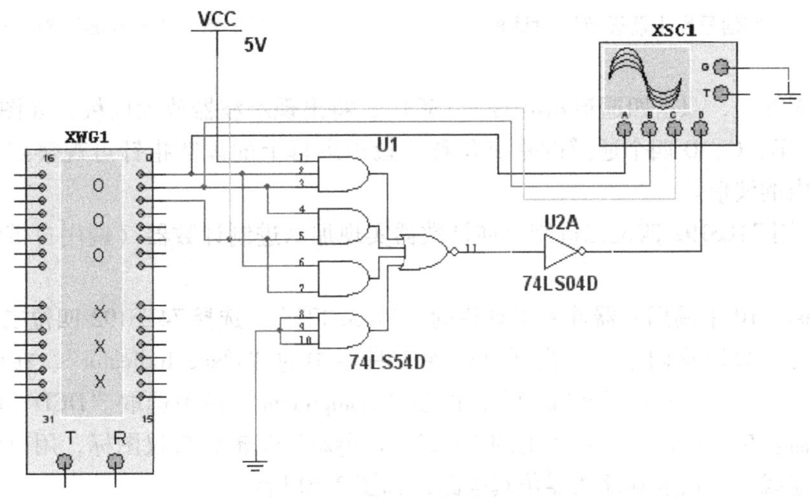

图 2-46 观察照明工作波形仿真电路

图 2-5）上的“Word Generator”字信号发生器以及“4 Channel Oscilloscope”四通道示波器图标，用以观察照明工作电路的波形图。

字信号发生器设置如下：双击“XWG1”图标，弹出图 2-47 所示“字信号发生器设置”对话框。该信号发生器是一台能产生 32 位（路）同步逻辑信号的仪表（其作用是提供数字电路输入逻辑开关）。单击图 2-47 中“Controls”区中的“Cycle”按钮，表示字信号发生器在设置好的初始值和终止值之间周而复始地输出信号；单选“Display”区下的“Hex”，表示信号以十六进制显示；“Trigger”区用于选择触发的方式；“Frequency”区用于设置信号的频率。

单击图 2-47“Controls”区中的“Set…”按钮，将弹出“Settings”对话框，如图 2-48 所示。单选“Display Type”区下的十六进制“Hex”，再在设置缓冲区大小（Buffer Size）栏输入“0007”即十六进制的“8”，然后单击右上角的“Accept”按钮，回到“字信号发生器设置”对话框（见图 2-47）。

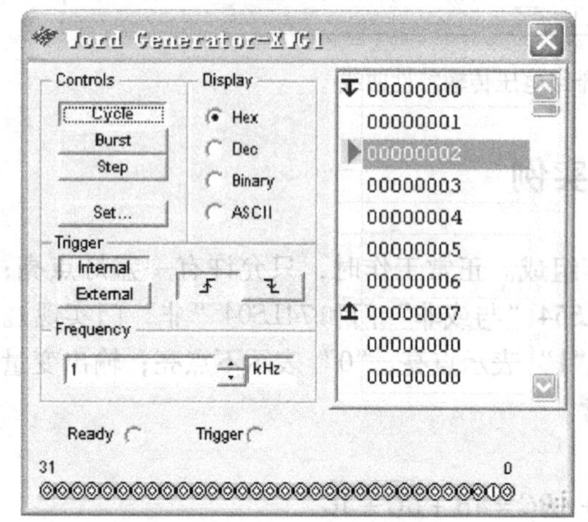

图 2-47 “字信号发生器设置”对话框

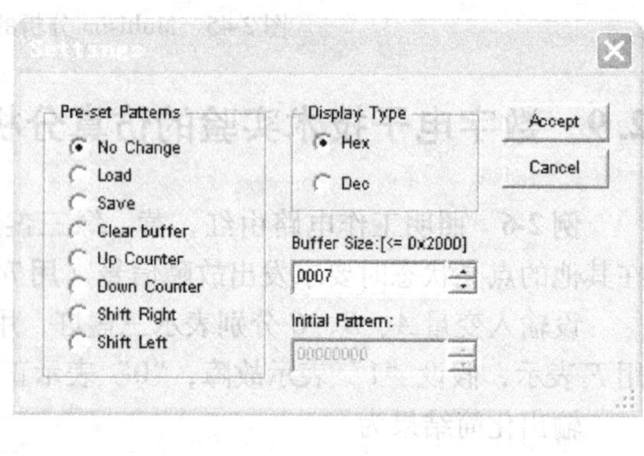

图 2-48 “Settings”对话框

开启仿真开关，双击四通道示波器“XSC1”，将出现示波器放大面板，如图 2-49 所示。适当调节 A、B、C、D 四个通道的垂直位移，拉出屏幕上的读数指针可观察到照明工作电路一个周期内的波形。

例 2-7 用 74LS192 四位二进制可逆计数器实现加六进制计数器（调用自带译码的显示器）。

在 Multisim 10 中调用元器件库工具栏的“Place TTL”，选择 74LS192 四位二进制可逆计数器和基本门。数码管调用是单击元器件库工具栏中的“Place Indicator”，在弹出的页面“Family”栏中选取“HEX _ DISPLAY”，再在“Component”栏中选取“DCD _ HEX”自带译码的显示器。单击仪器库工具栏上的“Logic Analyze”逻辑分析仪图标，用以观察时序电路的波形。连线实现六进制计数器仿真电路，如图 2-50 所示。

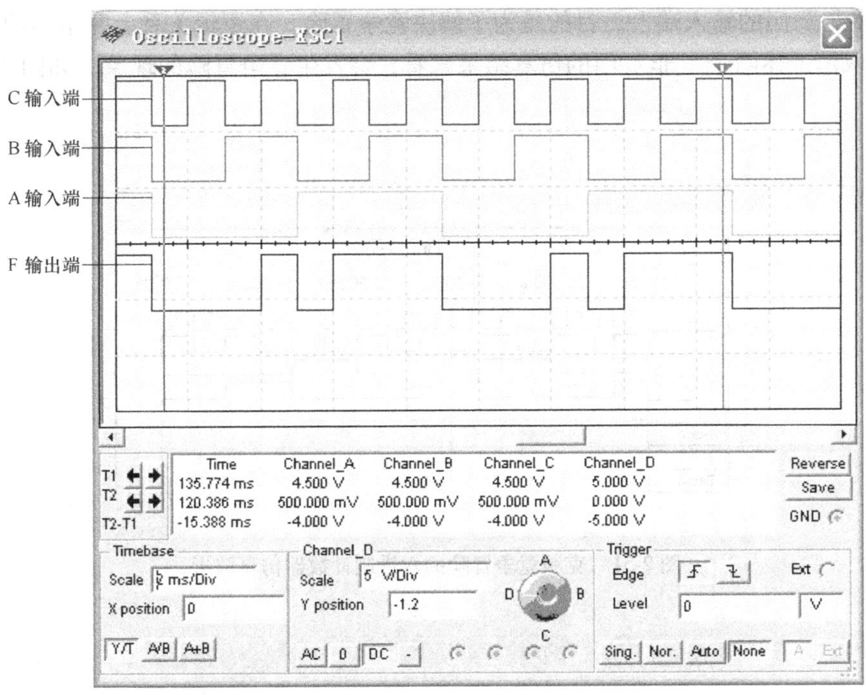

图 2-49 四通道示波器的设置及输入、输出波形

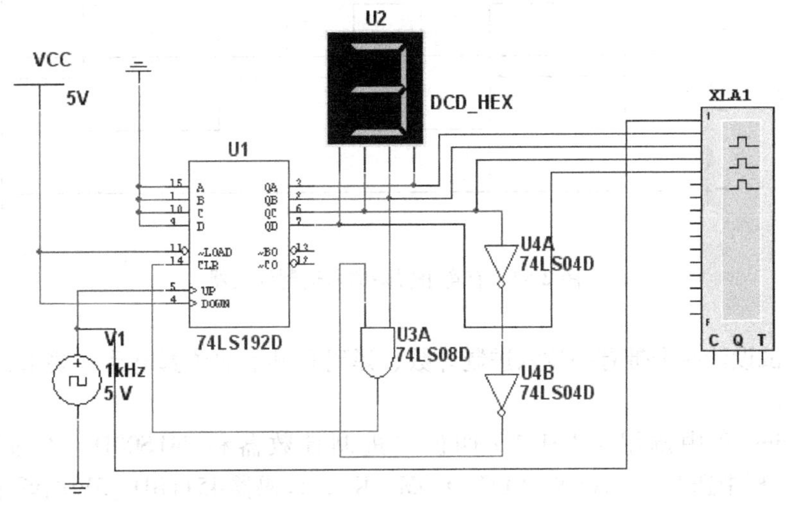

图 2-50 实现六进制计数器仿真电路

开启仿真开关，双击逻辑分析仪 XLA1 图标，打开逻辑分析仪的放大面板，如图 2-51 所示，屏幕左侧标有“5”的波形表示时钟脉冲；标有“4”的波形表示 Q_A；标有“3”的波形表示 Q_B；标有“2”的波形表示 Q_C；标有“1”的波形表示 Q_D。从逻辑分析仪观察得到的波形，验证结果完全与六进制加计数器相符。

特别需要指出的是，图 2-50 中，计数器 Q_C 端输出经过两个 74LS04D“非”门再接到

74LS08D“与”门的输入端上，目的是为了解决竞争冒险，在逻辑关系上并不影响原电路的性能。从取消上述两个“非”门的仿真结果来看，会发生竞争冒险的现象，如图 2-52 中 Q_C 所示。

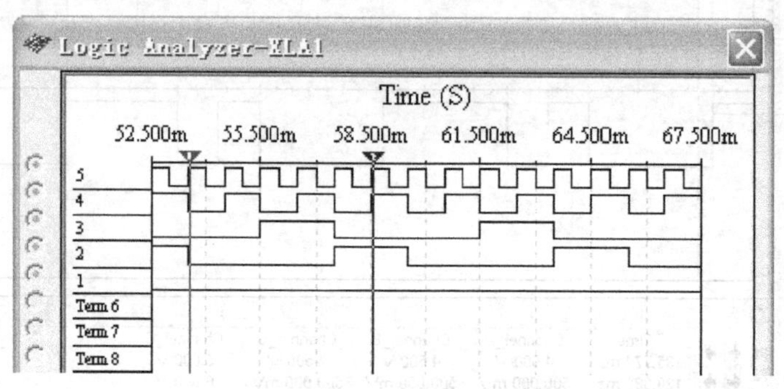

图 2-51 克服竞争冒险的六进制计数器仿真波形

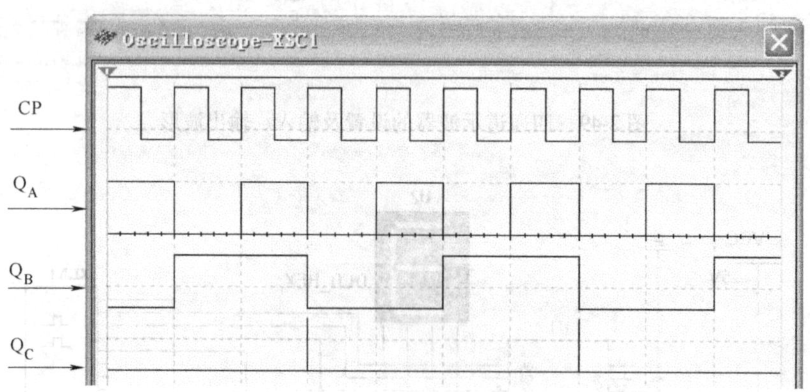

图 2-52 有竞争冒险的六进制计数器

例 2-8 试设计一个带有一位六进制计数、译码和显示的仿真电路（要求：调用不带译码的显示器）。

在 Multisim 10 中调用 74LS161D 四位二进制计数器和 74LS00D“与非”门。再在“Component”栏中选取“SEVEN _ SEG _ COM _ K”；译码器 4511BD _ 5V 的调用是单击元器件库工具栏中的“Place CMOS”，在弹出的对话框的“Family”栏中选取“CMOS _ 5V”，再在“Component”栏中选取“4511BD _ 5V ”。连线实现一位六进制计数、译码和显示仿真电路，如图 2-53 所示。

开启仿真开关，每次将 J 从高电平改变成低电平，数码管加 1 计数，当加到 5 时，J 从高电平改变成低电平且数码管显示为 0 后，再将 J 从高电平改变成低电平，数码管显示为 1，说明该电路符合六进制原理（值得注意是：在本例中 R1 为限流电阻且注意电阻阻值大小的选取）。

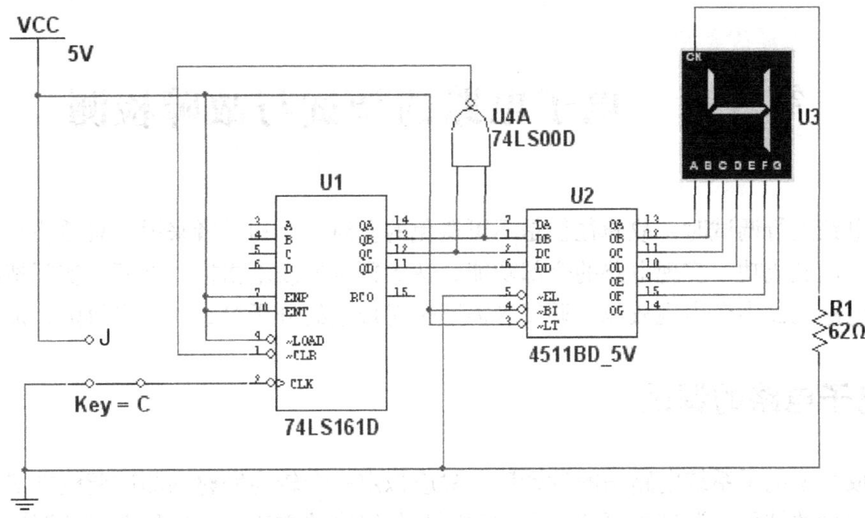

图 2-53　实现一位六进制计数、译码和显示仿真电路

第 3 章　电子电路的调试与故障检测

电子电路进行调试时，故障往往是不可避免的。对一个初学者来说，总希望自己设计的电路能一次调试成功，实现电路的全部功能，达到预定的技术指标。然而，实际情况往往并非如此，电路调试中会出现故障，调试者需通过对现象的分析检查，找出故障，加以排除。

3.1　电子电路的调试

在完成小型电子系统电路图的设计后，除应拟定一个较为完整的测试调整方案外，还应能预测出测量的结果、调试中可能出现的问题及其解决的方法等，以使电路的调试工作能顺利进行。下面介绍电子电路的调试过程。

1. 电路元器件的布线

布线时应注意导线不宜太长，最好贴近底板并在集成器件的周围走线，切忌导线跨越集成器件的上空，杂乱地在空中搭成网状。特别是数字电路的布线应注意整齐美观，既可提高电路的可靠性，又便于检查排除故障或更换器件。

一般数字电路的集成器件导线之间连接的顺序是：先接固定电平端的连线，如电源的正极（一般用红色导线）、地线（一般用黑色导线）、各中规模集成电路（MSI）的使能端、门电路的多余输入端及电平固定的某些输入端（如触发器的控制端 K 或 J）；然后按照电路中信号的流向顺序对所划分的子系统逐一布线；最后将各子系统连接起来。

2. 电路元器件的检查

对于一个新设计安装的电路或系统，大多数故障都是由于元器件的使用不当或布线错误引起的，因而在完成电路安装接线后且不通电的情况下，应首先通过直观检查（目测），对照电路原理图，检查每集成电路等元器件的型号是否正确、各元器件的标称值是否符合要求，确定它们的实际安装位置。对分立元器件，如二极管、晶体管、电解电容等，还应检查的极性有无接反，引脚有无损坏。只有当元器件的位置、参数正确无误后，方可进行下一步工作。

3. 接线的检查

完成元器件的检查后，便可进行电源线、地线、信号线及连接处的检查，看元器件引脚之间有无短路，有无接触不良。如果是电源线和地线之间短路，将会烧坏电源及元器件。通常可借助于万用表欧姆挡测量它们之间的电阻值，若电阻为零或很小，说明连线存在短路情况，则应从最后一部分断开电源线，逐级向前检查，先找出短路点所在的电路，再找出电源短路处，然后加以排除。

对于电路接线的检查，要注意避免错接线、少接线和多接线的情况。多接线一般是因为接线看错引脚，或在改接时忘记去掉原来的接线而造成的，这种情况在实验中经常发生。一般可采用两种方法查线：一种是按照设计电路原理图逐一对照检查安装的线路，这种方法比较容易查出接错的线和少接的线；另一种是按照实际安装的线路对照电路原理图进行查线，把每个元器件引脚连线的去向一次查清，这种方法不但可查出接错的线和少接的线，而且还可很容易地查出多接的线。查线时，可用万用表的电阻挡或万用表的二极管挡检查线路通断，即将表笔连接到待测线路的两端，如果万用表显示电阻值为“0”或万用表内置蜂鸣器发声，表明线路通；若万用表显示“1”或“OL”且无声，则线路断。

4. 通电检查

接通电源后，不要急于测量数据和观察结果。首先应观察有无异常现象，包括有无冒烟和异常气味以及元器件是否发烫。如果出现异常现象，则应立即切断电源，待故障排除后方可重新接通电源，然后再进行电路调试。

5. 分块调试

将电路按功能分成若干个模块，并对这些模块按设计任务指标及功能逐一进行调试。当每个模块都达到设计要求时，再进行联调。分块调试的一般步骤如下：

（1）静态测试

1）数字电路。先用数字万用表测量各集成芯片电源引脚间的电压，如电压没有加上，则说明集成芯片电源引脚与连线存在接触不良或接线出错，应及时排除。加入的电压正确后，通过对芯片输入端加高低电平，用数字万用表测量各输出端的逻辑电平，并分析各逻辑电平值是否符合电路的逻辑关系，以判断芯片是否完好。TTL 和 CMOS 数字集成电路的输入端和控制端都应根据要求接入电路，不允许悬空。在检查 TTL 电路中的信号电平时，若发现器件某输入脚的信号电平既不是高电平（2.4V 以上）又不是低电平（0.4V 以下），而是半高不低（1.4V），则可以判定该输入端与前级电路之间未连接上或是芯片已经损坏了，这是数字电路中诊断开路故障的一个重要方法。

2）运算放大器。在使用前应判别其好坏，方法可参见第 5 章 5.4 节的 6. 实验步骤的(1)。也可以通过对运算放大器的调零进行检测，判断其是否正常，当输入信号为零时，调整调零电位器，使输出为零，完成调零工作，表明运算放大器正常工作；当调零不起作用时，可能是外电路没有接好，也可能是运算放大器损坏。

3）晶体管放大电路。不加正弦交流输入信号，加入直流工作电压，可测试晶体管静态工作点的电位，判断电路是否正常工作。

4）稳压电源电路。可通过示波器、数字万用表观察、测试电路各点的波形进行判断。

（2）动态测试

1）接输入信号检查。电路的输入端输入一定频率和幅度的信号，用示波器观察电路的输入波形、输出波形和逻辑状态，检查功能模块的各个被测参数是否满足设计要求。

2）反馈回路检查。反馈回路是将一些模块输出信号的全部或一部分反馈到前面模块的输入端，从而形成了一个反馈的闭合环路系统。由于所有模块的输出和反馈网络本身都可能出现故障，因而会使在环路内定位故障位置变得更为困难，对于这类系统故障的检测，常采用切断反馈回路的方法对每一个模块单独进行故障检查，进而确定产生故障的模块。如果怀疑器件有问题，可以用相应的测试仪对器件进行检测。如果没有合适的测试仪器，或经检测后故障较隐蔽，一时不易查出时，可用完全相同的元器件替换，以判断被替换的元器件是否有故障，从而达到排除故障的目的。

6. 电路联调

在完成了各个模块的调试后，可进行电路联调。联调一般按信号流向进行，并逐级扩大联调范围。电路联调需要利用系统的时序信号和必要的仪器逐级进行调试，检查电路各个关键点的逻辑功能、参数和电压波形，将测得的参数与设计指标逐一对比，找出问题，进行电路参数的修改，分析并排除故障，直到完全符合要求为止。

7. 调试注意事项

调试注意事项如下：

1）注意共地。测量仪器的地线和被测电路的地线应连在一起，只有在仪器和被测量电路之间建立了公共参考点时，测量的结果才是正确的。

2）断电更换元器件。调试过程中需更换元器件或更改连线时，应该先关断电源。待操作完毕并检查无误后，才可重新通电。

3）做好调试过程的记录。调试过程中，不但要认真观察和测量，还要善于记录，包括记录观察的现象、测量的数据、波形及相位关系。尤其那些和设计不符的现象，更要重点记录。

4）进行电路调试要有坚韧不拔的精神。安装和调试自始至终要有严谨的科学作风，不能有侥幸心理。出现故障时，要认真查找故障原因，仔细做出判断，切不可一遇到故障解决不了就拆掉线路重新安装。因为重新安装的线路仍然会存在各种问题，况且原理上的问题不是重新安装就能解决的。

3.2 电子电路故障的检测

1. 检测故障的常用方法

一个复杂的电子电路出了故障以后，要从多个元器件、焊点和导线中迅速找出故障是困难的，只能根据现象，有目的地对电路的某些部分进行检测，逐步缩小故障范围，通过诊断，确定故障的位置，并加以排除。下面介绍几种常用的检测故障的方法：

1）通电检查。接通电源后，应观察有无元器件发热、冒烟、异味、焦味，变压器是否过热等，发现问题应及时断开电源，找出产生故障的原因，加以排除。

2）数字万用表检查。数字万用表不通电检查，主要是通过数字万用表内置的蜂鸣器发声，检查电路中短路和开路故障。

3）示波器信号寻迹。给模拟电路加上一个正弦信号或给数字电路的时钟端加上一个周期性脉冲信号，然后用示波器由前至后逐级观察波形变化和电路响应，一旦发现某一级的信号或响应异常，则可以判定故障就在该级。

4）缩小故障怀疑区。一个电路系统通常由多个子模块组成，发生故障时往往很难一下查找出故障点。这时，首先应根据故障现象和检测的结果进行分析、判断，将怀疑的子模块单独进行检查，如输入的信号都正常而输出信号不正常时，则故障便出在这个子模块内；然后再对该子模块的内部电路进行检查，直到找出具体故障处为止。

5）逐级跟踪检查。根据电路的功能结构框图或逻辑框图，从输入到输出（或从输出到输入）逐级进行检测。在一个完整的电路中，往往含有很多元器件和集成芯片，要查出其中某个元器件的故障是不容易的。为此，可将电路分成若干个不同的功能模块，通过测量先找到故障功能模块，然后对该模块进行详细的测试，进而找出故障元器件。

6）对比。为了尽快找出故障，常将故障电路主要测试点的电压波形、电流、电压值与正常工作的相同电路的对应测试点的参数进行对比，从而查出故障。

2. 故障定位和排除

(1) 故障的定位

1) 将可能出现故障功能模块的输入端和输出端与其他模块隔离。

2) 在可能出现故障的功能模块的输入端加入合适的信号进行故障诊断。最好使电路处于某一输入状态下，观察该功能模块的输出是否与设计要求相一致，并对照真值表检查电路工作是否正常。若发现差错，则必须反复测试、并仔细观察故障现象。然后使电路处在某一故障状态下，用万用表测试电路中各元器件输入、输出端的直流电压，并作好记录。

3) 将所记录各元器件的输入、输出端的信号电压与元器件手册上的参数进行比较，如发现差错可采用替代法，将已经调试好的单元组件（或正常的集成器件）替代有故障或有故障嫌疑的组件，并接入电路，则可很快定位故障。

4) 对输出信号不随输入信号变化的功能模块故障的诊断。当输出一直保持高电平不变时，可能是集成芯片没有接地或接地不良；当输出信号与输入信号变化相同时，可能是集成芯片没有接电源。

(2) 故障的排除

当找出故障以后，排除故障是不难的，排除故障的方法是“对症下药”。如故障是由元器件损坏造成的，最好用同一厂商生产的、同一型号的元器件替换。也可用其他厂商生产的、稳定的、同一型号的元器件替换；若故障是导线或焊点脱落等原因造成的，则应更换导线、焊好脱落的焊点；若故障是虚焊造成的，则应认真查出原因，对导线和焊盘等进行氧化物处理并镀上锡后再焊接。在故障排除后，还应检查修复后的电子电路或系统是否完全恢复了正常工作、有没有带来其他问题。只有恢复了原来的功能、达到规定的技术要求、没有带来其他问题时，故障才算完全排除了。

3.3　电子电路的抗干扰技术

1. 电磁干扰的主要来源

在电子系统设计中，为了少走弯路和节省时间，应充分考虑并满足抗干扰性的要求，避免在设计完成后再去进行抗干扰的补救。形成干扰的基本要素有三个：

1) 干扰源。指产生干扰的元器件、设备或信号，如雷电、继电器、晶闸管、电机、高频时钟等，都可能成为干扰源。

2) 传播路径。指干扰从干扰源传播到敏感器件的通路或媒介。典型的干扰传播路径是导线的传导和空间的辐射。

3) 敏感器件。指容易被干扰的对象，如 A/D 或 D/A 转换器、单片机、数字集成电路、弱信号放大器等。

2. 抗干扰设计的基本原则

抗干扰设计的基本原则是，抑制干扰源，切断干扰传播路径，提高敏感器件的抗干扰性能。主要采取以下措施：

1) 正、负电源对地接高频旁路电容。通常在放大电路正、负电源端对地加接电解电容，在电路板上每个集成器件的电源端并联一个 0.01 ~ 0.1μF 独石电容进行高、低频滤波。

同时，注意高频电容的布线，连线应靠近电源端并尽量粗短，否则等于增大了电容的等效串联电阻，会影响滤波效果。

2）布线时要避免90°折线，以减少高频噪声发射。布线尽量减少回路环的面积，以降低感应噪声。

3）电源线和地线要尽量粗，除减小压降外，更重要的是降低耦合噪声。

4）对于单片机闲置的I/O口不要悬空，要接地或接电源。其他集成器件的闲置端在不改变系统逻辑的情况下应接地或接电源。

5）在速度能满足要求的前提下，尽量降低单片机的晶体振荡器的频率，并选用低速数字电路。

6）集成器件尽量直接焊在电路板上，少用集成电路插座。

第4章　电路分析基础实验

4.1　元器件的伏安特性测量

1. 实验目的

1）加深对元器件伏安特性概念的理解，掌握实验室测量元器件伏安特性的方法。掌握电源伏安特性的测量方法。

2）验证电压源与电流源等效变换的条件。

3）掌握电工技术实验台上直流电工仪表和元器件的使用方法。

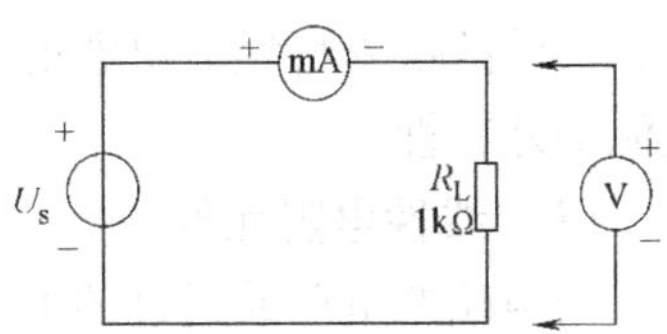

图4-1　线性电阻伏安特性的测量

2. 实验任务

（1）基本实验

1）完成图4-1所示电路的1kΩ线性电阻伏安特性的测量。

2）完成图4-2所示2CW51稳压管伏安特性的测量。

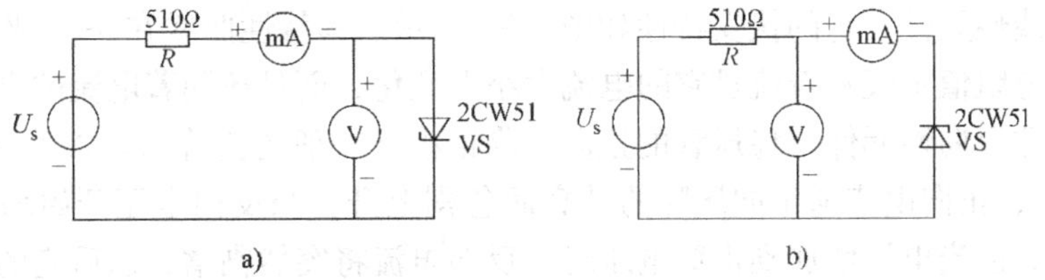

图4-2　稳压管伏安特性的测量

a）正向曲线测量　b）反向曲线测量

3）完成图4-3所示实际电压源伏安特性的测量。

4）完成图4-4所示实际电流源伏安特性的测量。

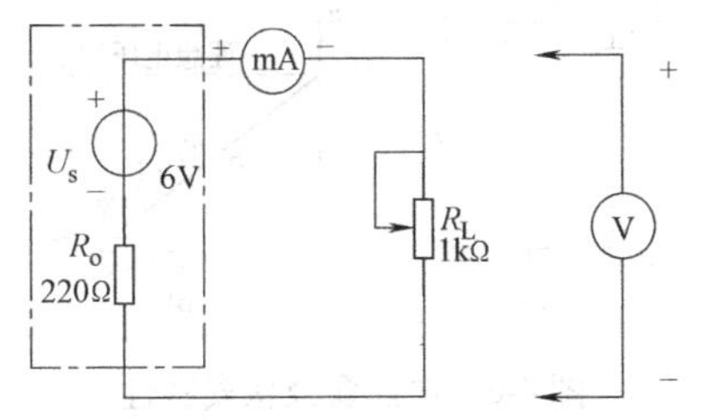

图4-3　实际电压源伏安特性的测量

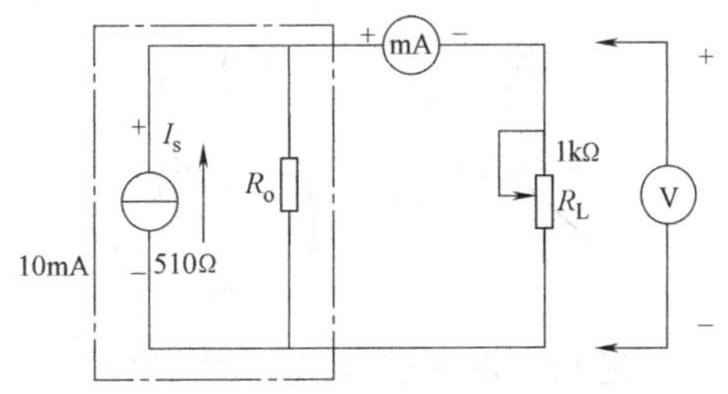

图4-4　实际电流源伏安特性的测量

（2）扩展实验

验证图4-3实际电压源等效变换条件的正确性，并画出它的等效电路。

3. 实验设备

电工技术实验台1套，含：

直流电压源（0～30V/1A）1台；

直流电流源（0～200mA）1台；

电位器（1kΩ/5W）和十进制可调电阻（0～99999.9Ω/2W）各1套；

稳压管（2CW51）1只；

直流电压表（0～200V）或数字万用表1块；

直流电流表（0～2000mA）1块；

细导线若干。

4. 实验原理

元器件两端的电压 u 与通过该元器件的电流 i 之间的函数关系 $u=f(i)$ 或 $i=f(u)$，称为元器件的伏安特性。电源的端电压与输出电流之间的关系，称为电源的伏安特性，也称为电源的外特性。

（1）线性电阻元件

当两端的电压或通过的电流变化时，电阻的阻值不变，这种电阻称为线性电阻元件，它的伏安特性如图4-5a所示。其特性曲线在 u—i 平面上是一条通过原点的直线，各点斜率与元件电压、电流的大小和方向无关，所以线性电阻元件是双向性元件。

（2）非线性电阻元件

电阻的阻值随着两端的电压或随着通过的电流变化而变化的元件称为非线性元件。稳压管可被看作非线性元件，它的伏安特性如图4-5b所示。其特性曲线在 u—i 平面上是一条曲线。稳压管的电阻值不仅随着流过它的电流大小而变化，而且还随着电流的方向不同而有很大的不同，是非双向性元件。稳压管的正向压降很小（一般的锗管约为0.2～0.3V，硅管约为0.6～0.8V），正向电流随正向压降的升高而急剧上升；当反向电压开始增加时，其反向电流几乎为零，但当电压增加到击穿电压时，反向电流将突然剧增，以后它的端电压将基本维持恒定，当外加的反向电压继续升高时其端电压仅有少量增加。

注意：流过二极管或稳压管的电流不能超过管子的极限值，否则管子会被烧坏。

（3）电压源

当电压源内阻 $R_o=0$ 时是理想电压源，其电压与输出电流的大小无关，它的伏安特性曲线如图4-6b中虚线a所示。

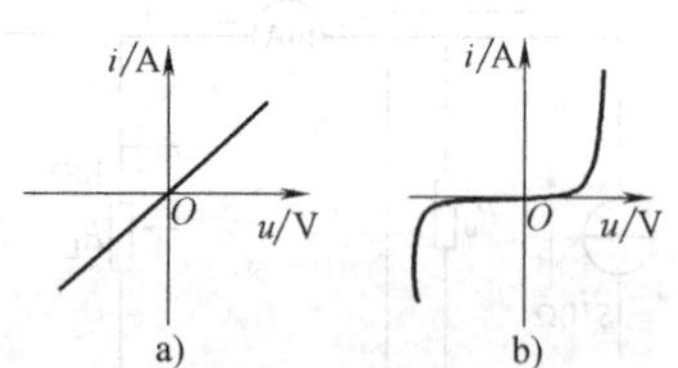

图4-5 电阻元件的伏安特性曲线

a）线性电阻 b）非线性电阻

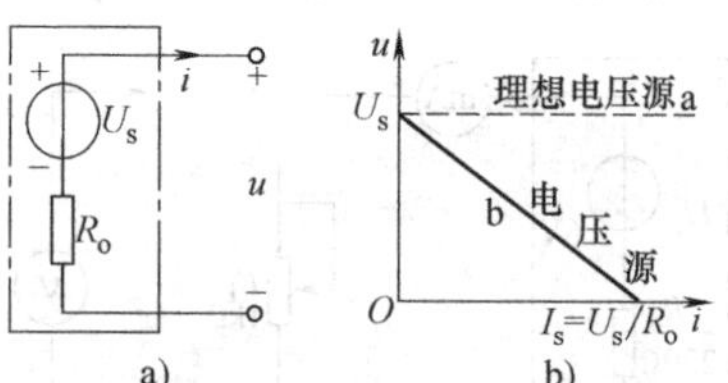

图4-6 电压源及伏安特性

a）电压源 b）电压源的伏安特性

实际电压源可用一个理想电压源和一个内阻 R_o 相串联来表示，如图4-6a所示，它的伏安特性曲线如图4-6b中曲线b所示。

（4）电流源

当电流源内阻 $R_o=\infty$ 时是理想电流源，其电流与电源端电压的大小无关，它的伏安特性曲线如图 4-7b 中虚线 a 所示。

实际电流源可用一个理想电流源和一个电阻 R_o 相并联来表示，如图 4-7a 所示，它的伏安特性曲线如图 4-7b 中曲线 b 所示。

(5) 电压源与电流源之间的等效变换

实际电压源、电流源的伏安特性曲线是相同的，因此，图 4-6a 和图 4-7a 相互间是等效的，可以等效变换。它们的等效变换的条件是：$I_s=U_s/R_o$，或 $U_s=I_sR_o$。

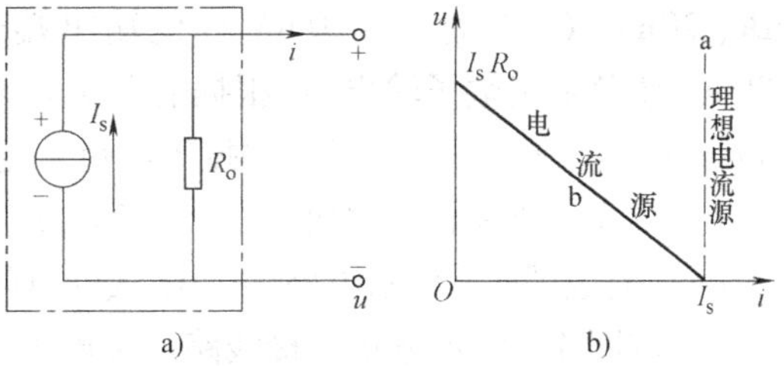

图 4-7 电流源及伏安特性

a) 电流源 b) 电流源的伏安特性曲线

5. 预习提示

1) 什么叫元器件的伏安特性？什么叫电源的伏安特性（外特性）？

2) 稳压管与普通二极管有何区别？

3) 上述基本实验的电路有什么不同？通过改变电路的相关参数来观察伏安特性的变化趋势的方法和结果有哪些相同和不同点？

4) 负载 $R_L=\infty$ 是怎么实现的？

5) 直流电压表的内阻不是无限大、直流电流表的内阻不为零，为减少测量带来的系统误差，电流表外接法和电流表内接法分别适合于测量阻值较大的电阻器还是阻值较小的电阻器？

6) 实际电压源、电流源的等效变换的条件是什么？

6. 实验步骤

(1) 开机操作

1) 将电工技术实验台上的钥匙式电源总开关置于“开”位置，此时红色按钮亮，表示 380V 电源进入装置（三只表示三相交流电源正常的黄、绿、红发光管亮，通过“电压指示开关”切换，观察柜面上三个线电压表，了解此时三相电源电压情况）。

2) 按下绿色电源“启动”按钮，绿灯亮，红灯灭（实验所需交、直流电源设备，均需通过“启动”后对它们进行供电）。

(2) 电压源操作

打开直流电压源开关，指示灯亮。该直流电压源有两路输出，通过琴键开关，选择 U_A 路输出或选择 U_B 路输出。通过“输出调节”旋钮，可在输出端输出 0～30V 连续可调的直流电压，接线时注意极性。

(3) 电流源操作

打开直流电流源开关，指示灯亮。调节“输出粗调”量程旋钮，可在 2mA、20mA、200mA 三挡进行选择。通过“输出细调”量程旋钮可在输出端输出 0～200mA 连续可调的直流电流，调节时可先用导线将电流源输出端短路后再进行操作。接线时注意极性。

(4) 直流电压表操作

1) 将“+、−”两端并接在被测电路中（注意极性）。对标有量程的三挡琴键开关进行操作，完成量程的选择，并按下红色琴键。

2) 当被测值超出量程时，仪表将发出报警信号，此时报警指示灯亮，蜂鸣器发出报警信号，接触器跳闸，切断总电源，红色“停止”按钮灯亮（处理方法：应立即按下白色报警复位按钮，切断报警回路。在排除故障后重新按下绿色“启动”按钮）。

（5）直流电流表操作

1）将“+、-”两端串接在被测电路中（注意极性）。直流电流表共有四挡量程。2mA、20mA（均通过 0 ~ 20mA 红色输出端子输出）、200mA、2000mA（均通过 20mA ~ 2000mA 蓝色输出端子输出）。根据需要确定输出端子，选择相对应的标有量程的琴键开关进行操作，完成量程的选择，并按下红色琴键开关。

2）直流电流表也有报警保护，操作方法与直流电压表相同。

（6）完成图 4-1 所示电路的 1kΩ 线性电阻伏安特性的测量

1）按图 4-1 所示电路连接线路。按电工技术实验台“开机操作”程序操作。

2）电阻正向伏安特性的测量。开启直流电压源，并调节直流电压源的输出电压 U_s，使得直流电压表示数，即电阻两端电压 U_R 从 0 V 开始缓慢地增加直至 10V，记录相应的电压 U_R 和直流电流表 I 的读数于表 4-1 中。关闭直流电压源。

3）电阻反向伏安特性的测量。将电阻 R 的两根线对调，即在电阻 R 上加一个反向电压，重复步骤 2)，记录于表 4-1 中。关闭直流电压源。画出线性电阻的伏安特性曲线。

表 4-1　线性电阻伏安特性测量

正向	U_R/V（实测值）	0.0	2.00	4.00	6.00	8.00	10.00
	I/mA（实测值）						
	$R_{平均}=U_R/I$						
反向	U_R/V（实测值）	0.00	-2.00	-4.00	-6.00	-8.00	-10.00
	I/mA（实测值）						
	$\lvert R_{平均}\rvert=U_R/I$						

（7）完成图 4-2 所示 2CW51 稳压管的伏安特性的测量

1）稳压管的正向伏安特性的测量。按图 4-2a 所示电路连接线路。R 为限流电阻。开启直流电压源，并调节直流电压源的输出电压 U_s，使得直流电压表示数，即稳压管 VS 的正向电压 U_{VS+} 可在 0 ~ 0.8V 之间变化，并记录对应的电流 I 的读数于表 4-2 中。关闭直流电压源。

表 4-2　稳压管伏安特性测量

正向	U_{z+}/V	0.20	0.50	0.55	0.60	0.65	0.70	0.74	0.75	0.76	0.8
	I/mA										
反向	U_{z-}/V	-0.1	-2.5	-2.8	-3	-3.2	-3.3	-3.4	-3.45	-3.5	-3.6
	I/mA										

2）稳压管的反向伏安特性的测量。按图 4-2b 所示电路连线，测量 2CW51 的反向特性。重复步骤 1)，注意直流电压源的输出电压 U_s 应从 0 ~ 30V 变化并及时切换直流电流表的量程。将测得的 2CW51 两端的反向电压 U_{VS-} 及对应的电流 I 记录于表 4-2 中，由 U_{VS-} 可看出其稳压特性。关闭直流电压源，拆除线路。画出稳压管的伏安特性曲线。

（8）完成图 4-3 所示实际电压源伏安特性的测量

1）开启直流电压源，并将其输出电压调为直流电压表的示数为 6V，关闭直流电压源。

2）按图 4-3 所示电路连接线路，1kΩ 可调电阻作为负载 R_L。开启直流电压源，将负载短路，读出负载 R_L 的短路电流 I_{sc} 和电压 U（≈0），记录于表 4-3 中。

表 4-3　实际电压源伏安特性测量

R_L/Ω	0					1kΩ	∞
I/mA（实测值）	I_{sc}						
U_L/V（实测值）							U_{oc}
I_{sc}	$I_{sc理论}$ =				相对误差计算		
U_{oc}	$U_{oc理论}$ =				相对误差计算		

3）断开负载 R_L 的一端，即使得 $R_L=\infty$，测得负载开路电压 U_{oc} 和电流 I（≈0），记录于表 4-3 中。

4）将负载 R_L 调至最大值（约 1kΩ），测出对应的 U 和 I。在 $R_L=0$ 所对应的电流 I_{sc} 和 R_L 最大值（1kΩ）对应的电流值之间均匀的等差取值填入表 4-3 中，以这些电流为参照，通过调节 R_L，测出相对应的电压值，记录于表 4-3 中。关闭直流电压源。画出实际电压源伏安特性曲线。

（9）完成图 4-4 所示实际电流源伏安特性的测量

实验方法参照步骤（8）。记录完毕后，按下红色电源“停止”按钮，红灯亮，绿灯灭。拆除线路。将钥匙式电源总开关置于“关”位置，此时红色按钮灯灭。实验结束。

（10）实验的注意事项

1）本实验是直流实验，注意电源及测量表计的极性。

2）在实验室操作时，为减少测量误差，并且避免量程保护动作，应注意随时切换电流表和电压表的量程。

3）换接线路时，必须关闭电压源。

4）因为稳压管是非线性元器件，测试时要注意伏安特性曲线拐弯处（电流值发生快速变化的地方）的取点应密一些。电流很小且变化不大的区域，可按电压选取测量点；在电压变化不大的区域，则按电流选取测量点。

7. 报告要求

1）画出实验电路原理图与表格，简要写出电路原理。

2）完成表 4-1 的测量记录和理论计算。绘出伏安特性曲线。

3）完成表 4-2 的测量记录。绘出伏安特性曲线。

4）完成表 4-3 的测量记录和开路电压 U_{oc}、短路电流 I_{sc} 的理论计算及误差计算。绘出伏安特性曲线。

5）根据测量结果，总结线性元器件与非线性元器件的伏安特性的区别。总结稳压管的特点。

6）根据本节扩展实验的要求，画出实际电流源伏安特性曲线，并得出它们等效变换条件的结论。

8. 思考题

1）在实验室用伏安特性法测试稳压管正向伏安特性时，直流电流表应选择内接还是外接方式？它选择的测试点与线性电阻的测试点什么不同？

2）普通二极管与稳压管有何区别？

3）请说出你所知道的二极管应用的电路。

4）在表4-3测试时，为什么要在 $R_L=0$ 对应的电流 I_{sc} 和 $R_L=1k\Omega$ 对应的电流值之间均匀的等差取值，而不是在 $R_L=0$ 和 $R_L=\infty$ 之间对应的电流均匀的等差取值？

5）画出图4-4电路的等效变换电路。

4.2 叠加定理与戴维南定理

1. 实验目的

1）加深对叠加定理、戴维南定理的理解。

2）掌握在实验室实现叠加定理和戴维南定理的分析方法。

3）掌握在实验室测试单口网络等效电路参数的方法。

4）了解阻抗匹配及应用，掌握负载电阻从网络中获得最大传输功率的条件。

5）了解电源输出功率与效率的关系。

2. 实验任务

（1）基本实验

1）利用叠加定理求出图4-8所示电路中负载电阻 R_L 上的 U_L 和 I_L。

2）画出图4-9所示电路的伏安特性曲线。通过测试数据求出图4-10所示等效电路的参数，并根据表格数据在同一个坐标系中画出伏安特性曲线。验证戴维南定理的正确性。

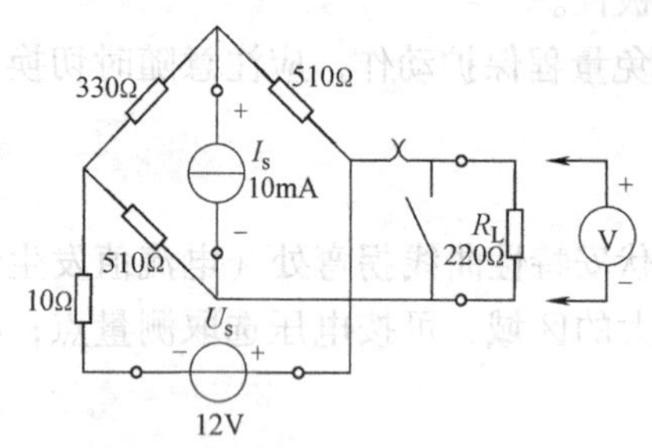

图4-8 叠加定理实验电路

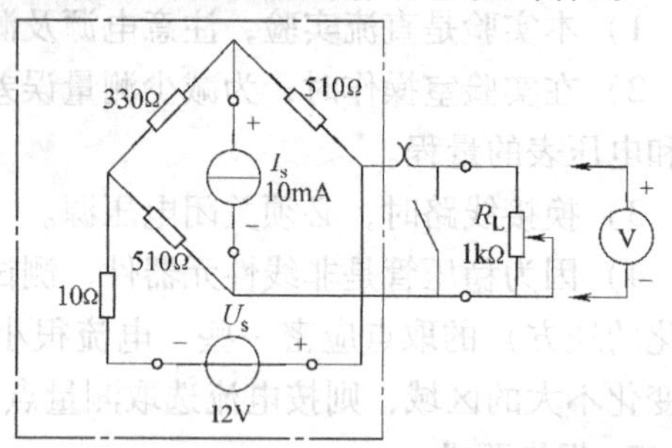

图4-9 单口网络的实验电路

3）用图4-9所示的电路验证最大功率传输定理，画出输出功率随负载变化的曲线，找出传输最大功率的条件。

（2）扩展实验

根据图4-11所示的单口网络外特性曲线设计一个等效电路（标明相应参数），并通过实验验证。

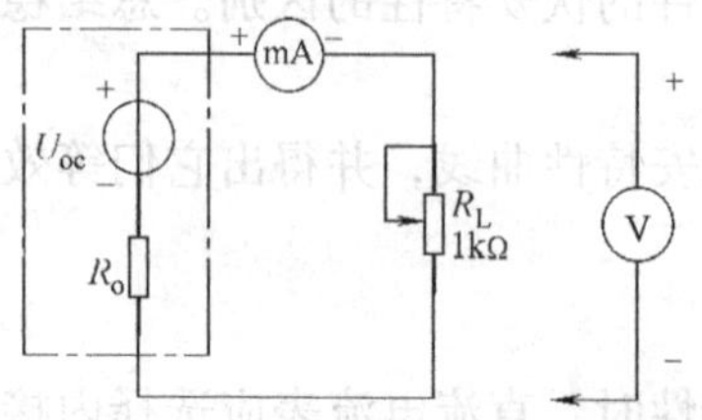

图4-10 单口网络的等效电路

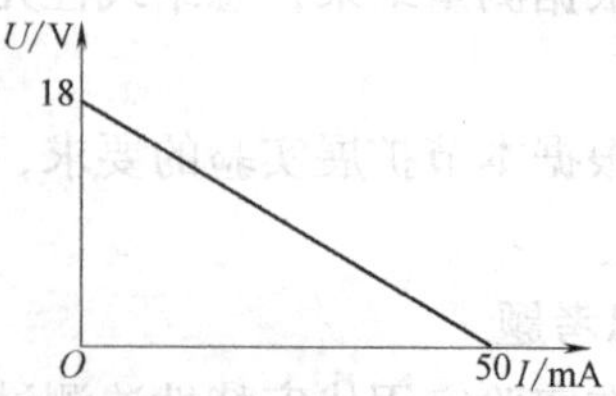

图4-11 单口网络外特性曲线

3. 实验设备

电工技术实验台1套，含：

直流电压源（0~30V/1A）1台；

直流电流源（0~200mA）1台；

电位器（1kΩ/5W）和十进制可调电阻（0~99999.9Ω/2W）各1套；

直流电压表（0~200V）或数字万用表1只；

直流电流表（0~2000mA）1块；

戴维南定理实验电路板1块；

细导线电流测量线1副；

细导线若干。

4. 实验原理

（1）叠加定理

由全部独立电源在线性电路任一条支路中产生的电压或电流，等于各个独立电源单独作用时，在此支路中所产生的电压或电流的代数和。某一个独立电源单独作用时，应将其他独立的理想电源置0，即电压源用短路线替代（$u_s=0$），电流源用开路替代（$i_s=0$）。

（2）戴维南定理

线性单口网络可以用一个理想电压源 u_{oc} 与一个等效电阻 R_o 相串联的等效电路来代替。其中，理想电压源的电压等于该网络的开路电压 u_{oc}，等效电阻 R_o 等于该网络中所有独立源为零时所得网络的等效电阻。

验证戴维南定理的思路是用实验方法先找出等效电路的参数，然后再分别测量出有源单口网络和它的等效电路的伏安特性，在同一个坐标系里对比两个特性曲线，即可得到验证结果。

（3）实验室测量等效电阻 R_o 方法

1）欧姆表法。将独立源置零后直接用万用表电阻挡测出等效电阻。

2）开路短路法。用 $R_o=u_{oc}/i_{sc}$ 关系式计算等效电阻，即用电压表、电流表测出该网络的开路电压 u_{oc} 和短路电流 i_{sc}，代入公式计算即可。

若单口网络的内阻很小，则不宜用此法。

3）伏安法。用电压表、电流表测出戴维南定理实验电路（单口网络）的伏安特性曲线，如图4-12所示。根据伏安特性曲线求出斜率 $\tan\varphi$，则等效电阻

$$R_o=\tan\varphi=\frac{\Delta U}{\Delta I}=\frac{U_{oc}}{I_{sc}}$$

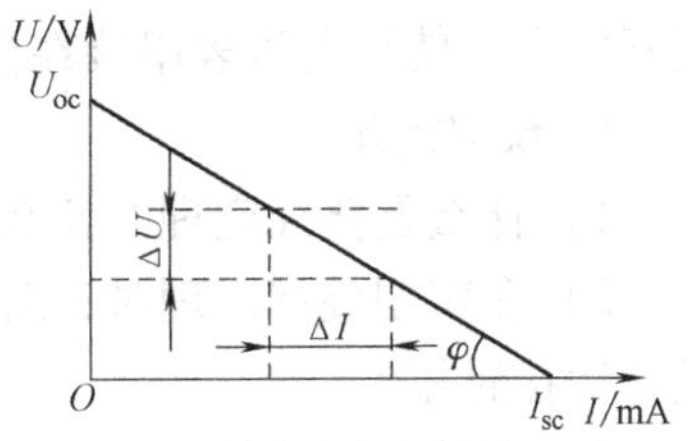

图4-12 单口网络伏安特性曲线

4）半电压法。如图4-13所示，当负载电压为被测网络开路电压的一半时，负载电阻（由十进制可调电阻的读数确定）即为被测单口网络的等效电阻。

5）零示法。在测量具有高内阻单口网络的开路电压时，用电压表直接测量会造成较大的误差。为了消除电压表内阻的影响，往往采用零示法，如图4-14所示。

零示法的测量原理是，用一低内阻的稳压电源与被测单口网络进行比较，当稳压电源的输出电压与单口网络的开路电压相等时，电压表的读数将为“0”。然后将电路断开，测量

此时稳压电源的输出电压 U，即为被测单口网络的开路电压。

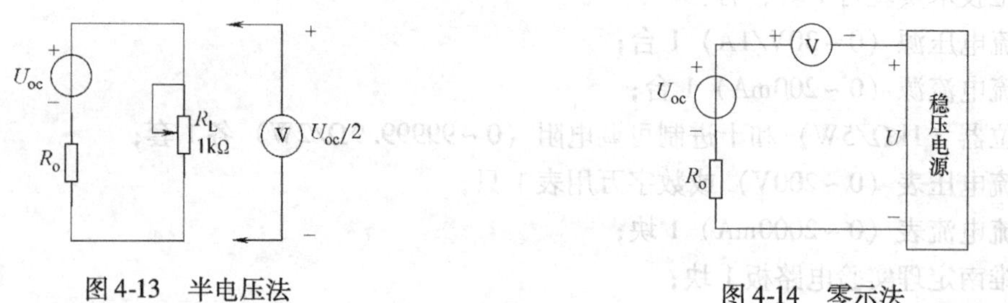

图 4-13 半电压法

图 4-14 零示法

（4）最大功率传输定理

线性单口网络的端口外接负载电阻 R_L，当负载 $R_L = R_o$（电源的内阻）时，负载电阻可从网络中获得最大功率，且最大功率 $P_{Lmax} = U_{oc}^2/4R_o$。$R_L = R_o$ 称为阻抗匹配。

（5）匹配电路的特点及应用

在电路处于“匹配”状态时，电源本身要消耗一半的功率，此时电源的效率只有 50%。显然，这对电力系统的能量传输过程是绝对不允许的。发电机的内阻是很小的，电路传输的最主要指标是要高效率送电，最好将 100% 的功率均传送给负载。为此，负载电阻应远大于电源的内阻，即不允许运行在匹配状态。而在电子技术领域里却完全不同。在电子电路中，一般的信号源本身功率较小，且都有较大的内阻，而负载电阻（如扬声器等）往往是较小的定值，且希望能从电源获得最大的功率输出，对电源的效率则往往不予考虑。通常是设法改变负载电阻，或者在信号源与负载之间加阻抗变换器（如音频功放的输出级与扬声器之间的输出变压器），使电路处于工作匹配状态，以使负载能获得最大的输出功率。

（6）电流测量插孔与电流测量线的配套使用的特点

实验所用的电流测量插孔与电流测量线是在不改动电路的情况下，用一块电流表来测量多个支路的电流。在后续的实验项目将充分体现它的特有的功能。电流测量线的一端用于插入电流测量插孔，另一端引出红黑接线，用于连接电流表。电流测量插孔在未接入电流测量线时，其内部弹簧片是处于短接状态，利用电流测量插孔的这个特点，将电流测量插孔串入待测支路中。当接有电流表的电流测量线插入电流测量插孔时，电流测量插孔的弹簧片处于断开状态，使得电流表串接在待测支路中，从而显示出该支路电流。

5. 预习提示

1）什么是叠加定理？什么是戴维南定理？它们适用的条件分别是什么？

2）在应用叠加定理时，对不作用的电源应如何处理？是否可以直接将不作用的电压源进行短接置零？

3）求单口网络等效电路的等效电阻有哪几种实验方法？并比较其优缺点。

4）如何用实验方法验证两个电路是否等效？

5）在求等效电阻 R_o 时，如果电路中含有受控源，应怎样处理？

6）什么是最大功率传输定理？负载获得最大功率的条件是什么？

7）电力系统进行电能传输时为什么不能工作在匹配工作状态？

6. 实验步骤

（1）叠加定理的验证

利用叠加定理求出图 4-8 所示电路中负载电阻 R_L 上的 U_L 和 I_L。

1）直流电压源与直流电流源的设置。按电工技术实验台“开机操作”程序进行操作。开启直流电压源，并将其输出电压调为直流电压表示数为 12V，关闭直流电压源。将直流电流源输出端短路，然后开启其电源，并将其输出调为 10mA，去除短路线，关闭直流电流源。

2）按图 4-8 所示电路连接线路。将十进制可调电阻连成 220Ω 接入戴维南定理实验电路板 R_L 处。

3）将电流测量线插入电流测量插孔中，并将电流测量线的红黑引出线按极性连接至直流电流表。

4）只有电压源 U_s 作用。开启直流电压源。即 $I_s=0$ 电流源不作用，将电压 U_L、电流 I_L 记录在表 4-4 中。

表 4-4　叠加定理测量

测量值／条件	U_L/V	I_L/mA
①U_s 单独作用		
②I_s 单独作用		
③U_s 和 I_s 共同作用		
④验证计算（①+②）		
对③与④进行误差计算		

5）只有电流源 I_s 作用。关闭直流电压源 U_s，并将 U_s 用短路线替代，即电压源不作用。开启直流电流源，将电压 U_L、电流 I_L 记录在表 4-4 中。

6）电压源 U_s 和电流源 I_s 共同作用。去除直流电压源的短路线，开启电压源 U_s 和电流源 I_s，将电压 U_L、电流 I_L 记录在表 4-4 中。

7）关闭直流电压源和电流源。拆除线路。完成表格计算，并验证叠加定理的正确性。

（2）戴维南定理的验证

画出图 4-9 所示电路的伏安特性曲线，求出其图 4-10 所示等效电路的参数，并在同一个坐标系中画出伏安特性曲线。验证戴维南定理的正确性。

1）完成图 4-9 所示电路的伏安特性曲线测量，将图 4-8 所示电路的负载（十进制可调电阻 220Ω）改接为 1kΩ 电位器。

①等效电路参数的测量，本实验采用开路短路法进行测量。开启直流电压源和直流电流源。将负载 R_L 可调电阻短路（白色钮子开关置于左侧或用一根导线将电阻两端短接），读出 R_L 的短路电流 I_{sc}和电压 U（≈ 0）；断开负载 R_L 的一端，即使得 $R_L=\infty$，测得负载开路电压 U_{oc}和电流 I（≈ 0），记录于表 4-5 中。

将测得的该电路的开路电压 U_{oc}和短路电流 I_{sc}代入式子 $R_o=u_{oc}/i_{sc}$进行计算，得到的 R_o 值，保留小数点后一位，填入表 4-5 中，并与 R_o 理论值进行误差计算。

将测得的开路电压 U_{oc}和计算出的等效电阻 R_o 这两个参数填入图 4-10 所示等效电路中，完成图 4-10 所示等效电路的参数设计。

表 4-5　单口网络伏安特性测量

R_L/Ω	0					1kΩ	∞
I_L/mA（实测值）	I_{sc}						
U_L/V（实测值）							U_{oc}
R_o/Ω	$R_{o实测}=U_{oc}/I_{sc}=$			$R_{o理论}=$		R_o 误差计算	

②单口网络伏安特性测试。将负载 R_L 调至最大值（约 1kΩ），测出对应的 U_L 和 I_L。在 $R_L=0$ 所对应的电流 I_{sc} 和 R_L 最大值（1kΩ）对应的电流值之间均匀等差取值填入表 4-5 中，以这些电流为参照值，通过调节 R_L，测出相对应的电压值，记录于表 4-5 中。关闭直流电压源和电流源，拆除线路。画出单口网络伏安特性曲线。

2）完成图 4-10 所示单口网络的等效电路的伏安特性曲线测量。开启直流电压源，将其输出电压调至直流电压表示数为 U_{oc}，关闭直流电压源。

①按图 4-10 所示电路连线。十进制可调电阻调为 R_o 值，负载电阻仍用 1kΩ 可调电阻。

②等效电路的伏安特性曲线测量方法与本章 4. 1 节元器件的伏安特性测量实验的 6. 实验步骤的 8）中测试实际电压源伏安特性的方法相同。开启直流电压源。将负载短路，读出负载 R_L 短路电流 I_{sc} 和电压 U（≈0）；断开负载 R_L 的一端，使得 $R_L=\infty$，测得负载开路电压 U_{oc} 和电流 I（≈0），记录于表 4-6 中。

表 4-6　单口网络等效电路伏安特性测量

R_L/Ω	0					1kΩ	∞
I/mA（实测值）	I_{sc}						
U_L/V（实测值）							U_{oc}
与表 4-5 中的 U_L/V 实测值进行误差计算							

③将图 4-9 所示电路的伏安关系测量表 4-5 中的电流 I 值抄入表 4-6 中。以这些电流为参照值，通过调节 R_L，测出相对应的电压的值，记录于表 4-6 中。关闭直流电压源，拆除线路。画出等效电路的伏安特性曲线。

④比较表 4-5 和表 4-6 伏安关系测量表，在参照电流值一样的情况下，对应的电压值是否相同，从而得出戴维南定理验证结果。

（3）输出功率随负载变化的曲线测量

用图 4-9 所示的电路验证最大功率传输定理，画出输出功率随负载变化的曲线，找出传输最大功率的条件。

1）直流电压源与直流电流源的设置参照本节实验步骤（1）的 1）。

2）参照图 4-9 连线，将负载 1kΩ 可调电阻改接为计算所得的 R_o 值，即用十进制可调电阻箱的电阻作为负载 R_L。

3）输出功率随负载变化的曲线的测量。开启直流电压源和直流电流源。测出流过的电流 I 值，记录于表 4-7 中。再将十进制可调电阻的**百位**分别逐级调小和调大，同时记录阻值和对应的电流 I 值于表 4-7 中，分别计算出负载功率 P_L 及效率 $\eta\%$。关闭直流电压源和直流电流源，拆除线路。画出单口网络输出功率随负载变化的曲线。

表 4-7　负载与功率关系测量

R_L/Ω					R_o				
I/mA（实测值）									
计算 P_L/mW					P_{Lmax}				
计算 $\eta\%$									

4）按下红色电源“停止”按钮，红灯亮，绿灯灭。将钥匙式电源总开关置于“关”位置，此时红色按钮灯灭。实验结束。

（4）实验的注意事项

1）本实验是直流实验，接线时注意电源及测量表计的极性。

2）在实验室操作时，为减少测量误差，并且避免量程保护动作，注意随时切换电流表和电压表的量程。

3）在叠加定理应用实验的操作时，对不作用的电压源置零处理时，必须先关掉直流电压源电源，然后再将电源两端用导线短接。

4）换接线路时，必须关闭直流电压源和电流源。

7. 报告要求

1）画出实验电路与表格，简要写出电路原理。

2）完成表 4-4 实测记录和计算。验证叠加定理的正确性。

3）理论计算图 4-9 所示戴维南实验电路（单口网络）的等效电阻 R_o。

4）将测得的开路电压 U_{oc} 和用开路短路法计算出的等效电阻 R_o 这两个参数填入图 4-10 所示等效电路中，并对等效电阻 R_o 进行误差计算。

5）分别完成表 4-5 和表 4-6 的实测记录和计算，并在同一个坐标系中画出它们各自的伏安特性曲线。验证戴维南定理的正确性。

6）完成输出功率随负载变化的表 4-7 实测记录和计算，画出它们关系的曲线。验证最大功率传输定理。

7）根据测量结果，得出定理的正确性。

8）根据本节扩展实验的要求，画出图 4-11 的等效电路。

8. 思考题

1）某同学说戴维南等效电路的伏安特性与外接负载电阻大小有关。这句话对吗？

2）在做图 4-15 所示电路实验时，当开关 S 处于位置 1 时，电流表 A1 的读数为 0. 1A，当开关 S 处于位置 2 时，电压表 V 的读数为 50V，求出有源单口网络的等效电路，并估算当开关 S 处于位置 3 时，电流表 A2 的读数。

3）在线性电路中，各支路的电压或电流可以运用叠加定理，为什么功率不能？请用实验结果进行计算并说明原因。

4）若将图 4-8 中 330Ω 的电阻换成二极管，是否还可应用叠加定理和戴维南定理？为什么？

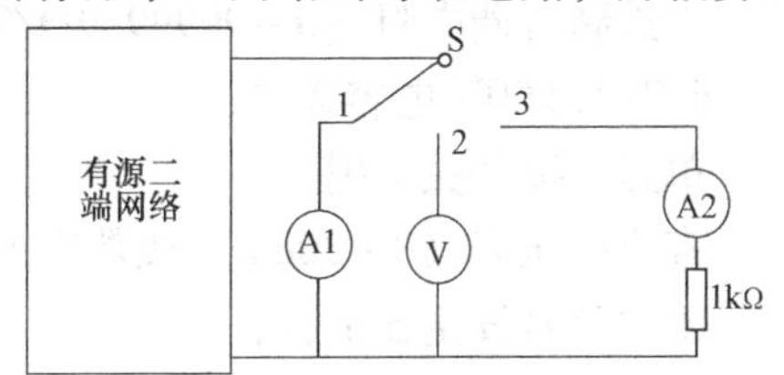

图 4-15　电路伏安测量实验

5）根据最大功率传输定理，当负载等于等效电阻时，负载电阻可从网络中获得最大功率。那么如果负载不变，等效电阻可改变，请问什么时候负载电阻可获得最大功率呢？

6）电源电压的变化对最大功率传输的条件有影响吗？

4.3 一阶 *RC* 暂态电路的暂态过程

1. 实验目的

1）观察 *RC* 电路充、放电曲线，掌握电路时间常数 τ 的测量方法。

2）了解电路参数对时间常数的影响。

3）研究 *RC* 微分电路和积分电路的特点。

4）掌握信号发生器的使用方法。

2. 实验任务

（1）基本实验

1）用示波器观察图 4-16 所示一阶 *RC* 充放电电路的充、放电过程，定量画出充、放电曲线，求出放电时间常数 τ。

2）设计时间常数 τ 为 1ms 的 *RC* 微分电路，要求：

①计算电路参数、画出电路原理图。

②保持电路时间常数 τ 不变，改变信号发生器输出方波的周期 T，记录 T 分别为 $T=\tau=1\text{ms}$、$T=10\tau=10\text{ms}$ 和 $T=0.1\tau=0.1\text{ms}$ 时电路的输入、输出波形，并得出电路输出微分波形的条件。

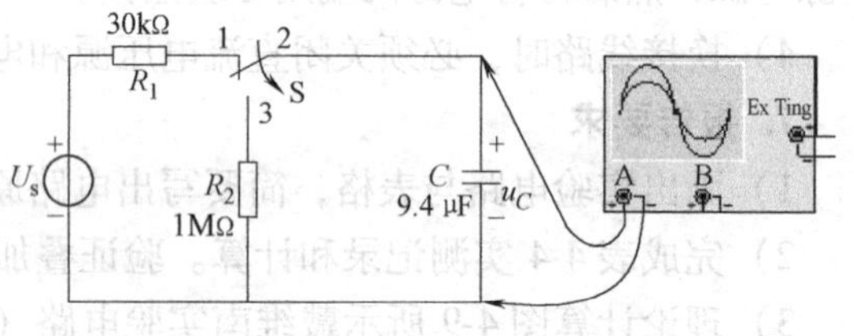

图 4-16 一阶 *RC* 充放电电路

（2）扩展实验

用可调电阻和电容设计一个时间常数 τ 为 1ms 的积分电路。保持信号发生器输出方波的周期 $T=1\text{ms}$ 不变，通过改变可调电阻值，即改变电路时间常数 τ，分别使得 $\tau=0.1\text{ms}$、$\tau=1\text{ms}$ 和 $\tau=10\text{ms}$，记录 τ 不同时电路的输入、输出波形，并得出电路输出三角波形的条件。

3. 实验设备

电工技术实验台 1 套，含：

直流电压源（0 ~ 30V/1A）1 台；

1μF/500V、0.1μF/63V 电容各 1 只；

1MΩ/2W、30kΩ/2W、1kΩ/8W、10kΩ/8W 电阻各 1 只；

十进制可调电阻（0 ~ 99999.9Ω/2W）1 套；

4.7μF/500V 电容 2 只；

单刀双掷开关 1 副；

直流电压表（0 ~ 200V）或数字万用表 1 块；

函数信号发生器 1 台；

数字示波器 1 台；

秒表 1 台；

粗、细导线若干。

4. 实验原理

（1）电路的过渡过程

在含有电感、电容储能元件的电路中，由于电路结构、参数或电源电压发生突变，在经历一定时间后达到新的稳态，这个过程称为过渡过程或暂态过程。

（2）时间常数 τ

时间常数 τ 是电路过渡过程快慢的决定因素。电路过渡过程的快慢取决于电路的结构和参数。一阶 *RC* 暂态电路如图 4-17 所示，时间常数为 $\tau(\tau=RC)$，τ 的值越大，过渡过程就越长，相应的曲线变化就越慢。图 4-18 所示定量地反映了一阶 *RC* 电路在直流激励下时间常数与电路过渡过程进程的关系。图 4-18a 为图 4-17 当开关 S 打向 1 位置时的电容充电波形，图 4-18b 为当开关 S 打向 3 位置时电容的放电波形。

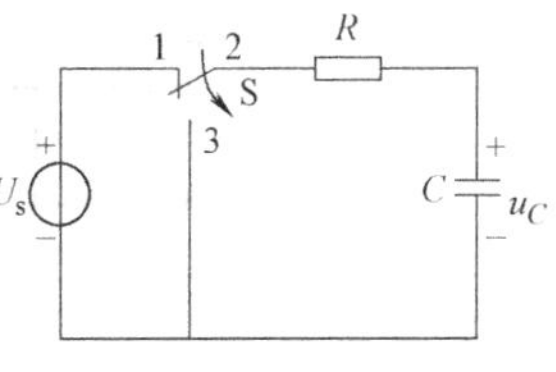

图 4-17　一阶 *RC* 暂态电路

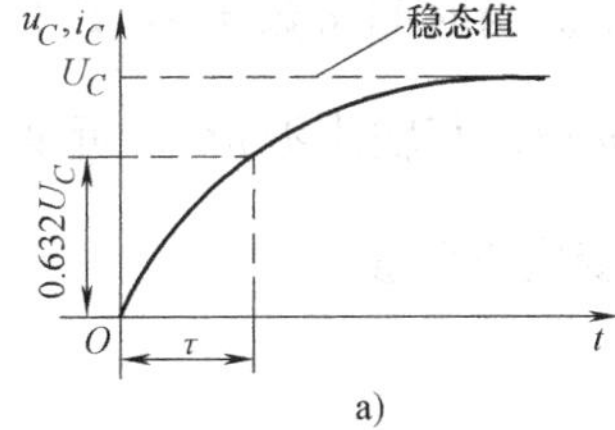

a)

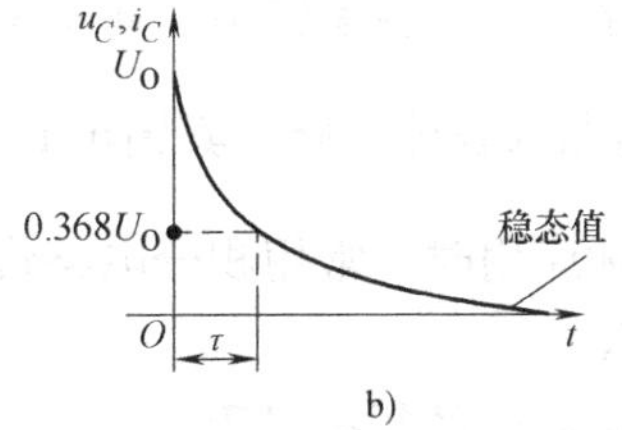

b)

图 4-18　一阶 *RC* 电路时间常数与电路过渡过程的关系
a）充电波形　b）放电波形

（3）时间常数 τ 的测量方法

利用电容充电（或放电）过程测量一阶 *RC* 暂态电路时间常数 $\tau(\tau=RC)$ 的实验方法有以下两个：

方法一：用秒表法记录电容充电开始到充电电压或电流上升为其稳态值的 0. 632 倍所经历的时间，即可得到时间常数 τ，如图 4-19a 所示。

或记录电容放电开始到放电电压或电流下降为其初始值的 0. 368 倍所经历的时间，即可得到时间常数 τ，如图 4-19b 所示。

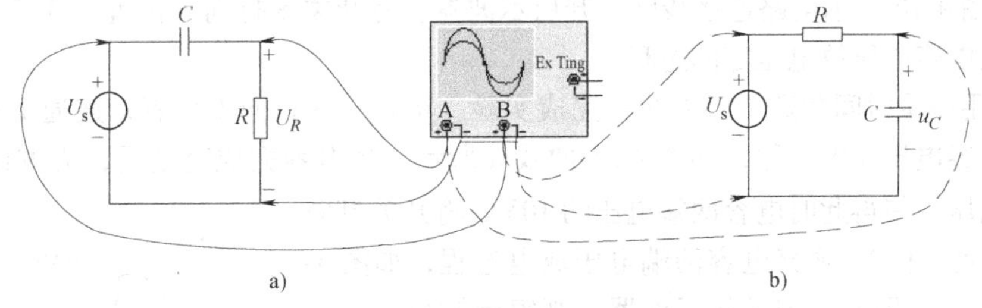

a)　b)

图 4-19　*RC* 微分电路和 *RC* 积分电路
a）*RC* 微分电路　b）*RC* 积分电路

方法二：测出放电电压的变化曲线 $u(t)$，在 $u(t)$ 曲线上选上两点（u_1，t_1）和（u_2，t_2），这两点满足关系式 $u(t)\ =U_0\mathrm{e}^{-\frac{t}{\tau}}$，因而得到 $\tau=(t_1-t_2)/\ln(u_1/u_2)$。

(4) 微分电路

RC 串联电路，从电阻端输出。当时间常数 $\tau << T$ [输入方波信号 u_s（见图 4-20a）的周期] 时，电路为微分电路，如图 4-19a 所示，其输出 $u_R \approx RC\frac{du_s}{dt}$，输出波形 u_R 为尖脉冲，如图 4-20b 所示。实际应用时，常用微分电路来获得定时触发信号。

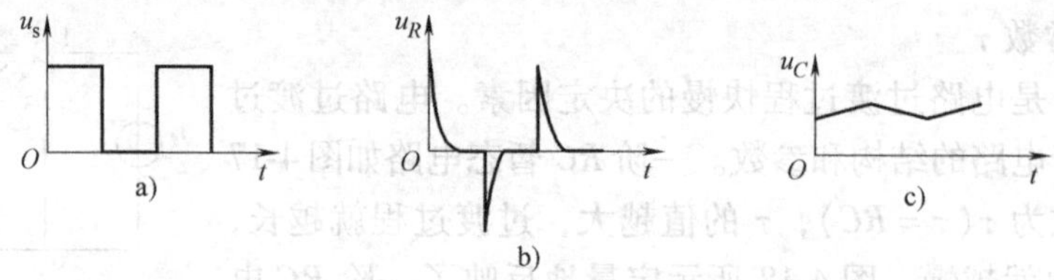

图 4-20 微分与积分波形

(5) 积分电路

RC 串联电路，从电容端输出，如图 4-19b 所示。当时间常数 $\tau >> T$（输入方波信号 u_s 的周期）时，电路为积分电路。其输出 $u_C \approx \frac{1}{RC}\int u_s dt$，其输出波形 u_C 近似为三角波，如图 4-20c 所示。实际应用时，常用积分电路将方波转变成三角波。

5. 预习提示

1）什么是电路中的暂态过程？

2）电路时间常数 τ 的物理意义如何？

3）*RC* 微分电路和积分电路的电路结构特点、条件如何？

4）对于 *RC* 串联的电路，当外加电源周期为 *T* 的方波时，满足怎样的参数条件电容电压波形近似为方波？

6. 实验步骤

(1) 测量时间常数

用示波器观察图 4-16 所示电路的充、放电过程，画出充、放电曲线，求出放电时间常数 τ。

1）按电工技术实验台“开机操作”程序进行操作。

2）按图 4-16 所示电路连接线路。开启示波器。将开关 S 打向 3 位置，连通 3 和 2，观察示波器上电容电压放电至零的过程。

3）采用测量时间常数 τ 的方法一完成实验。将开关 S 打向 1 位置，连通 1 和 2，用示波器观察电容电压充电过程，如图 4-21 曲线 a 所示。当电容完成充电后，为方便计算，调节电压源电压，使得此时电容两端电压约 10V。将开关打向 3 位置，连通 3 和 2，观察电容两端电压放电过程，如图 4-21 曲线 b 所示。用秒表记录从示波器上观察到输出电容两端电压从 10V 下降到 3.68V（10 × 0.368V）时所经历的时间，即为时间常数 τ。

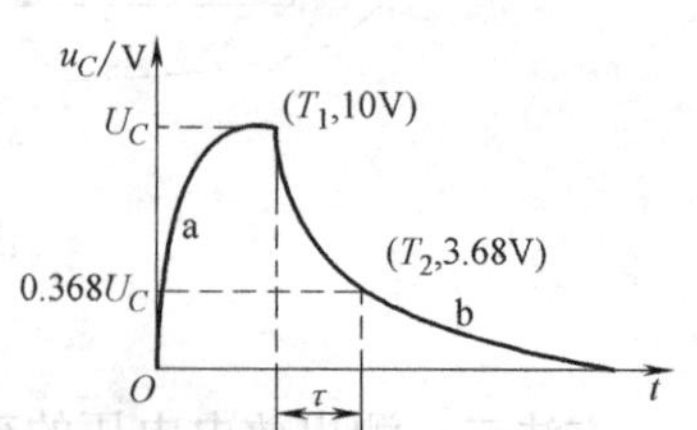

图 4-21 时间常数 τ 的测试

其次的测量 τ 的方法是，读出示波器上该两点对应的坐标（T_1，10V）和（T_2，3.68V），如图 4-21 所示。计算 Δt

$=T_2-T_1$，得到时间常数 τ。其操作参见第1章2. 数字示波器常用按键和旋钮的操作方法中（7）光标测量键的测量方法，并定量记录充、放电波形。

由于实验误差较大，所以需要采用多次测量取平均值的方法以减小误差，将测量数据分别记录于表4-8。

表4-8　时间常数 τ 的测量

Δt_1	Δt_2	Δt_3	Δt_4	Δt_5	Δt_6	计算 $\tau=\overline{\Delta t}$	τ 误差计算

4）关闭直流电压源和示波器，按下红色电源“停止”按钮，红灯亮，绿灯灭。拆除线路。计算 Δt 的平均值，得到时间常数 τ。

（2）记录微分电路输入、输出波形

设计时间常数 τ 为1ms的 RC 微分电路，保持电路时间常数 τ 不变，改变函数信号发生器输出方波的周期 T，记录 T 分别为 $T=\tau=1\text{ms}$、$T=10\tau=10\text{ms}$ 和 $T=0.1\tau=0.1\text{ms}$ 时电路的输入、输出波形。

1）根据 $\tau=RC=1\text{ms}$，选择合适的电阻和电容，填入图4-19a所示 RC 微分电路中。

2）调整示波器。将示波器两个通道的零电位扫描基线调至重叠，两个通道的电压衰减旋钮位置均调为2V/Div，关闭示波器。将示波器探头及接地线接入电路。

3）测量输入方波频率为1kHz时的输入、输出波形。按图4-19a所示电路连接线路。选择信号发生器波形为方波，频率调至1kHz（即周期 $T=1\text{ms}$），幅值调至2V，并保持幅值不变。将信号发生器接入电路。开启示波器，观察并在同一个坐标系上记录输入、输出波形。

4）测量输入方波频率为100Hz时的输入、输出波形。保持函数信号发生器输出的方波的幅值不变，将其频率调至100Hz（即周期 $T=10\text{ms}$），观察并在同一个坐标系上记录输入、输出波形。

5）测量输入方波频率为10kHz时的输入、输出波形。保持函数信号发生器输出的方波的幅值不变，将其频率调至10kHz（即周期 $T=0.1\text{ms}$），观察并在同一个坐标系上记录输入、输出波形。

（3）实验的注意事项

1）在用方法一测量 τ 时，可用秒表或示波器读出数据。由于误差较大，所以需要采用多次测量取平均值的方法以减小误差。实验时，尽量由两位同学共同配合操作，以方便读取数据。

2）在观察 RC 微分、积分电路的输入、输出波形时，应将示波器两个通道的零电位扫描基线的位置和电压衰减旋钮位置分别调为一致。

3）实验时应将函数信号发生器与示波器的接地端连接在一起，即做到“共地”，以防外界干扰影响到测量的准确性。

7. 报告要求

1）画出实验电路原理图与表格，简要写出电路原理和实验步骤。

2）定量完成基本实验1）要求的充、放电曲线记录，完成表4-8实测记录，求出放电时间常数 τ。根据实验结果，验证实验室测量时间常数 τ 的方法的正确性。

3）完成基本实验2）要求的电路设计和三组不同频率的输入、输出波形记录。根据波形得出在输出端得到微分波形的电路的条件。

4）根据本节扩展实验的要求，完成电路设计和三组不同 τ 的输入、输出波形记录。根据测量波形，得出在输出端得到三角波形的电路的条件。

8. 思考题

1）如果图4-16所示电路的电容上存在初始电压，能否出现没有过渡过程的现象？为什么？

2）在用示波器观察图4-16的 u_C 波形时，为什么充电时间很快就结束，而放电时间却很慢呢？

3）某同学通过实验测得 RC 电路输入 u_s 与输出 u_C 波形如图4-22所示，结果发现由此测得的时间常数与理论计算值偏差较大，请找出误差原因。

4）RC 串联电路中，满足怎样的条件，电容上的电压波形近似为三角波？

5）当 RC 电路在方波激励时，为什么微分电路的输出波形会出现突变部分，而积分电路的输出波形不会发生突变？

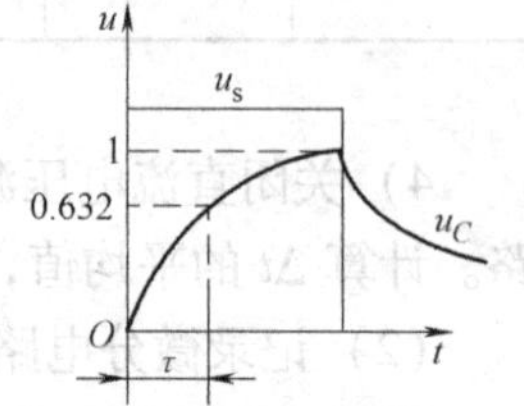

图4-22 RC 电路输入与输出波形

4.4 简单交流电路

1. 实验目的

1）验证电阻、电容和电感元件在正弦交流电路中电压与电流的相位关系。

2）了解电阻、感抗、容抗与频率的关系。

3）掌握电工技术实验台上交流电工仪表和元器件的使用方法，掌握三相自耦调压器的使用方法。

4）掌握数字交流毫伏表的使用方法。

2. 实验任务

（1）基本实验

1）完成图4-23所示电阻、电感和电容元件上的电压与流过它们的电流波形的测量，并测出 $R=f(f)$、$X_L=f(f)$、$X_C=f(f)$ 的阻抗频率特性。

2）测量图4-24所示 RC 并联电路中电压与电流的关系，定量画出相量图。

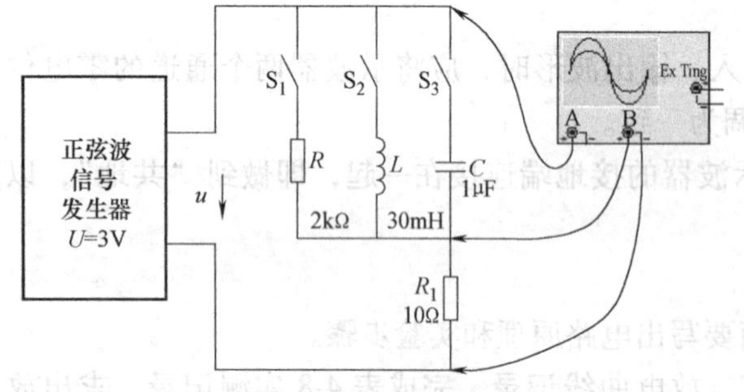

图4-23 测量元件的相位关系电路

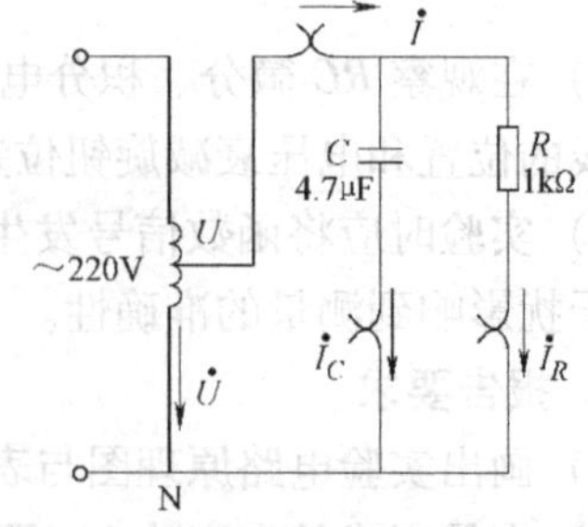

图4-24 RC 并联电路电压与电流测量

（2）扩展实验

完成图 4-25a 所示 RL 串联电路的电压测量与记录，**定量**画出相量图，求出图 4-25b 相位角 θ 和 θ'，以及电感线圈的等效参数 R_L、L 的值。其中，电源电压 U 的有效值为 100V，频率为 50Hz。

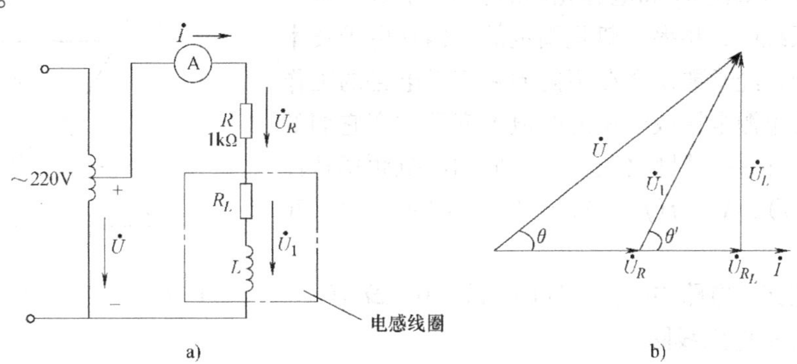

图 4-25　RL 串联电路

a）电路　b）相量图

3. 实验设备

电工技术实验台 1 套，含

三相自耦调压器 1 台；

1μF/500V、4.7μF/500V 电容各 1 只；

1kΩ/8W 电阻和十进制可调电阻（0～99999.9Ω/2W）各 1 套；

30mH 电感线圈 1 只；

交流电压表（0～500V）或数字万用表 1 块；

交流电流表（0～5A）1 块；

电流测量插孔 3 副；

电流测量线 1 副；

函数信号发生器 1 台；

数字示波器 1 台；

数字交流毫伏表 1 台；

粗、细导线若干。

4. 实验原理

（1）正弦量的三要素

一个正弦量具有幅值、频率及初相位三个要素。工程中常用有效值来计量。电压有效值 U 与幅值 U_m 之间关系满足 $U = U_m/\sqrt{2}$。

（2）元件的电压与电流的相量关系

在正弦交流电路中，在正方向一致的条件下，元件上的电压与电流间的相量关系分别如下：

电阻 R：$\dot{U}_R = \dot{I}R$，电压与电流同相；

电感 L：$\dot{U}_L = \mathrm{j}X_L\dot{I} = \mathrm{j}\omega L\dot{I}$，电压超前电流 90°；

电容 C：$\dot{U}_C = -\mathrm{j}X_C\dot{I} = -\mathrm{j}\dfrac{1}{\omega C}\dot{I}$，电压滞后电流 90°。

由于电感元件的感抗 X_L 和电容元件的容抗 X_C 都是频率的函数，因此在电源频率一定时，电感元件的感抗 X_L 和电容元件的容抗 X_C 有一确定值。在电力系统中，频率一般是固定的，但在电子技术和控制系统中，经常要研究在不同的频率下电路的工作情况。当保持电源电压或电流的幅值不变而改变它们的频率时，容抗和感抗值随之改变，它们的阻抗频率特性分别为 $R=f(f)$、$X_L=f(f)$、$X_C=f(f)$，曲线如图 4-26 所示。

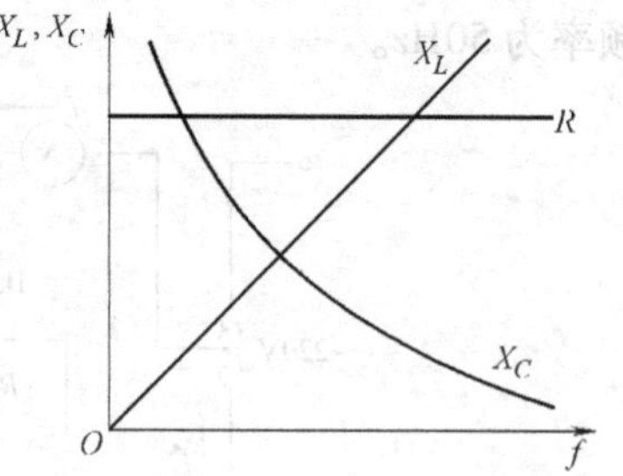

图 4-26 阻抗频率特性曲线

单相正弦交流电路中的任一回路，$\Sigma u=0$，$\Sigma i=0$。

（3）实际的电感线圈

实际的电感线圈均由导线绕制而成，通常把它看作 R_L 与 L 串联电路，其模型如图 4-25a 中点划线框所示。可根据实验测得的数据、相量图或解析式，求出其等效参数 R_L、L 的值。

1）相量图计算法。根据图 4-25b，由余弦定理求得 θ'，再根据下式可求得 R_L、L：

$$U_{RL}=U_1\cos\theta', \text{则 } R_L=\frac{U_{RL}}{I} \tag{4-1}$$

$$U_L=U_1\sin\theta, \text{则 } L=\frac{U_L}{I\omega} \tag{4-2}$$

或由余弦定理求得 θ，再根据下式可求得 R_L、L：

$$U_{RL}=U\cos\theta-U_R, \text{则 } R_L=\frac{U_{RL}}{I} \tag{4-3}$$

$$U_L=U\sin\theta', \text{则 } L=\frac{U_L}{I\omega} \tag{4-4}$$

2）解析计算法

$$Z=\frac{U}{I}=\sqrt{(R+R_L)^2+(\omega L)^2} \tag{4-5}$$

$$|Z_1|=\frac{U_1}{I}=\sqrt{R_L^2+(\omega L)^2} \tag{4-6}$$

求式（4-5）和式（4-6）联立的方程解，即可求出等效参数 R_L、L 的值。

5. 预习提示

1）什么是正弦量的三要素？它有哪几种表示形式？

2）什么是正弦交流量的相位和相位差？

3）不同性质的阻抗上电压与电流的相位关系如何？

4）电阻、感抗、容抗与频率的关系？

5）如果用镇流器作电感线圈时，所测得的两端电压和流过的电流之间的相位差是 90°吗？为什么？

6）了解图 4-23 中取样电阻 R_1 的作用？

6. 实验步骤

（1）交流电流表操作

1）将交流电流表串接在被测电路中。交流电流表共有0.3A、1A、3A、5A四挡量程。根据需要选择相对应量程的琴键开关进行操作。按下红色琴键开关进入测量操作，弹起红色琴键开关，即将交流电流表短接。

2）当被测值超出量程时，仪表将发出报警信号，此时报警指示灯亮，蜂鸣器发出报警信号，接触器跳闸，切断总电源，红色电源“停止”按钮灯亮（处理方法：应立即按下白色报警复位按钮，切断报警回路。在排除故障后重新按下绿色电源“启动”按钮。）。

（2）交流电压表操作

交流电压表操作方法同上。

（3）测量阻抗频率特性

完成图4-23所示电阻、电感和电容元件上的电压与流过的电流波形的测量，并测出$R=f(f)$、$X_L=f(f)$、$X_C=f(f)$ 的阻抗频率特性。

1）按图4-23所示电路连接线路。图中，电阻R_1为取样电阻，选择10Ω。因为示波器只能输入电压信号，所以需通过R_1两端的电压（反映电流信号）来观察电流波形。由于R_1的阻值很小，对R、L、C元件输出电压性质的影响可以不考虑。

2）电阻电压与电流波形的测量。按电工技术实验台“开机操作”程序进行操作。开启函数信号发生器电源，将函数信号发生器的正弦波频率调至1kHz，幅值调至3V，并保持幅值不变。合上开关S_1，观察记录R_1上的电压u_{R_1}与R上的电压u_R波形。

3）$R=f(f)$ 曲线测量。调节函数信号发生器的频率从1kHz逐渐增至20kHz，用数字交流毫伏表分别测量U_{R_1}、U_R，并记录于表4-9中，完成$R=f(f)$ 曲线测量。

表4-9 R、L、C元件的阻抗频率特性测量

f/kHz	1	2	5	10	15	20
U_{R_1}/V						
计算$I=(U_{R_1}/R_1)$/mA						
U_R/V						
计算$R=(U_R/I)$/kΩ						
U_L/V						
计算$X_L=(U_L/I)$/kΩ						
U_C/V						
计算$X_C=(U_C/I)$/kΩ						

4）电感电压与电流波形的测量。断开开关S_1，合上开关S_2，调节信号发生器的频率至1kHz，观察记录R_1上的电压u_{R_1}与L上的电压u_L波形。

5）$X_L=f(f)$曲线测量。调节函数信号发生器的频率从1kHz逐渐增至20kHz，忽略U_{R_1}的电压波动，用数字交流毫伏表分别测量U_L，并记录于表4-9中，完成$X_L=f(f)$曲线测量。

6）电容电压与电流波形的测量。断开开关S_2，合上开关S_3，调节信号发生器的频率至1kHz，观察记录R_1的电压u_{R_1}与C上的电压u_C波形。

7）$X_C=f(f)$ 曲线测量。调节函数信号发生器的频率从1kHz逐渐增至20kHz，忽略U_{R_1}的电压波动，用数字交流毫伏表分别测量U_C，并记录于表4-9中，完成$X_C=f(f)$ 曲线测量。

8）关闭电源。按下红色电源“停止”按钮，红灯亮，绿灯灭。拆除线路。画出 R、L、C 元件的阻抗频率特性曲线。

（4）RC 并联电路相量图的测量

测量图 4-24 所示 RC 并联电路中电压与电流的关系。定量画出相量图。

1）按图 4-24 所示电路连接线路。检查三相自耦调压器是否调至零，在检查线路无误后，按电工技术实验台“开机操作”程序进行操作。并将三相自耦调压器输出电压调至交流电压表有效值示数为 $U=50\text{V}$，通过交流电流表、电流测量线和三个电流测量插孔，对电路的各支路电流进行测试。将相关表计数据分别记录于表 4-10 中。实验测量完成后，将三相自耦调压器调至零。定量画出 RC 并联电路的相量图。

表 4-10　RC 并联电路测量

U/V	I_C/A	I_R/A	I/A

2）按下红色电源“停止”按钮，红灯亮，绿灯灭。将钥匙式电源总开关置于“关”位置，此时红色按钮灯灭。实验结束。

（5）实验的注意事项

1）在实验室选用装置上的电阻时，为避免损坏电阻，注意尽量选取大功率的电阻。

2）供电电源从相线和中性线引出。每一次实验电路测量完毕后，在三相自耦调压器调至零的前提下方可断开电源开关，然后进行拆线或接线。

3）阻抗频率特性实验引入的函数信号发生器的电源频率较高，测交流电压有效值时，必须用数字交流毫伏表测试。

4）在完成基本实验 1）要求的接线时，应将函数信号发生器、示波器和数字交流毫伏表的接地端连接在一起，即做到“共地”，以防外界干扰影响到测量的准确性。

7. 报告要求

1）画出实验电路原理图与表格，简要写出电路原理。

2）完成基本实验 1）要求的三组波形的记录。

3）完成表 4-9 实测记录和计算。根据测量数据，画出 R、L、C 元件的阻抗频率特性曲线。

4）根据测量结果，得出元件上的电压与电流间的相量关系的特点以及电阻、感抗、容抗与频率关系的特点。

5）完成表 4-10 实测记录，根据测量数据，定量画出相量图。

6）根据本节扩展实验的要求，画出相量图，求出相位角 θ、θ' 以及电感线圈的等效参数 R_L 和 L 的值。

8. 思考题

1）为什么图 4-25a 电路中的电压有效值之和不等于总电压，即 $U \neq U_R + U_1$？

2）实际电感线圈上的交流电压与电流之间的相位差是否等于 90°？为什么？

3）对于含有多个电阻的正弦交流电路，电路消耗的总功率与电路各电阻消耗的功率具有何种关系？

4）某同学根据实验任务的电路要求在实验装置上接线，操作中损坏了电阻，请分析可能的原因有哪些？

4.5　荧光灯电路与功率因数的提高

1. 实验目的

1）熟悉荧光灯的接线方法。

2）掌握在感性负载上并联电容器以提高电路功率因数的原理。

3）学习单相交流功率表的使用方法。

2. 实验任务

（1）基本实验

1）完成无补偿电容和不同的补偿电容时图 4-27 所示电路中电压、电流以及电路的功率、总功率因数的测量，并画出电路的总功率因数与电容的关系 $\cos\theta' = f(C)$ 曲线（荧光灯灯管额定电压为 220V，额定功率为 30W）。

2）测量电路的总功率因数提高到最大值时所需补偿电容的电容值。

3）完成电路中点亮荧光灯所需电压 $U_{点亮}$ 和荧光灯熄灭时电压 $U_{熄灭}$ 的测量。

4）分别定量画出电路的电压及电流的相量图。完成镇流器的等效参数 R_L、L 的计算。

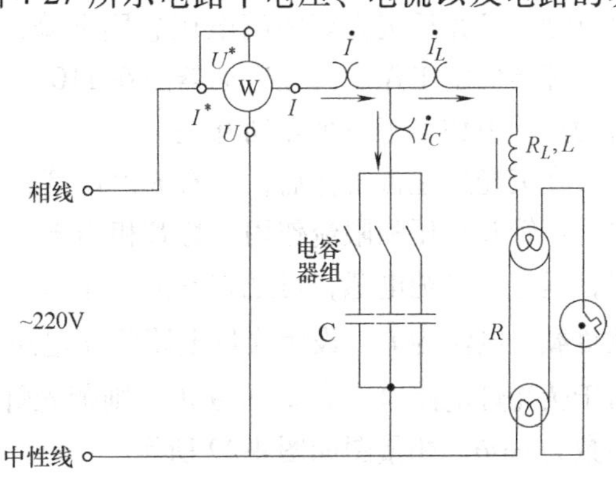

图 4-27　荧光灯实验电路

（2）扩展实验

保持 U=220V 不变，在电路并联最佳电容使得总功率因数达到最大的状况下，在电容器组两端并入 20W 白炽灯。通过并入白炽灯的个数，使得总电流 I 与无并联电容时的总电流 I 值大致相同，记录此时 I、I_C、I_L、P 以及流入灯泡的电流值，并得出相关实验结论。

3. 实验设备

电工技术实验台 1 套，含

三相自耦调压器 1 台；

荧光灯管 1 套；

镇流器 1 只；

辉光启动器 1 只；

单相智能型数字式功率表 1 台；

电容器组/500V1 套；

电流测量插孔 3 副；

粗导线电流测量线 1 副；

交流电压表（0～500V）或数字万用表 1 块；

交流电流表（0～5A）1 块；

粗导线若干。

4. 实验原理

（1）荧光灯电路组成

荧光灯电路主要有灯管、辉光启动器和镇流器组成。连接关系如图 4-28 所示。

（2）荧光灯工作原理

接通电源后，辉光启动器内固定电极、可动电极间的氖气发生辉光放电，使可动电极的双金属片因受热膨胀而与固定电极接触，内壁涂有荧光粉的灯管里的灯丝预热并发射电子。辉光启动器接通后辉光放电停止，双金属片冷缩与固定电极断开，此时镇流器将感应出瞬时高电压加于灯管两端，使灯管内的惰性气体电离而引起弧光放电，产生大量紫外线，灯管内壁的荧光粉吸收紫外线后，辐射出可见光。发光后荧光灯两端电压急剧下降，下降到一定值，如 40W 荧光灯下降到 110V 左右，开始稳定工作。辉光启动器因在 110V 电压下无法接通工作而断开。辉光启动器在电路启动过程中相当于一个点动开关。

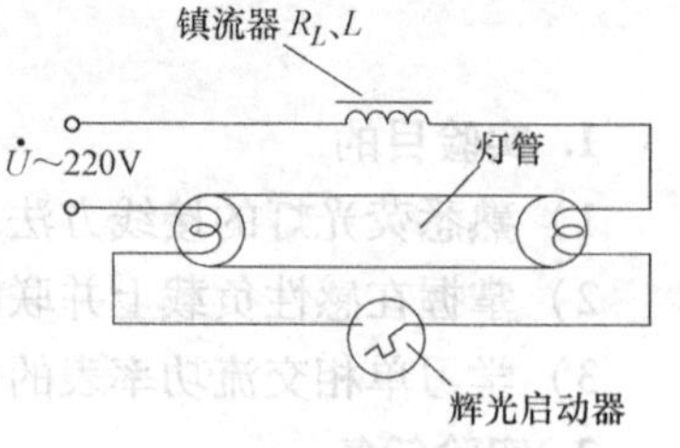

图 4-28 荧光灯电路连接关系

在荧光灯正常工作后，可看成由灯管和镇流器串联的电路，电源电压按比例分配。镇流器对灯管起分压和限流作用。灯管相当于一个电阻元件，而镇流器是一个具有铁心的电感线圈，但它不是纯电感，可把它看成一个 R_L、L 串联的感性负载，电流为 $\dot{I}_L$。设荧光灯电路两端电压 $\dot{U}$ 的相位超前于荧光灯电路电流 $\dot{I}_L$ 相位 θ 角，则荧光灯电路的功率因数为 $\cos\theta$。相量图如图 4-29 所示。

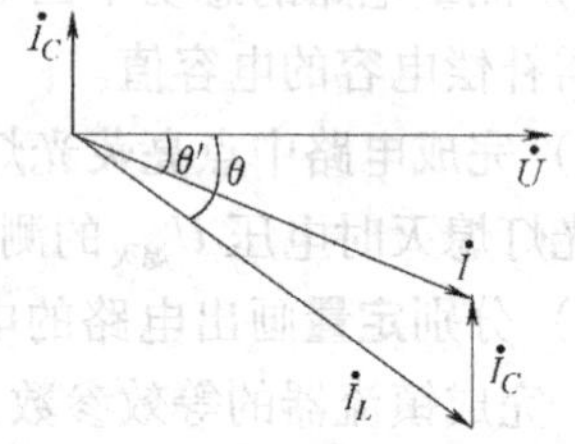

图 4-29 提高电路功率因数的相量图

$\dot{U}$—电源电压 $\dot{I}$—补偿后电路总电流

$\dot{I}_L$—荧光灯支路电流 $\dot{I}_C$—电容支路电流

θ—补偿前电路的电压与电流的相位差角

θ'—补偿后电路的电压与电流的相位差角

（3）荧光灯电路的功率

有功功率 $P = UI\cos\theta$，它表明了网络实际吸收能量的大小。功率因数越接近 1，吸收的有功功率就越大。有功功率是由电阻元件消耗的。

无功功率 $Q = UI\sin\theta$，表示电感或电容元件与电源进行能量互换的规模。

视在功率 $S = UI = \sqrt{P^2 + Q^2}$，表示用电器的容量。

功率因数 $\cos\theta = P/S$，表示用电器的容量利用的程度。

（4）提高功率因数的目的

为了减少电能浪费，提高电路的传输效率和电源的利用率，需提高电源的功率因数。提高感性负载功率因数的方法之一，就是在感性负载两端并联适当的补偿电容，以供给感性负载所需的部分无功功率。并联电容后，电路两端的电压 $\dot{U}$ 与总电流（$\dot{I} = \dot{I}_L + \dot{I}_C$）的相位差为 θ'，相应的相量图如图 4-29 所示。由图可见，补偿后的 $\cos\theta' > \cos\theta$，即功率因数得到了提高。

由图 4-29 可得

$$I_C = I_L\sin\theta - I\sin\theta' = \left(\frac{P}{U\cos\theta}\right)\sin\theta - \left(\frac{P}{U\cos\theta'}\right)\sin\theta' = \frac{P}{U}\ (\tan\theta - \tan\theta')$$

又因

$$I_C = \frac{U}{X_C} = U\omega C$$

所以

$$U\omega C = \frac{P}{U}\ (\tan\theta - \tan\theta')$$

由此得出补偿电容 C 的计算公式

$$C = \frac{P}{\omega U^2}(\tan\theta - \tan\theta') \tag{4-7}$$

式中，P 是有功功率，单位为 W；ω 是角频率，单位为 rad/s，$\omega = 2\pi f$ ($f = 50\text{Hz}$)。

（5）功率因数小于 1

在荧光灯实验中，由于灯管内的气体放电电流不是正弦波，且在一周期内形成不连续的两次放电，因此所测量的有功功率应是 50Hz 基波电流与同频率的电源电压的乘积。所以，在正弦波的电压与非正弦波的电流的电路中，因高次谐波电流的存在，功率因数只能小于 1，而不能达到 1，所以要利用式（4-7）来计算理论上 $\cos\theta' = 1$ 时所对应的补偿电容值。

（6）过补偿现象

从图 4-29 看出，随着并联电容不断地增加，电容电流 I_C 也随之增大，使得 $|\theta'|$ 逐渐变小，过零后，θ' 又逐渐变大，此后电容继续增大，功率因数反而下降，此现象就称为过补偿。在过补偿的情况下，系统由感性转变为容性，出现容性的无功电流，不仅达不到补偿的预期效果，反而会使配电线路各项损耗增加。在工程应用中，应避免过补偿。

（7）单相智能型数字式功率表的说明（以下简称功率表）

电路中的功率与电压和电流的乘积有关，因此功率表必须有两个线圈，一个是电流线圈用于获取电流，另一个是电压线圈用于获取电压，它们分别通过四个接线端子引出，如图 4-30 所示。为了保证两个线圈的电流流入（或流出）方向一致，对于电流流进的接线端钮，功率表面板上均已标注“U⁺”、“I⁺”或“U*”、“I*”，称为同名端。测量有功功率时，应使电流线圈和电压线圈的同名端接到电源同一极性的端钮上，并且按电流线圈串联在待测回路中、电压线圈并联在待测回路上的原则接线，如图 4-30 所示。

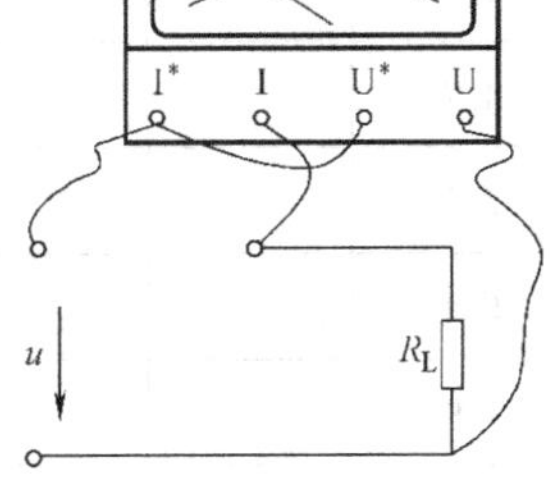

图 4-30 功率表的连接

5. 预习提示

1）荧光灯电路的工作原理是怎样的？

2）荧光灯电路的性质是阻性、感性还是容性？

3）为什么要提高电路的功率因数？

4）怎样根据实测值来计算当 $\cos\theta' = 1$ 时补偿电容 C 的值？

5）忽略电网电压波动，当改变电容时，功率表的读数和荧光灯支路的电流 I_L 是否变化？请分别说明原因。

6. 实验步骤

（1）功率表操作

打开电源，功率表循环显示P，表示测试系统已准备就绪，进入初始状态。按“功能”键，出现固定的P，则表示测试有功功率，读取时只需按“确认”键即可；按“功能”键，出现COS，则测试功率因数，读取时只需按“确认”键即可。

若测试功率因数时，显示屏上显示L代表感性负载，若显示C代表容性负载。在任何状态下按“复位”键，系统恢复到初始状态。

（2）连接线路并测量相关参数

1）用万用表的二极管挡判断功率表电流线圈中的熔断器以及灯管的熔断器导通情况。

2）按图4-27所示电路连接线路。将功率表上标有“I*”的电流线圈与标有“U*”的电压线圈同名端短接，并与三相自耦调压器的输出端某根相线相连；按照先串联后并联的原则接线；将灯管、镇流器、辉光启动器和电容器组按图接入电路，并将标有“U”电压线圈与中性线N相连；将各电容器组的开关处于断开位置。

3）完成无补偿电容和不同的补偿电容时电路中电压、电流以及电路的功率、总功率因数的测量。

检查三相自耦调压器是否调至零，在检查线路无误后，按“开机操作”程序进行操作。并缓慢转动三相自耦调压器同轴旋钮，将其输出电压调高至交流电压表有效值示数为荧光灯额定电压220V。保持其输出电压220V不变，通过开关控制分别接入不同的电容，测量相应的数据记录于表4-11中。

表4-11 提高感性负载电路的功率因数测量

$C/\mu F$	U/V	U_R/V	U_L/V	I/A	I_L/A	I_C/A	P/W	$\cos\theta'$	电路性质
0	220								
1									
2.2									
3.2									
4.7									
5.7									
6.9									
7.9									
8.9									
9.4									
10.4									
$\cos\theta'_{max}$ = 时，C = μF					$U_{点亮}$ = V			$U_{熄灭}$ = V	

4）完成电路的总功率因数提高到最大值时所需补偿电容器的电容值，将测量数据记录于表4-11中。将三相自耦调压器调至零。

（3）完成电路中点亮荧光灯所需电压$U_{点亮}$和荧光灯熄灭时电压$U_{熄灭}$的测量

1）将各电容器组的开关处于断开位置。检查三相自耦调压器是否调至零。缓慢转动三相自耦调压器同轴旋钮，当调至荧光灯管刚刚点亮时，停止调压。用交流电压表测量此时调压器输出电压有效值，该电压即为荧光灯的最低启辉电压$U_{点亮}$。将该数据记录于表4-11中。

2）继续转动三相自耦调压器同轴旋钮，将其输出电压调高至交流电压表有效值示数为220V。然后**缓慢**转动三相自耦调压器同轴旋钮，降低其输出电压，当调至荧光灯管刚刚熄灭时，停止调压，用交流电压表测量此时三相自耦调压器的输出电压有效值，该电压即为荧光灯熄灭时的电压 $U_{熄灭}$。将该数据记录于表4-11中。

3）将三相自耦调压器调至零，并按下红色电源“停止”按钮，红灯亮，绿灯灭。拆除线路。将钥匙式电源总开关置于“关”位置，此时红色按钮灯灭，实验结束。绘制 $\cos\theta'=f(C)$ 曲线。

4）参考本章4.4节简单交流电路实验中等效参数 R_L、L 的计算法，完成镇流器的等效参数 R_L、L 值的计算。

（4）实验的注意事项

1）本实验是强电实验，应严格遵守电器操作规则，并做到先接线、后通电；先断电、后拆线的操作顺序，务必注意用电和人身安全。每一次实验电路测量完毕后，在三相自耦调压器调至零的前提下方可断开电源开关，然后进行拆线或接线。

2）供电电源从相线和中性线引出。

3）线路接线正确，但荧光灯不能启辉时，应检查辉光启动器接触是否良好。

4）在接入不同的电容时，不要遗漏电路的总功率因数提高到最大值时所需补偿电容器的电容值的测量。

7. 报告要求

1）画出实验电路与表格，简要写出电路原理和实验步骤。

2）完成基本实验1）要求的荧光灯在额定电压下，电容从0～10.4μF之间变化时表4-11实测记录。

3）完成基本实验2）要求的电路的总功率因数提高到最大值（$\cos\theta'_{max}$）时所需补偿电容器的电容值的实测记录。

4）完成基本实验3）要求的荧光灯的最低启辉电压 $U_{点亮}$ 和熄灭时电压 $U_{熄灭}$ 的记录。

5）根据测试数据，画出 $\cos\theta'=f(C)$ 曲线。

6）分别**定量**画出电路的电压及电流的相量图。

7）完成基本实验4）要求的镇流器的等效参数 R_L、L 的计算。

8）根据测量结果，得出荧光灯电路并联电容前后，功率因数变化的特点。

9）根据本节的扩展实验的要求，根据测试结果，总结出提高功率因数、从而提高电源利用率的结论。

8. 思考题

1）并联电容器后，提高了电路的总功率因数，而荧光灯本身的功率因数是否也改变？为什么？

2）给感性负载串联适当容量的电容值也能改变总电压与电流的相位差，从而提高电路的功率因数，但一般不采用这种方法，为什么？

3）如果智能型数字功率表坏了，如何得到电路总功率因数最大时所并联的电容值？

4）某同学直接将补偿电容并联在灯管 R 两端用来提高电路的功率因数，试说出实验的现象，并分析原因。

5）补偿电容值是否越大越好？为什么？补偿电容除有容量的要求外，还有什么其他要求？

6）如果图4-27中电路不接镇流器，直接将220V电压接在荧光灯灯管上，试说出实验的现象，并分析原因。

7）当辉光启动器坏了，手头又暂时没有好的辉光启动器时，可以用一个什么样的开关来代替？应如何连接和操作？

8）某同学通过测量镇流器两端电压 U_L 和流过的电流 I，用式子 $X_L = U_L/I$ 来计算镇流器的感抗，是否正确？为什么？

9）根据式（4-7）计算当 $\cos\theta' = 1$ 时所对应的补偿电容 C 值？

4.6 *RLC* 串联谐振电路

1. 实验目的

1）熟悉串联谐振电路的结构与特点，掌握确定谐振点的的实验方法。

2）掌握电路品质因数（电路 Q 值）的物理意义及其测定方法。

3）理解电源频率变化对电路响应的影响。学习用实验的方法测试幅频特性曲线。

2. 实验任务

（1）基本实验

设计一个谐振频率约为9kHz、品质因数 Q 分别约为9和2的 *RLC* 串联谐振电路（其中 L 为30mH）。要求：

1）根据题目要求计算电路的参数、画出电路原理图。

2）完成 Q_1 约为9、Q_2 约为2的电路的电流谐振曲线 $I = f(f)$ 的测试。用实验数据说明谐振时电容两端电压与电源电压之间的关系，并根据谐振曲线说明品质因数 Q 的物理意义以及对谐振曲线的影响。

（2）扩展实验

根据上述任务，利用谐振时电路中电流与电源电压同相的特点，用数字示波器测试的方法，找出谐振点，画出输入电源电压与输出电流响应的波形，测量谐振时电路的电压和电流，并判断此时电路的性质（阻性、感性、容性）。

3. 实验设备

电工技术实验台1套；

函数信号发生器1台；

RLC 串联谐振电路板1套；

数字交流毫伏表1台；

数字示波器1台；

细导线若干。

4. 实验原理

（1）*RLC* 串联电路

在 *RLC* 串联电路中，当正弦交流信号源的频率改变时，电路中的感抗、容抗随之而变，电路中的电流也随频率而变。对于 *RLC* 串联电路，电路的复阻抗 $Z = R + \mathrm{j}[\omega L - 1/(\omega C)]$。

（2）*RLC* 串联谐振

谐振现象是正弦稳态电路的一种特定的工作状态，当电抗 $X = \omega L - 1/(\omega C) = 0$、电路中

电流与电源电压同相时，发生串联谐振，这时的频率为串联谐振频率f_0

$$f_0 = \frac{1}{2\pi\sqrt{LC}} \tag{4-8}$$

串联谐振时具有以下特点：

1）电抗 $X=0$，电路中电流与电源电压同相。

2）阻抗模达到最小，即 $|Z|=R$，电路中电流有效值达到最大。

3）电容电压与电感电压的模值相等。电容与电感既不从电源吸收有功功率，也不吸收无功功率，而是在它们内部进行能量交换，此时电源电压与电阻上电压相等。

4）谐振时电容或电感上的电压与电源电压之比为品质因数

$$Q = \frac{U_C}{U_S} = \frac{U_L}{U_S} = \frac{1}{\omega_0 RC} \tag{4-9}$$

式中，U_C 为电容电压有效值；U_L 为电感电压有效值；U_S 为电源电压有效值。

此时，电阻 R 与品质因数 Q 成反比，电阻 R 的 大小影响品质因数 Q。

（3）频率特性

频率特性是幅频特性和相频特性统称。实际测量频率的特性时，可以取电阻 R 上的电压 u_R 作为输出响应，输入电压 u_s 的幅值维持不变时的频率特性如下：

1）幅频特性。输出电压有效值 U_R 与输入电源电压有效值 U_S 的比值（U_R/U_S）是角函数或频率的函数。

2）相频特性。输出电压 u_R 与输入电压 u_s 之间的相位差是角函数或频率的函数。

3）谐振曲线。串联谐振电路中电流的谐振曲线就是电路中电流随频率变动的曲线（以 U_R/U_S 为纵坐标，因 U_S 不变，相当于以 U_R 为纵坐标，故也可以直接以 U_R/R 为纵坐标），如图 4-31 所示。

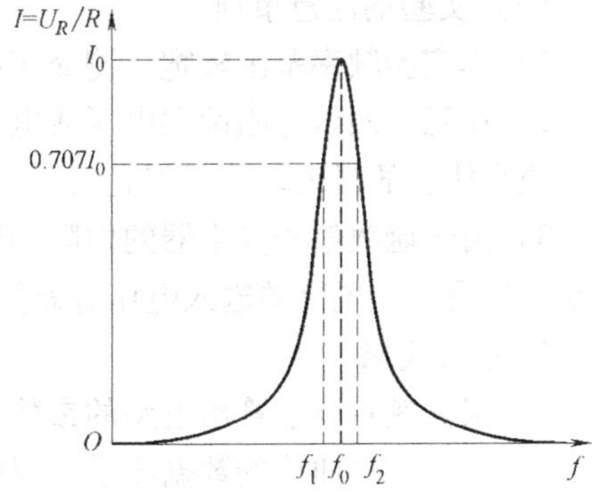

图 4-31 RLC 串联电路的谐振曲线

4）上、下限频率。当 $U_R/U_S=0.707$，或者 $U_R=0.707U_S$，即输出电压 U_R 与输入电压有效值 U_s 的比值下降到最大值的 0.707 倍时，所对应的两个频率分别为下限频率 f_1 和上限频率 f_2，上、下限频率之差定义为通频带 $BW=f_2-f_1$。通频带的宽窄与电阻有关。

工程上常用通频带 BW 来比较和评价电路的选择性。通频带 BW 与品质因数 Q 值成反比，Q 值越大，BW 越窄，谐振曲线越尖锐，电路选择性越好。

在电信工程中，常利用串联谐振来获得较高的信号，如收音机收听某个电台。在电力工程中则相反，一般应避免发生谐振，如由于谐振造成过电压，可能击穿电容器和电感线圈的绝缘。

（4）实验室测量谐振点的方法

实验室中容易实现的测量谐振点的方法是，通过保持输入交流电源电压值不变，只改变它的频率，用高频电压表监测串联电路中电阻两端的电压达到最大值（即电路中电流达到最大值）来确定谐振点。此时的频率即为串联谐振频率 f_0。

（5）电路品质因数 Q 值的两种测量方法

方法一：根据谐振时公式 $Q = U_C/U_S = U_L/U_S$ 测量。

方法二：通过测量谐振曲线的通频带宽度 $BW = f_2 - f_1$，再根据 $Q = f_0/(f_2 - f_1)$ 求出 Q 值。

5. 预习提示

1）串联谐振电路的结构和特点是什么？

2）实验室常用的测量谐振点的方法是什么？

3）什么是串联谐振电路谐振曲线、幅频特性、相频特性？什么是上、下限频率？什么是通频带？

4）RLC 串联谐振电路中电阻 R 大小对串联谐振电路哪个相关参数有影响？对幅频特性有否影响？

5）在实验室测量 RLC 串联谐振电路的交流电压时，能否用万用表的交流电压挡？

6. 实验步骤

（1）设计电路原理图及表格

根据题目要求算出电路的参数，画出电路原理图，并自行设计表格。

（2）测量谐振曲线

完成 Q_1 约为 9、Q_2 约为 2 的电路的电流谐振曲线 $I = f(f)$ 的测量，分别记录谐振点两边各 4 ~5 个关键点（包括谐振频率 f_0、上限频率 f_2、下限频率 f_1）。

（3）实验的注意事项

1）本实验频率范围较宽，测交流电压有效值时，必须使用数字交流毫伏表。

2）注意，测量电阻两端电压或电容两端电压时，为了减少电压的测量误差，应注意数字交流毫伏表的黑表笔（或黑色夹子）始终与函数信号发生器的输出端的地线共地。

3）由于函数信号发生器的内阻的影响，在调节其频率时，应注意随时调节其输出电压大小，使得实验电路的输入电压有效值保持不变。

7. 报告要求

1）根据题目要求算出电路的参数，画出电路原理图。简要写出电路原理。

2）完成谐振曲线的数据测量。根据测试结果，在同一坐标系内画出谐振曲线 $I = f(f)$，并说明品质因数 Q 的物理意义以及品质因数对曲线的影响。

3）分别算出通频带 $BW = f_2 - f_1$。根据公式 $U_C/U_S = Q$ 分别验证串联谐振时 U_C 与 U_S 之间关系。

4）根据计算结果和谐振曲线得出串联谐振时电路的特点。

5）根据本节扩展实验的要求，用另一种方法找出谐振点。画出输入电压 u_s 与输出电压响应 u_R（反映电流信号）的波形，测量其电压和电流，并判断电路的性质（阻性、感性、容性）。

8. 思考题

1）谐振时电路呈电阻性，则电容电压、电感电压均为零。这句话对吗？

2）电阻 R 大小对串联谐振电路的哪个相关参数有影响？对幅频特性是否有影响？

3）电路发生串联谐振时，为什么输入电源电压有效值 U_S 不能太大？某同学用指针式交流毫伏表完成一个 $Q=20$ 的串联谐振电路实验，如果调节信号发生器输出电压有效值 $U_S=10V$，电路谐振时，用指针式交流毫伏表测电容两端电压有效值 U_C，应该选择用多大的量限？

4）电源电压一定时，电路的品质因数 Q、通频带 BW 与电源电压有关吗？

5）在 RLC 串联谐振电路中，元件应按什么排列顺序接线才能使实验操作较为方便？若元件按 C、R、L 从左到右排列串联顺序接线，还能用数字交流毫伏表测量电阻两端电压有效值 U_R 吗？

4.7　三相交流电路的测量

1. 实验目的

1）熟悉三相负载的联结形式，建立负载对称与不对称的概念。

2）验证三相对称负载的线电压与相电压、线电流与相电流的关系。

3）理解三相四线制供电系统中中性线的作用。

4）掌握三相功率的测量方法。

5）了解三相交流电相序测定的方法。

2. 实验任务

（1）基本实验

1）用若干个15W白炽灯组成负载星形（Y）联结电路，如图4-32所示。完成有中性线和无中性线时的电路参数的测量。负载情况和功率表接线分别符合如下要求：

①负载对称（每相45W），采用“一瓦特表”法接线，电源线电压 $U_l=220V$。

②负载不对称（U相15W、V相30W、W相45W），采用“三瓦特表”法接线，电源线电压 $U_l=220V$。

2）用若干个15W白炽灯组成负载三角形（△）联结电路，如图4-33所示。采用“两瓦特表”法接线。负载情况分别符合如下要求：

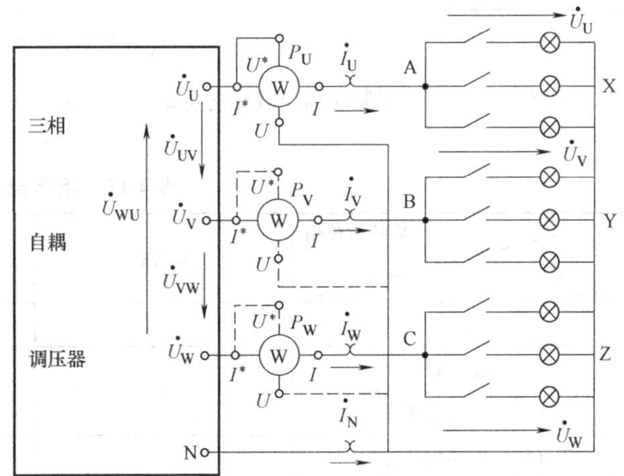

图4-32　负载星形联结电路

①负载对称（每相45W），电源线电压 $U_l=220V$。

②负载不对称（U相15W、V相30W、W相45W），电源线电压 $U_l=220V$。

（2）扩展实验

1）用“一瓦特表”法测量无功功率的方法，完成三相三线制对称负载的总无功功率测量，并记录三相电流与电压。测量电路如图4-34所示。

2）如图4-35所示，完成由两个15W（或40W）白炽灯和一个1μF（或2.5μF）电容组成的星形联结相序判断电路的测量，记录在表4-12中。

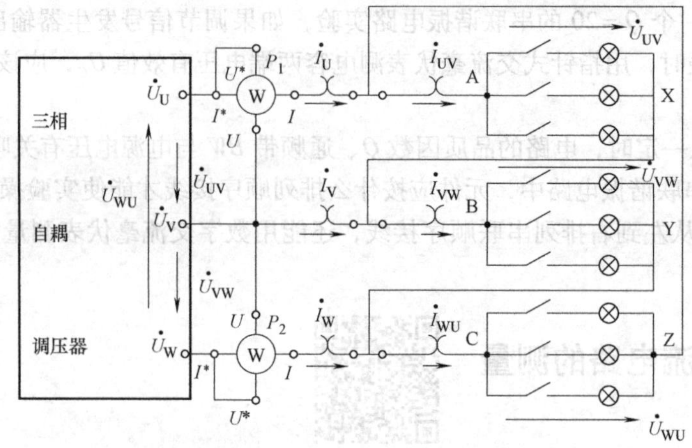

图 4-33 负载三角形联结电路

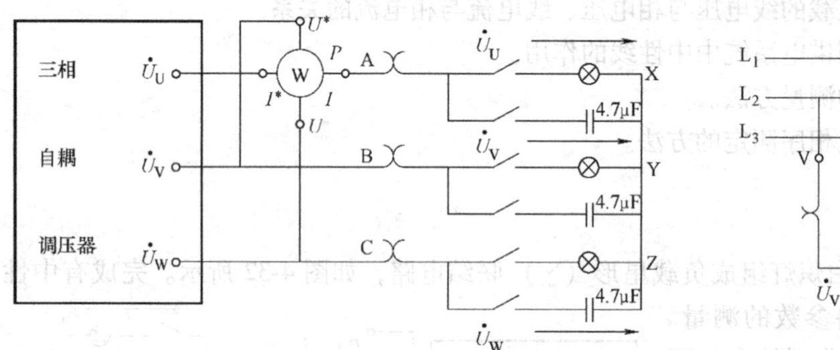

图 4-34 三相三线制对称负载无功功率测量电路

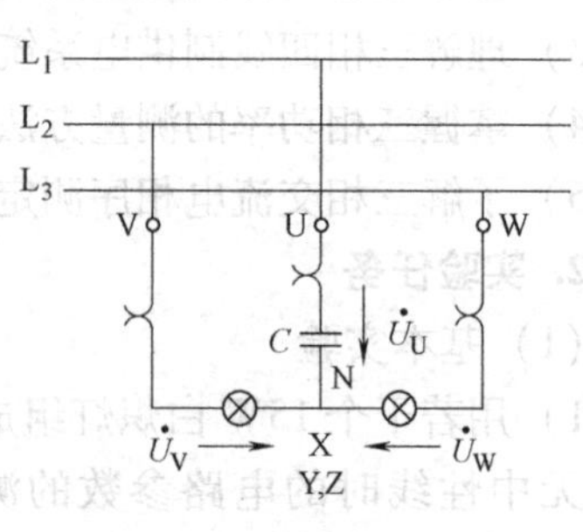

图 4-35 相序判断电路

表 4-12 相序测量

负载所在相 / 项目名称	L_1 相	L_2 相	L_3 相
电压/V			
电流/A			
用（√）设电容所在相			
用（√）注明较亮的相			
用（√）注明较暗的相			
由上述得出电源相序			

3. 实验设备

电工技术实验台 1 套，含：

三相自耦调压器 1 套；

白炽灯 15W/220V 9 个；

电流测量插孔 6 副；

粗导线电流测量线 1 副；

电容器组/500V 1 套；

交流电压表（0 ~ 500V）或数字万用表 1 块；

交流电流表（0 ~ 5A）1 块；

单相智能型数字功率表 2 台；

粗导线若干。

4. 实验原理

（1）对称三相交流电源

对称三相交流电源是由三个同频率、等幅值而相位依次相差 120°的正弦电压源按星形（Y）或三角形（△）的联结形式连接的电路。它有三相三线制和三相四线制两种结构。我国三相系统电源频率 f 为 50Hz，而日、美、欧洲等的电源频率 f 为 60Hz。我国民用电供电都是三相四线制，进入居民家庭的电源电压大多数为 220V，而日、美、欧洲等的居民用电电源电压为 110V。电源电压用 u_1、u_2、u_3 表示，负载上的电压用 u_u、u_v、u_w 表示。

（2）负载的联结方式

负载的联结方式为星形（Y）联结、三角形（△）联结两种。

1）在负载对称三相电路中，负载作星形（Y）联结时，其线电压 U_l 是相电压 U_p 的$\sqrt{3}$倍，且线电压超前相应的相电压 30°，线电流 I_l 等于相应的相电流 I_p。即 $U_l=\sqrt{3}U_p$，$I_l=I_p$。流过中性线的电流 $I_N=0$。

2）在负载对称三相电路中，负载作三角形（△）联结时，其线电压 U_l 等于相电压 U_p，线电流 I_l 是相电流 I_p 的$\sqrt{3}$倍，且线电流滞后相电流 30°。即 $I_l=\sqrt{3}I_p$，$U_l=U_p$。

3）中性线的作用。负载不对称的星形（Y）联结的低压三相电路一般都采用三相四线制。因为如果不接中性线，则由于中性点的位移造成各相负载的额定电压得不到保证，会使负载不能正常工作，甚至遭受损坏。接中性线可以保证各相负载获得额定电压且互不影响，因此中性线不允许接熔断器。

（3）三相负载的总有功功率的测量

三相负载所吸收的总有功功率等于各相负载有功功率之和。

1）三相四线制负载对称电路的总功率测量。三相四线制负载对称的电路采用“一瓦特表”法测量，如图 4-32 所示（不含 P_V、P_W 功率表）。用单相智能型数字式功率表（以下简称功率表）测出任一相的功率，乘以 3 即得三相负载的总功率，即 $P=3P_U$。

2）三相四线制负载不对称电路的总功率测量。三相四线制负载不对称电路采用“三瓦特表”法测量，如图 4-32 所示（含 P_V、P_W 功率表）。3 只功率表测出的各相功率相加即得三相负载的总功率，即 $P=P_U+P_V+P_W$。

3）三相三线制电路的功率测量。三相三线制电路采用“两瓦特表”法测量，如图 4-33 所示。两只功率表读数代数和等于三相负载的总功率，即 $P=P_1+P_2$。“两瓦特表”法的接线原则是，每只功率表的电压、电流线圈的同名端相连后接电源端，将两只功率表的电流线圈分别串入任意两相线路中，分别将电流线圈的非同名端接电源端。两只功率表的电压线圈非同名端同时接到没有接入功率表电流线圈的第三条线路负载端。图 4-33 给出的是（I_U、U_{UV}）与（I_W、U_{WV}）连接法，还有另外两种连接法，即（I_U、U_{UW}）与（I_V、U_{VW}）以及（I_V、U_{VU}）与（I_W、U_{WU}）连接法。若负载为感性或容性，且当相电压与相电流相位差

$|\phi|>60°$时，线路中的一只功率表的读数为负值（或指针反偏），这时应将反偏的功率表电流线圈的两个端钮调换（不能调换电压线圈端钮），而读数应记为负值。

在实际应用中，常用一个三相交流功率表（或称二元功率表）代替两个单相交流功率表。

4）对于三相三线制负载对称的电路，可用“一瓦特表”法测得三相负载的总无功功率 Q，如图4-34所示。设测得的功率表示数为 P，则实际三相负载的无功功率 $Q=\sqrt{3}P$。图4-34给出的是（I_U、U_{VW}）连接法，还有另外两种连接法，即（I_V、U_{UW}）或（I_W、U_{UV}）。当负载为感性时，功率表读数为正值；当负载为容性时，功率表读数为负值。

（4）三相电源的相序的判定

三相相序对于不可逆向转动的传动设备来说十分重要，如果相序错误，将会造成运行中的电动机反转，引起传动设备损坏。在电动机安装工程的接线前，首先要用专门的相序指示仪进行相序测定，或通过一个电容与两个白炽灯组成不对称三相三线星形联结的简易电路来进行三相电源的相序测定。当然，相序保护器的接入对运行中相序的保护也是必不可少的。

图4-35所示就是电容和白炽灯组成的相序判断电路。电路参数尽可能地满足 $R_{灯}=1/(\omega C)$，以使白炽灯有明显的明亮区别。由于电路为不对称负载，导致负载中性点发生位移，造成某两相负载工作电压较大地偏离额定电压。假设指定电容所在的电源相为 L_1 相，则白炽灯较亮的电源相为 L_2 相，白炽灯较暗的电源相为 L_3 相。

5. 预习提示

1）三相交流电源的特点是什么？

2）三相负载的两种联结形式各有什么特点？负载对称与不对称对电路有什么影响？理解中性线的重要性。

3）对不同结构的三相交流电源，其负载的三相功率的测量方法有什么区别？

4）为什么通过一个电容与两个白炽灯组成电路可以测定三相电源的相序？

5）负载为三角形（△）联结时，$I_l=\sqrt{3}I_p$ 在什么条件下成立？

6. 实验步骤

（1）完成图4-32所示星形（Y）联结（负载对称和负载不对称）电路的测量

1）用数字万用表的二极管挡，判断功率表的电流线圈中的熔断器的导通情况。

2）有中性线连接（中性线N经测中性线电流的电流测量插孔串入负载白炽灯末端Z）。

①负载对称星形联结（功率表采用“一瓦特表”法接线）：按图4-32所示电路连接线路，其中功率表只接其中一只表（例如 P_U）。先将负载白炽灯按各相末端（X、Y、Z）相连的星形（Y）联结形式接线。然后将功率表标有“I*”的电流线圈与标有“U*”电压线圈同名端短接，按照先串联后并联的原则接线。（功率的概念及功率表的使用说明参见本章4.5节荧光灯电路与功率因数的提高实验）。

将三相四线制某一相电源（例如U相）经功率表 P_U 的电流线圈串联接于相应相的负载白炽灯始端A，另两相电源（V、W相）直接连接相对应的负载相白炽灯始端B和始端C。将功率表 P_U 的标有“U”电压线圈端与白炽灯任意一个末端例如X相连。

通过操作开关，使得白炽灯处于对称负载（每相45W亮3盏灯）状态工作。

检查三相自耦调压器是否调至零，在检查线路无误后，按电工技术实验台“开机操作”

程序进行操作。调节三相自耦调压器同轴旋钮，用数字万用表监测三相自耦调压器输出的线电压 U_{UV}，当数字万用表的有效值示数 $U_{UV}=220V$ 时，停止调压。测试此时相关数据并记录于表 4-13 第一行中。

表 4-13　三相电路星形（Y）联结的参数测量

中性线情况	负载功率			负载线电压/V			负载相电压/V			负载线（相）电流/mA			中线电流/mA	负载三相功率/W			
	U 相	V 相	W 相	U_{UV}	U_{VW}	U_{WU}	U_U	U_V	U_W	I_U	I_V	I_W	I_N	P_U	P_V	P_W	计算 P
有中性线	负载对称																
	45W	45W	45W														
	负载不对称																
	15W	30W	45W														
无中性线	负载对称																
	45W	45W	45W														
	负载不对称																
	15W	30W	45W														

②负载不对称星形联结（建议功率表采用“一瓦特表”法仿照“三瓦特表”法操作）：如果装置上没有 3 个功率表，仍然可利用前面的“一瓦特表”法接线。通过操作开关，控制各相白炽灯亮灯的功率，使得接功率表的 U 相分别处于 15W（亮 1 盏灯）、30W（亮 2 盏灯）、45W（亮 3 盏灯）的不同亮灯状态，即每次保持三相负载各相始终处于 15W、30W、45W 的不对称分布工作状态，其等同于“三瓦特表”法的测量。将相关数据记录于表 4-13 第二行中。

如果装置上有 3 个功率表，按图 4-32 所示电路连接线路，需重新接线。将 P_V、P_W 功率表接入电路，接线方法与 P_U 接法相同。操作步骤与基本实验 1）的负载对称星形联结步骤①相同。将相关数据记录于表 4-13 第二行中。

③将三相自耦调压器调至零，并按下红色电源“停止”按 钮，红灯亮，绿灯灭。保持电路不变。完成三相四线制负载星形联结有中性线的电路的测量，验证电路线电压与相电压、线电流与相电流的关系。

3）无中性线连接（将中性线 N 与测中性线电流的电流测量插孔之间的连线拆除）。

①负载对称星形联结（功率表采用“一瓦特表”法接线）：通过操作开关，使得白炽灯处于对称负载（每相 45W 亮 3 盏灯）状态工作。

检查三相自耦调压器是否调至零，在 检查线路无误后，按电工技术实验台“开机操作”程序进行操作。调节三相自耦调压器同轴旋钮，用数字万用表监测调压器输出的线电压 U_{UV}，当数字万用表的有效值示数 $U_{UV}=220V$ 时，停止调压。将相关数据记录于表 4-13 第三行中。

②负载不对称星形联结：利用“一瓦特表”法线路仿照“三瓦特表”法的操作方法测量。操作步骤与基本实验 1）的有中性线负载不对称星形联结的步骤②相同。将相关数据记录于表 4-13 第四行中［注：由于无中性线，除了用“一瓦特表”法接线方法仿照“三瓦特表”法操作测量电路的三相功率外，还可通过“两瓦特表”法连接测得三相功率，详见下

面（2）中步骤2）的②。

③将三相自耦调压器调至零，并按下红色电源“停止”按 钮，红灯亮，绿灯灭。拆除线路。完成负载无中性线连接的电路的参数测量。验证电路线电压与相电压、线电流与相电流的关系。

（2）完成图4-33所示三角形（△）联结（负载对称和负载不对称）电路的测试

1）用数字万用表的二极管挡，判断功率表的电流线圈中的熔断器的导通情况。

2）负载对称三角形联结（功率表采用“两瓦特表”法接线）。

①负载三角形联结。按图4-33所示电路连接线路。先将负载白炽灯按各相始端与下一相末端（A与Z、B与X、C与Y）首尾相连，形成封闭的三角形（△）的联结形式。然后将功率表标有“I*”的电流线圈与标有“U*”电压线圈同名端短接，按照先连串联回路后并联连接的原则接线。

②“两瓦特表”法连接（按图4-33给出的是（I_U、U_{UV}）与（I_W、U_{WV}）连接方法接线）。将三相三线制任两相电源（U相、W相）经两个功率表P_1、P_2的电流线圈端连接于测线电流I_U、I_W的电流测量插孔一端，再通过I_U、I_W的电流测量插孔另一端串接到相对应的两相负载白炽灯始端A和始端C。

将另一相没有接入功率表的电源V相连接于测线电流I_V的电流测量插孔一端，再通过电流测量插孔另一端串接到相对应相负载白炽灯始端B，并将两个功率表标有“U”电压线圈端与该相电源V相相连。

③对称负载状态。通过操作开关，使得白炽灯处于对称负载（每相45W亮3盏灯）状态工作。

④检查三相自耦调压器是否调至零，在检查线路无误后，按电工技术实验台“开机操作”程序进行操作。调节三相自耦调压器同轴旋钮，用数字万用表监测调压器输出的线电压U_{UV}，当数字万用表的有效值示数$U_{UV}=220\text{V}$时，停止调压。测试此时相关数据并记录于表4-14第一行中。完成三相三线制负载三角形（△）联结对称电路的测量。验证电路线电压与相电压、线电流与相电流的关系。

表4-14 三相电路三角形（△）联结的参数测量

负载功率			负载线（相）电压/V			负载线电流/mA			负载相电流/mA			负载三相功率/W		
U相	V相	W相	U_{UV}	U_{VW}	U_{WU}	I_U	I_V	I_W	I_{UV}	I_{VW}	I_{WU}	P_1	P_2	计算P
负载对称														
45W	45W	45W												
负载不对称														
15W	30W	45W												

3）负载不对称三角形联结（功率表仍然采用“两瓦特表”法接线）。

①不对称负载状态。通过操作开关，控制各相白炽灯亮灯的功率，使得U相处于15W（亮1盏灯）、V相处于30W（亮2盏灯）、W相处于45W（亮3盏灯）的不对称分布工作状态，将相关数据记录于表4-14第二行中。

②将三相自耦调压器调至零，并按下红色电源“停止”按 钮，红灯亮，绿灯灭。拆除线路。将钥匙式电源总开关置于“关”位置，此时红色按钮灯灭。实验结束。完成三相三线

制负载三角形（△）联结不对称电路的测量。验证电路线电压与相电压、线电流与相电流的关系。

（3）实验的注意事项

1）本实验是强电实验，务必注意用电和人身安全。每一次实验电路测量完毕后，在三相自耦调压器调至零的前提下方可断开电源开关，然后进行拆线或接线。

2）为了防止负载星形联结电路在无中性线时由于某相负载电压过高造成白炽灯损坏，在实验时应将电源线电压调至 220V。

3）测量负载相电压时，应将数字万用表表笔放置在负载两端，不要放置在供电电源端。

7. 报告要求

1）画出实验电路原理图与表格，简要写出电路原理。

2）完成基本实验 1）要求的星形（Y）联结（负载对称和负载不对称）电路的测量记录。验证电路线电压与相电压、线电流与相电流的关系（取三者的平均值验证）。并根据表 4-13 的数据的测量结果，说出负载星形联结无中性线时，如果负载不对称，会出现的现象。

3）完成基本实验 2）要求的三角形（△）联结（负载对称和负载不对称）电路的测量记录。验证电路线电压与相电压、线电流与相电流的关系。

4）根据测量结果，得出负载星形（Y）和三角形（△）联结电路的特点。

5）根据本节扩展实验的要求，用“一瓦特表”法完成三相三线制对称负载的总无功功率测试，完成电源相序的判断。

8. 思考题

1）为什么中性线上不允许接熔断器？说明三相四线制中性线在电路中的作用。

2）白炽灯的额定工作电压为 220V。在实验室做白炽灯星形联结的电路实验时，为什么要将电源线电压调至 220V，使得白炽灯处于低于额定电压状态下工作？请说明原因。

3）三相四线制电路中，若将中性线与一根相线接反了将产生什么现象？

4）在做负载星形联结的实验时，如果其中一相负载（A-X）短路，而中性线又断开，会出现什么现象？

5）三相对称负载白炽灯作三角形联结，如果 U 相负载（A-X）断开，V 相（B-Y）灯的亮度正常还是不正常？W 相（C-Z）灯的亮度正常还是不正常？它们的线电流的大小与正常值的关系是什么？

6）三相对称负载白炽灯作三角形联结时，如果 W 相电源线断开，则 W 相（C-Z）灯亮度变化吗？V 相（B-Z）灯亮度变化吗？U 相（A-X）灯泡亮度变化吗？线电流 I_U 和线电流 I_V 变化吗？

4.8 电感线圈和互感线圈的参数测量

1. 实验目的

1）掌握空心电感线圈和铁心电感线圈的电路模型。

2）了解空心电感线圈和铁心电感线圈的电路模型的参数测量方法。

3）学习互感电路同名端、耦合电感、互感系数以及耦合因数的测量方法。

2. 实验任务

（1）基本实验

1）用交流法完成图 4-36 所示电感线圈的电路模型（两个串联的空心电感线圈）的参数测量。

2）用交-直流法完成图 4-36 所示电感线圈的电路模型（铁心电感线圈）的参数测量（铁心电感线圈用 30W 荧光灯的镇流器代替）。

3）用交流法判断图 4-37 所示电路互感线圈的同名端。

4）完成图 4-37 所示两线圈 W_1、W_2 的耦合电感 L_1、L_2，互感系数 M 和耦合因数 k 的测量。

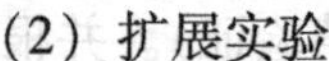

（2）扩展实验

用交-直流法完成空心电感线圈的电路模型的参数测量。

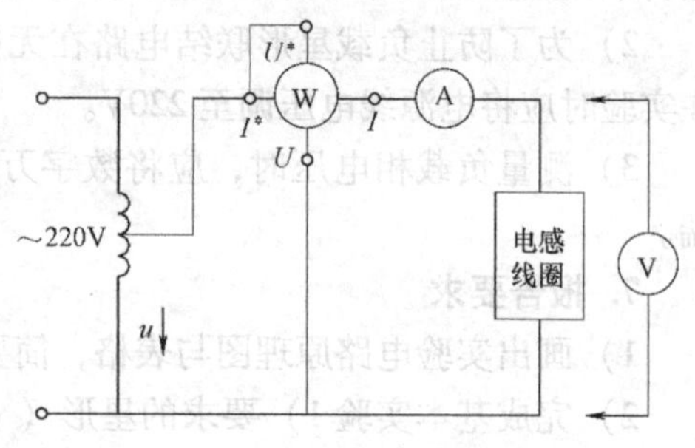

图 4-36 交流法测量电感线圈参数的电路

3. 实验设备

电工技术实验台 1 套；

数字交流毫伏表 1 台；

数字万用表 1 块。

4. 实验原理

（1）空心电感线圈模型参数的测量

空心电感线圈的电路模型通常是由一个线性电阻元件和一个线性电感元件串联组成，如图 4-38 所示。空心电感线圈的电路模型的参数测量方法有两种：

1）交流法。外加 50Hz 正弦交流电压，通过数字万用表、交流电流表和功率表测量线圈的电压有效值 U、电流有效值 I 和平均功率 P，利用式（4-10）和式（4-11）算出电路模型参数 R 与 L

$$P = I^2 R \tag{4-10}$$

$$\frac{U}{I} = \sqrt{R^2 + (\omega L)^2} \tag{4-11}$$

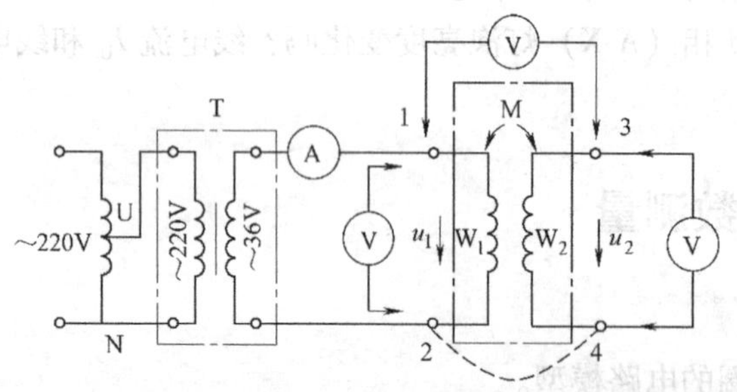

图 4-37 耦合电感、互感系数的测量电路

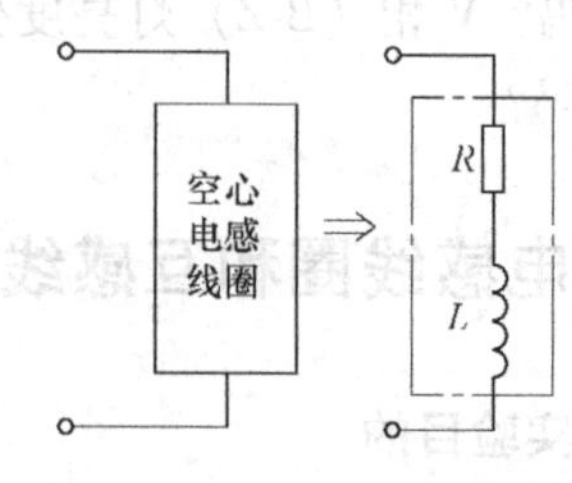

图 4-38 空心电感线圈

2）交-直流法。

①外加直流电压，电感线圈的电感忽略不计（模型中电感元件相当于短路），用直流表测得线圈电压 $U_{直}$ 和电流 $I_{直}$，则得到电路模型的电阻参数为

$$R=\frac{U_{直}}{I_{直}} \tag{4-12}$$

②外加 50Hz 正弦交流电压，用交流电压表和电流表测得线圈电压有效值 U 和电流有效值 I，根据下面式子，结合式（4-12）可求出电路模型的电感参数：

$$\frac{U}{I}=\sqrt{R^2+(\omega L)^2} \tag{4-13}$$

（2）铁心电感线圈模型参数的测量

铁心电感线圈的电路模型通常是由线性电阻元件、非线性电阻元件、线性电感元件、非线性电感元件组成，如图 4-39a 和 4-39b 所示。荧光灯电路中用到的镇流器，实际上是一个带有铁心的电感线圈。

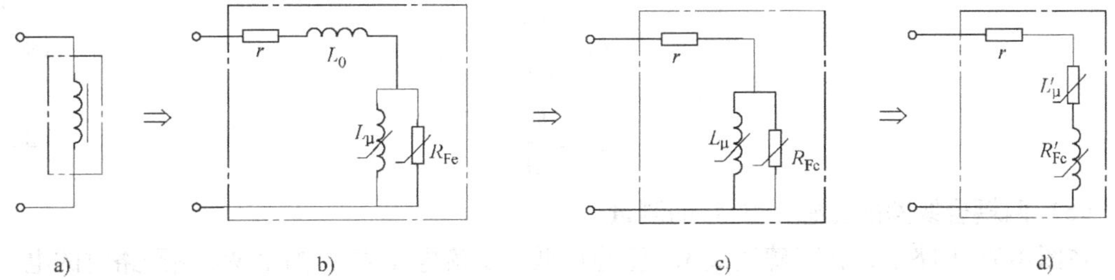

图 4-39　铁心电感线圈

a）铁心电感线圈　b）铁心电感线圈电路模型　c）忽略漏磁通电路模型　d）图 c 的等效电路

在忽略漏磁通（$L_0\approx 0$）的前提下，通过直流和交流环境下的电压、电流和功率的测量，可推算出相应于电路工作点的元件参数。

1）图 4-39c 中，在直流电压作用下，电感 $L_\mu=0$，且不产生铁耗（$R_{Fe}=0$），因此，根据测得的直流电压 $U_{直}$ 和电流 $I_{直}$，则得到电路模型的线圈内阻 r 参数为

$$r=\frac{U_{直}}{I_{直}} \tag{4-14}$$

2）在图 4-39d 中，外加 50Hz 正弦交流电压，通过数字万用表、交流电流表和功率表，测量端口电压有效值 U、电流有效值 I 以及消耗的功率 P。则图 4-39d 所示的等效电路，满足如下关系式：

$$P=I^2(r+R'_{Fe}) \tag{4-15}$$

$$\frac{U}{I}=\sqrt{(r+R'_{Fe})^2+(\omega L_\mu')^2} \tag{4-16}$$

求式（4-14）~式（4-16）联立的方程解，即可解出参数 r、R'_{Fe}、L_μ'

最后，根据图 4-39c 和图 4-39d 电路的等效关系，解出电路模型 R_{Fe} 和 L_μ 参数

$$(R_{Fe}/\!/ \mathrm{j}\omega L_\mu)=R'_{Fe}+\mathrm{j}\omega L_\mu' \tag{4-17}$$

（3）互感系数

一个线圈因另一个线圈中的电流变化而产生感应电动势的现象称为互感现象，这两个线圈称为互感线圈，用互感系数（简称互感）M 来衡量互感线圈的这种性能。互感的大小除了与两个线圈的几何尺寸、形状、匝数及导磁材料性能有关外，还与两个线圈的相对位置有关。

（4）互感线圈同名端的判断方法

采用交流法判断。将两个线圈 W_1 和 W_2 的任意两端（如 2、4 端）连在一起，如图 4-37 虚线所示。在其中的一个线圈（如 W_1）两端加一个较低电压 U_1，另一线圈（如 W_2）开路，用交流电压表分别测出端电压 U_{13}、U_{12} 和 U_{34}。若 U_{13} 是两个线圈端电压之差，则 1、3 是同名端；若 U_{13} 是两线圈端电压之和，则 1、4 是同名端。

（5）两耦合线圈的电感 L_1 和 L_2 的测量

在图 4-37 电路中，先在互感线圈 W_1 侧施加低压交流电压 U_1，测出 W_2 侧开路时的电流 I_1；然后再在 W_2 侧加电压 U_2，测出 W_1 侧开路时的电流 I_2，根据互感电动势 $E_L \approx U = \omega LI$，可分别求出线圈 W_1 的耦合电感 L_1 和线圈 W_2 的耦合电感 L_2。

$$L_1 = \frac{U_1}{\omega I_1} \tag{4-18}$$

$$L_2 = \frac{U_2}{\omega I_2} \tag{4-19}$$

（6）两耦合线圈的互感系数 M 的测量

在图 4-37 电路中，在互感线圈 W_1 侧施加低压交流电压 U_1，测出 W_2 侧开路时的电流 I_1 及 U_2。根据互感电动势 $E_{2M} \approx U_2 = \omega M_{12} I_1$，可算得互感系数为

$$M_{12} = \frac{U_2}{\omega I_1} \tag{4-20}$$

然后在互感线圈 W_2 侧施加低压交流电压，测出 W_1 侧开路时的电压 U_1 及 I_2。根据互感电动势 $E_{1M} \approx U_1 = \omega M_{21} I_2$，可算得互感系数为

$$M_{21} = \frac{U_1}{\omega I_2} \tag{4-21}$$

比较 M_{12} 和 M_{21} 的大小，并求出算术平均值为

$$M = \frac{M_{12} + M_{21}}{2} \tag{4-22}$$

（7）耦合因数 k 的测量

耦合因数 k 用来说明两个互感线圈耦合的紧疏程度，其定义是

$$k \overset{\text{def}}{=\!=} \frac{M}{\sqrt{L_1 L_2}} \leqslant 1 \tag{4-23}$$

5. 预习提示

1）空心线圈和铁心线圈的电路模型的区别是什么？

2）空心电感线圈电路模型的参数测量方法和计算方法。空心电感线圈的参数是否随工作点变化？

3）铁心电感线圈电路模型的参数测量方法和计算方法。

4）什么是耦合电感？什么是互感？如何用实验方法测定？

5）如何判断两个互感线圈的同名端？

6）互感系数 M 的大小与哪些因素有关？

7）耦合因数 k 是什么含义？

6. 实验步骤

（1）用交流法完成两个串联的空心电感线圈的电路模型的参数测量

1）用数字万用表二极管挡，判断功率表电流线圈中的熔断器的导通情况。

按图 4-36 所示电路的连接（图中电感线圈为两个空心电感线圈串联），并使三相自耦调压器输出端**相电压**接至任意串联的两相绕组两端。检查三相自耦调压器是否调至零，在检查线路无误后，按电工技术实验台“开机操作”程序进行操作，并将三相自耦调压器的输出电压调至万用表有效值示数分别为 $U_1=10\text{V}$ 和 $U_2=20\text{V}$，将相关测量数据分别记录于表 4-15 中。将三相自耦变压器调至零。根据相关公式，计算$\overline{R}$与$\overline{L}$。

表 4-15 空心电感线圈参数测量

	I_1/A	P_1/W	计算 R_1/Ω	计算 L_1/mH
$U_1=10\text{V}$				
	I_2/A	P_2/W	计算 R_2/Ω	计算 L_2/mH
$U_2=20\text{V}$				
计算$\overline{R}$/Ω				
计算$\overline{L}$/mH				

（2）用交-直流法完成铁心电感线圈电路模型的参数测量

1）用直流法测得电路模型的线圈内阻 r 参数。

①按图 4-40 所示电路连接线路，其中铁心电感线圈用荧光灯的镇流器代替。

②在检查线路无误后，按电工技术实验台“开机操作”程序进行操作。开启直流电压源并将其输出电压调为万用表示数为 $U_{S直}=10\text{V}$，将电流表 $I_{直}$ 数据记录于表 4-16 中。

③关闭直流电压源。按下红色电源“停止”按钮，红灯亮，绿灯灭，拆除线路。利用相关公式算出线圈内阻 r 参数。

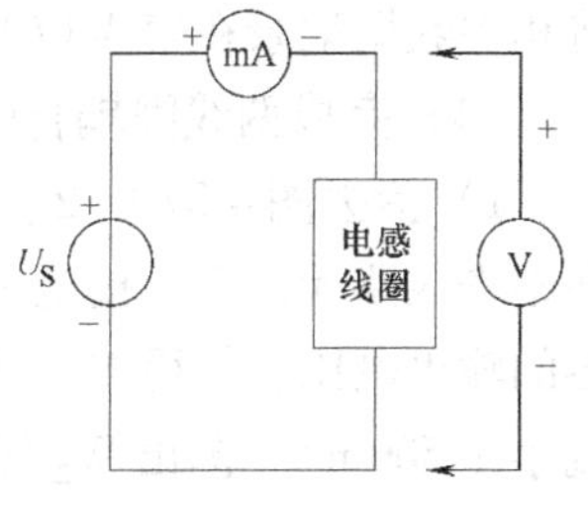

图 4-40 铁心电感线圈的测量电路

表 4-16 铁心电感线圈参数测量

	$I_{直}$/mA	计算 r/Ω				
$U_{S直}=10\text{V}$						
	I_1/mA	P_1/W	计算 R'_{Fe1}/Ω	计算 $L'_{\mu1}$/mH	计算 R_{Fe1}/Ω	计算 $L_{\mu1}$/mH
$U_{S交1}=90\text{V}$						
	I_2/mA	P_2/W	计算 R'_{Fe2}/Ω	计算 $L'_{\mu2}$/mH	计算 R_{Fe2}/Ω	计算 $L_{\mu2}$/mH
$U_{S交2}=180\text{V}$						

2）用交流法测得电路模型 R_{Fe} 和 L_{μ} 参数。

①按图 4-36 所示电路连接线路。图中电感线圈用荧光灯的镇流器代替。

②检查三相自耦调压器是否调至零。将三相自耦调压器的输出电压调至万用表有效值示数分别为 $U_{S交1}=90V$ 和 $U_{S交2}=180V$，将相关表计数据分别记录于表4-16中。

③将三相自耦变压器调至零。联立关系式（4-14）~式（4-16）即可解出参数 R'_{Fe} 和 L'_{μ}。再根据式（4-17）的等效关系，解出电路模型 R_{Fe} 和 L_{μ} 参数。

（3）用交流法判断图4-37所示电路互感线圈的同名端

1）将两个绕组 W_1 和 W_2 的任意两端（2、4端）连接在一起。将小线圈 W_2 放入线圈 W_1 中，并在两线圈中插入铁棒。W_2 侧开路。按图4-38所示电路连接线路。

2）由于加在 W_1 上的电压仅为2V左右，直接用柜内三相自耦调压器很难调节，因此采用图4-37虚线框的线路来扩展调压器的调节范围。图中，U、N为柜内的三相自耦调压器的输出端，T 为升压铁心变压器。在此电路中作降压用。

3）检查三相自耦调压器是否调至零位。逐步调节其输出电压，使得加在 W_1 上的电压（用交流毫伏表测量）仅为2V左右，使流过 W_1 侧电流表的电流小于500mA，然后用毫伏表分别测出端电压 U_{13}、U_{12} 和 U_{34}，将相关数据记录在表4-17中。

表4-17　交流法判定同名端测量

$U=V$	U_{13}/V	U_{12}/V	U_{34}/V	计算 $U_{13}=U_{12}(\pm)U_{34}$	同名端
2、4端连线					1和（ ）
2、3端连线					1和（ ）

4）将三相自耦调压器调至零。拆去2、4端连线，并将2、3端相接，重复上述步骤，将相关数据记录在表4-17中，从而判定同名端。

（4）完成两线圈耦合电感 L_1、L_2、互感系数 M 和耦合因数 k 的测量

1）拆去图4-37中2、3端连线，将线圈 W_2 侧开路，检查三相自耦调压器是否调至零，在检查线路无误后，按电工技术实验台“开机操作”程序进行操作。并调节三相自耦调压器的输出电压，使得加在 W_1 上的电压毫伏表测量仅为2V左右，使流过 W_1 侧电流表的电流小于500mA，测出 W_2 侧开路时的电流 I_1、U_1、U_2，将数据分别记录于表4-18中。完成耦合电感 L_1 及互感系数 M_{12} 的测量。

表4-18　L_1、L_2、M 和 k 参数测量

	I_1/A	计算 L_1/H	U_2/V	计算 M_{12}/H
$U_1=\quad V$				
	I_2/A	计算 L_2/H	U_1/V	计算 M_{21}/H
$U_2=\quad V$				
计算M/H				
计算 k				

2）将三相自耦调压器调至零，并将线圈 W_1 和 W_2 互换，将线圈 W_1 侧开路，调节三相自耦调压器输出电压，使流过 W_2 侧电流小于300mA，按上述步骤1）测出 W_1 侧开路时的电流 I_2、U_1、U_2，将数据分别记录于表4-18中。求出算术平均值 $\overline{M}$ 和 k 值。

3）将三相自耦变压器调至零，并按下红色“停止”按钮，拆除线路。将钥匙式总开关置于“关”位置。

（5）实验的注意事项

1）对于空心电感线圈实验时，外加电压必须严格控制在30V以下。

2）对于铁心电感线圈实验时，外加电压必须严格控制在200V以下。

3）在判定同名端及数据测量的实验中，都应将小线圈 W_2 套在大线圈 W_1 中，并插入铁心。

4）在用交流法判定同名端时，为保证加在 W_1 上的电压仅为2V左右，所以三相调压器输出电压应调至12V左右，使流过线圈 W_1 测电流表的电流小于500mA，使流过线圈 W_2 侧电流小于300mA。

5）互感实验时为保证在线圈上得到很低的电压，所以接通电源前，应首先检查三相自耦调压器是否调至零位。

7. 报告要求

1）画出实验电路原理图与表格，简要写出电路原理。

2）完成所有表格的测试记录和计算。

3）根据测试结果，得出空心线圈和铁心电感线圈的特点。

4）根据本节扩展实验要求，完成空心电感线圈的参数测量，并与实验（1）中的1）的参数值进行比较。

8. 思考题

1）为什么加在电感线圈上的电压最大值有一定的限制？

2）用交流法能测出铁心电感线圈的电路模型的电感量 L_{μ}' 吗？试说明。

3）为什么要判断互感线圈的同名端？

4）互感系数 M 的大小与哪些因素有关？

第5章　模拟电子技术实验

5.1　常用电子仪器的使用

1. 实验目的

1）初步掌握函数信号发生器、数字示波器的使用方法。

2）学会使用数字交流毫伏表、数字万用表进行相关电压的测量。

3）学会使用数字示波器观察电路中各观测点的电压波形。

4）学会使用数字示波器进行电压波形相关参数的测量。

2. 实验任务

（1）基本实验

1）用数字交流毫伏表、数字万用表测量函数信号发生器输出的正弦交流信号电压。要求正弦交流信号电压有效值输出为5V，将测量数据记录于表5-1中。

表5-1　5V正弦交流信号电压有效值的测量

信号频率/kHz	0.1	0.5	1	20	500
数字交流毫伏表/V					
数字万用表/V					

2）使用数字示波器和数字交流毫伏表测量正弦交流信号。

①自检数字示波器的探头（或简易信号输入线）。将探头接到数字示波器的探头补偿器上（参见图1-4），观察方波波形，将相关测量数据记录在表5-2中。

表5-2　数字示波器自检信号的测量

数字示波器探头衰减倍率菜单设置	U_{PP}/V	T（Prd）	f（Freq）
数字示波器探头衰减倍率菜单设为1×			
数字示波器探头衰减倍率菜单设为10×			

②函数信号发生器幅度衰减粗调键的使用。要求从函数信号发生器输出正弦交流信号，电压有效值为4V，频率为5kHz，将测量值记录在表5-3中，并得出输出值与幅度衰减粗调键（ATT）的关系。

表5-3　验证信号发生器输出值与幅度衰减粗调键的关系

衰减级别/dB	0（不衰减）	20	40	60
数字交流毫伏表/V	4			

③数字示波器测量正弦交流信号峰峰值。用数字示波器测量正弦交流信号的峰峰值，用数字交流毫伏表测量其有效值，并填入表 5-4 中。根据测量数据，得出正弦交流信号峰峰值与有效值的关系。

表 5-4 正弦交流信号频率为 1kHz 的测量

数字示波器测量波形（峰峰值）/V	6	0.8	1
数字交流毫伏表测量（有效值）/V			
数字示波器电压测量（有效值）/V			

④数字示波器测量正弦交流信号周期、频率。用函数信号发生器输出正弦交流信号，电压有效值为 5V，频率分别调至 100Hz、1kHz、20kHz，然后用数字示波器测量正弦交流信号的周期、频率，填入表 5-5 中。

表 5-5 正弦交流信号电压有效值为 5V 的测量

函数发生器输出频率/kHz	0.1	1	20
数字示波器测量波形周期 T			
数字示波器测量波形频率 f			

⑤用数字示波器同时观察两通道信号波形。其中正弦波信号由函数信号发生器提供（输出峰峰值为 5V、频率为 2kHz），方波信号由示波器的探头补偿器提供。用数字示波器同时观察两通道信号波形，并将输出波形稳定地显示在示波器上。连接如图 5-1 所示。观察结果记录于表 5-6 中。

表 5-6 数字示波器同时观察两路波形信号的测量

函数信号发生器		数字示波器	
正弦波（耦合 AC）	$f=2\text{kHz}$，$u_{PP}=5\text{V}$	$T=$	$U=$（ ）有效值
方波（耦合 DC）	$f=1\text{kHz}$，$u_{PP}\approx 3.0\text{V}$	$T=$	$U=$（ ）有效值

（2）扩展实验

1）脉冲信号的测量。调节函数信号发生器使其输出一个频率为 900Hz、峰峰值为 3.6V、占空比为 40% 的方波，用示波器将该信号的幅值、周期、每个周期正向波形宽度测量出来。方波的参数示意如图 5-2 所示，测量数据记录在表 5-7 中。

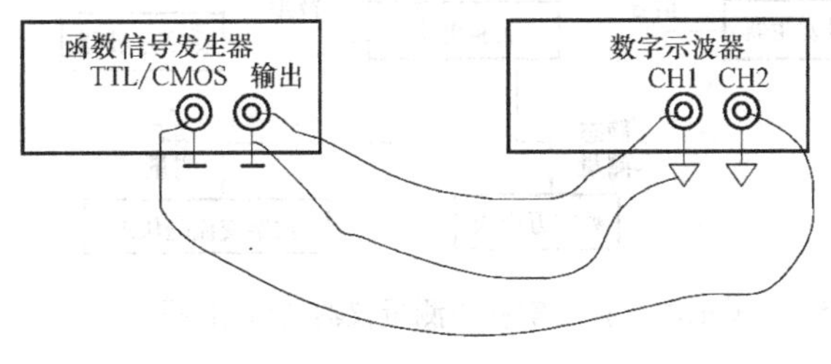

图 5-1 数字示波器同时观察两路信号波形的连接示意图

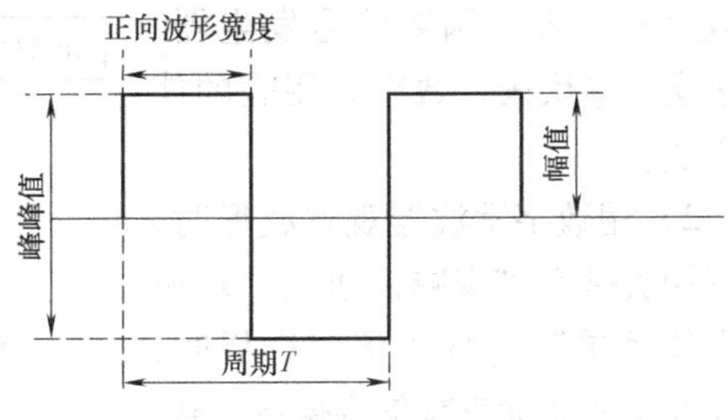

图 5-2 方波波形参数示意

表 5-7 脉冲信号的测量

频率（Freq）	周期（Prd）	正脉宽（+Wid）	正占空比（+Duty）	最大值（U_{max}）/V	峰峰值（U_{PP}）/V

2）用数字示波器测量波形的相位差。实验中采用 1kHz、4V（峰峰值）的正弦信号，经过图 5-3a 所示的 *RC* 移相网络，获得同频率不同相的两组信号。用示波器测量出它们之间的相位差，并与理论计算值进行比较，如图 5-3b 所示。

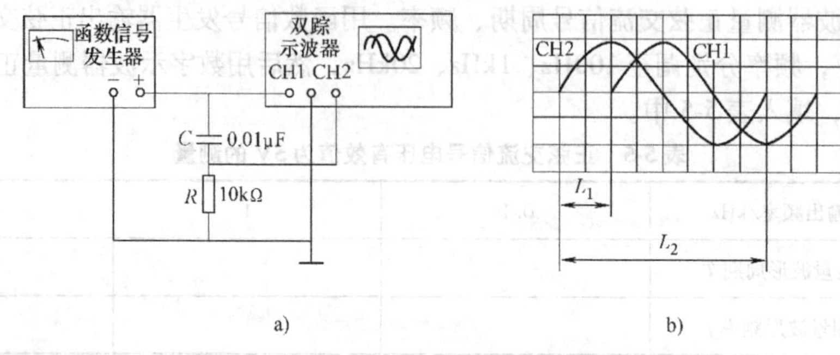

图 5-3 数字示波器测量波形的相位差

3. 实验设备

模拟电路实验箱 1 套；

数字示波器 1 台；

函数信号发生器 1 台；

数字交流毫伏表 1 台；

数字万用表 1 块；

导线若干。

4. 实验原理

在进行模拟电子技术实验的测量中，需要使用多种测量仪器完成各种不同的测量，图 5-4 所示为对一般电路进行测量时各仪器的作用框图。

5. 预习提示

1）实验前请认真阅读第 1 章的数字示波器、函数信号发生器、数字交流毫伏表、数字万用表的使用方法。

2）用数字示波器观察波形时，注意探头是否带衰减，通过“示波器设置菜单”对探头倍率选择时，要与探头的实际衰减倍率保持一致。

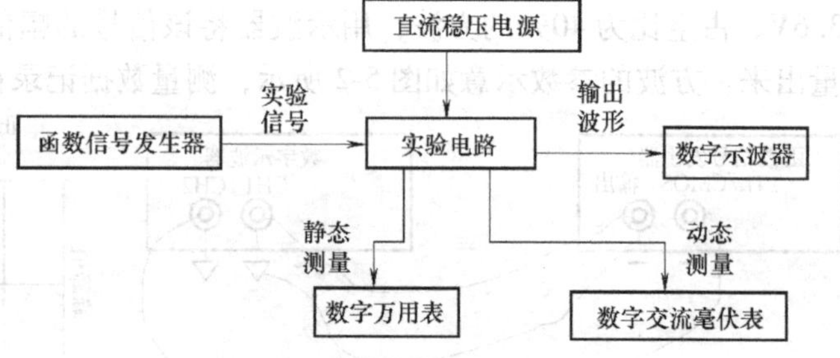

图 5-4 模拟电子技术实验中测量仪器的作用框图

3）用数字示波器同时观察两通道波形时，应事先调整，使数字示波器双通道的水平扫描基线归零位（将双通道的“耦合方式”选为“地”），然后再将两通道的输入“耦合方式”选为DC或AC进行测量。

4）熟悉数字示波器五个区域（运行控制区、垂直控制区、水平控制区、触发控制区、功能菜单区）的主要功能，并熟练学会各区域下拉菜单的使用方法。

5）掌握正弦交流信号电压有效值与峰峰值，以及周期与频率的关系。

6）掌握数字交流毫伏表、数字万用表测量正弦交流信号电压的适用条件。

7）用数字交流毫伏表、数字万用表测量正弦交流信号的电压均为有效值。

8）熟练掌握数字示波器光标测量键（Cursor）的使用，掌握光标模式的几种功能，尤其是追踪功能的使用方法，该功能对电路动态参数的测量非常有利。

9）掌握函数信号发生器的占空比调节旋钮（DUTY）、直流偏移电压调节旋钮（OFFSET）、幅度衰减粗调键和幅度细调旋钮（ATT和AMPL）的使用方法。

10）在使用数字示波器观测正弦信号时，如果波形发生畸变，需注意将函数信号发生器的DUTY旋钮逆时针旋到底（此时占空比为50%）。

11）掌握占空比的定义：矩形波的正向波形宽度占矩形波整个周期T的比值。

12）显示被测波形CH1/ CH2通道时间轴的位置方法（参阅第1章1.4节），通过调节示波器的垂直位置调节旋钮（POSITION），调节时间轴的位置，例如将其移动调至屏幕中间，记住该位置。然后再选择直流或交流选项，进行测量。

13）正弦交流信号波形参数相互关系为

$$电压\ U_{PP}（峰峰值）=2\times 幅值$$

$$幅值=\sqrt{2}\times 有效值$$

$$频率\ f=1/T$$

14）仪器（数字示波器、函数信号发生器、数字交流毫伏表、数字万用表等）的探头的地端均需连在一起（称为“共地”），并与被测量电路的参考点接在一起。

6. 实验步骤

（1）用数字交流毫伏表、数字万用表测量函数信号发生器输出的正弦交流信号电压

首先打开函数信号发生器电源开关键（POWER），按下波形选择键（FUNCTION），选择输出信号波形（正弦波）。调节频率范围粗调键和频率细调旋钮（RANGE/GATE和FREQUENCY），根据输出频率大小，按下频率段×5k键，配合FREQUENCY旋钮，使LED频率显示屏显示“1.000”，调节AMPL旋钮，用数字交流毫伏表监测函数信号发生器的输出，其方法是将函数信号发生器输出探头的黑夹子和红夹子分别与数字交流毫伏表探头的黑夹子和红夹子对接。同时，也用数字万用表“交流”挡位（选择用AC量程测量）测量函数信号发生器输出的正弦交流信号电压有效值为5V（数字万用表的红、黑表笔分别对接在前者的红、黑夹子上），记录在表5-1中。调节函数信号发生器的频率，改变频率$f=100$Hz、500Hz、20kHz、500kHz，分别测量出数字交流毫伏表、数字万用表的电压值（注意：随着频率逐渐升高，用数字万用表测量的电压值将会改变，为什么?）。

（2）使用数字示波器和数字交流毫伏表测量正弦交流信号

1）自检数字示波器的探头。

①数字示波器探头地线的通断检查。由于数字示波器的探头地线使用频繁，很容易断开，故使用前需进行检查。可用数字万用表的二极管测量挡位，将数字万用表的红、黑表笔

连接到探头的接地线的两端，进行通断检查。当数字万用表内置蜂鸣器发声时，则表明线路通；若显示“L”，则表明接地线已经断开，需换置探头地线。

②数字示波器探头（信号输入线）的检查。数字示波器在使用之前，需要检查其两个垂直通道是否正常、探头是否完好。自检方法是：将探头接在数字示波器面板右下角的探头补偿器信号输出端（上方），探头的地线与探头补偿器的接地端（下方）连接；按下数字示波器的 AUTO 键，使得输出方波显示在屏幕上，按一下 RUN/STOP 键，使波形能稳定的停留在显示屏上；按下数字示波器 Measure 键，出现相应菜单，打开数字示波器的电压测量、时间测量的功能菜单，将数字示波器显示屏幕所测得的数据记录在表 5-2 中。

2）函数信号发生器幅度衰减粗调键的使用。打开函数信号发生器电源开关键（POWER），按下 FUNCTION 键，选择输出信号波形为正弦波。调节 RANGE/GATE 键和 FREQUENCY 旋钮，使 LED 频率显示屏显示 $f=5\text{kHz}$，将函数信号发生器输出探头的黑夹子和红夹子分别与数字交流毫伏表探头的黑夹子和红夹子对接，调节 AMPL 旋钮，测量输出不带衰减时的数字交流毫伏表电压，显示值为 4.000V，然后按下函数信号发生器 ATT 键，选择 20dB、40dB、60dB（20dB 与 40dB 同时按下），分别将数字交流毫伏表电压显示值记录于表 5-3 中。

3）使用数字示波器测量正弦交流信号的峰峰值（6V）。操作方法参见第 1 章中数字示波器的使用操作实例。波形如图 5-5 所示。

同时将数字交流毫伏表的探头与数字示波器信号输出探头的红、黑夹子对接，将测量的数据记录于表 5-4 中。

注意：当测量的正弦交流信号的峰峰值为 0.8V（见表 5-4）时，函数信号发生器的幅度衰减（ATT）要起作用。

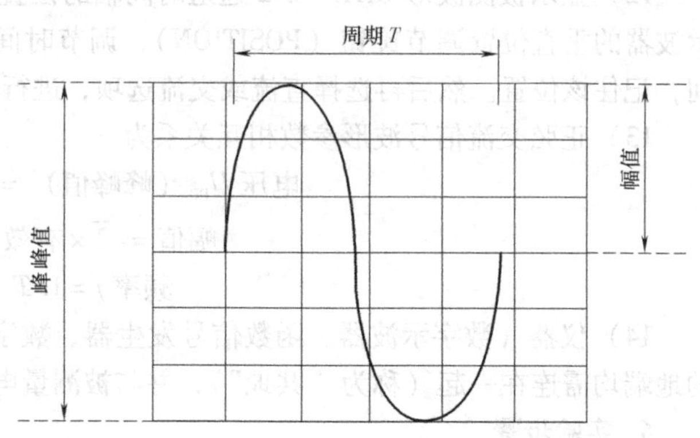

图 5-5 用数字示波器测量正弦交流信号的峰峰值

4）用数字示波器测量正弦交流信号的周期与频率。调节函数信号发生器的频率，使其 LED 频率显示屏显示 $f=100\text{Hz}$，将函数信号发生器输出探头的黑夹子和红夹子分别与数字示波器 CH1 通道探头的黑夹子和红夹子对接，使用数字示波器测量时间的功能，用数字示波器菜单直接监测，显示其频率为 100Hz（即表 5-4 中的 0.1kHz）、周期为 10ms。如果此时数字示波器水平控制区的 SCALE 旋钮使通道水平坐标每格刻度时间值置于 2ms，调节函数信号发生器的 FREQUENCY 旋钮，使数字示波器显示的正弦波水平方向为 5 个方格，则 $T=2\text{ms/div}\times 5\text{Div}=10\text{ms}$。用同样的方法测量频率为 1kHz、20kHz 的正弦波交流信号，记录于表 5-5 中。也可使用示波器的 Measure 键，读出相关周期与频率的值。

5）用数字式示波器同时观察两通道信号波形。首先应将数字示波器两通道 CH1 与 CH2 的接地基线调节在同一水平线上。如图 5-1 所示，调节相关旋钮，按下 CH1 中，在出现的菜单中选择交流。按下 CH2 键，在出现的菜单中选择直流。调节数字示波器相关旋钮，使两路波形同时稳定，按下数字示波器 Measure 键，出现相应测量值菜单，分别选择电压测量与时间测量，并将测量数据记录在表 5-6 中。

（3）用数字示波器测量波形的相位差

用数字示波器可以测量两个相同频率信号之间的相位差。

按图5-3所示电路接线。首先将数字示波器两通道CH1与CH2的接地基线调节置在同一水平线上。然后将数字式示波器的CH1和CH2两通道红夹子分别接到电容C两端，调节示波器两通道的垂直坐标刻度调节旋钮（SCALE），使数字示波器显示屏上显示两个高度相同的正弦波，如图5-3b所示。

方法一：从数字示波器的显示屏上读出图5-3b上L_1、L_2的格数，则它们之间的相位差为$\frac{360°}{L_2}L_1$。

方法二：直接按下数字示波器Measure键，出现相应菜单，选择“时间测量”中的“相位1-2”，读取两波形的相位差角。

7. 报告要求

1）根据表5-1测量的数据，得出实验结论。

2）根据表5-3，得出函数信号发生器衰减按钮20dB、40dB、60dB的关系式。

3）根据实验结果说明为什么在不同频率下，数字万用表与数字交流毫伏表测量的信号电压值结果不同？两表的频率适用范围如何？

4）简要叙述使用数字示波器同时测量两通道信号的步骤。

5）根据表5-4的测量得出的实验结论，说明用数字示波器测量信号的幅值与用数字交流毫伏表测量电压值的关系。

6）理论计算图5-3b所示两波形相位差。

8. 思考题

1）数字交流毫伏表的电压读数和数字万用表的电压读数有什么异同？

2）现有一正弦交流信号，其峰峰值为6V，$f=1\text{kHz}$，若想在数字示波器显示屏上显示一个完整周期为5cm（5个方格），高度为6cm（6个方格）的正弦波电压，试问数字示波器水平坐标刻度调节旋钮、垂直坐标刻度调节旋钮各应置何挡位？

3）简要叙述使用数字示波器测量图5-3所示波形的相位差的操作流程。

4）简述用数字示波器测量被测信号的周期和幅值的步骤。

5）用数字示波器观察波形时，若波形不稳定，如何操作？

6）试说明何时启用函数信号发生器的幅度衰减粗调键？

5.2　分压式共发射极放大电路的研究

1. 实验目的

1）掌握共发射极放大电路静态工作点的测量方法。

2）掌握共发射极放大电路电压放大倍数的测量方法。

3）掌握共发射极放大电路输入、输出电阻的测量方法。

4）学会测量放大电路的幅频特性曲线。

5）观察静态工作点对放大电路输出波形失真的影响。

2. 实验任务

（1）基本实验

1）完成图5-6所示电路的静态工作点的测量，测量U_{CEQ}、U_{BEQ}、I_{BQ}、I_{CQ}、β的值。

2）完成图5-6所示电路的电压放大倍数（输出开路及负载$R_L=R_{C1}$）及输入、输出电阻的测量。

3）完成图5-6放大电路的幅频特性的测量。

4）改变静态工作点，观察并记录图5-6所示放大电路的两种失真现象。

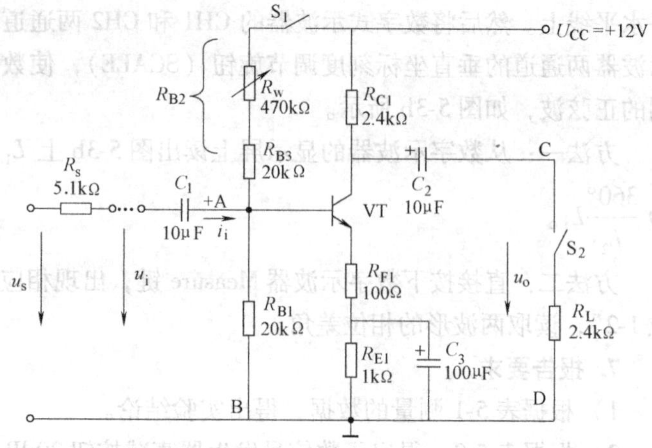

图5-6 分压式可调偏置共发射极放大电路

（2）扩展实验

设计完成图5-7所示具有射极偏置电路的共发射极放大电路。已知$U_{CC}=+12V$，$R_C=5.1k\Omega$，$C_1=10\mu F$，$C_2=10\mu F$，$C_E=47\mu F$，晶体管VT为3DG6，$\beta=50\sim60$，要求静态工作点$I_{CQ}=1mA$，$U_{CEQ}\geqslant 4V$。

1）根据设计要求确定R_{B1}、R_{B2}和R_E的值，并按图5-7安装电路。

2）按照设计要求调试放大电路的静态工作点并研究电路参数U_{CC}、R_E的变化对静态工作点的影响，总结其规律。

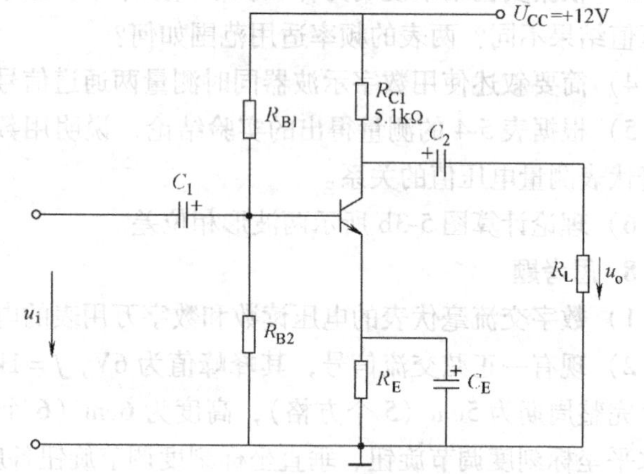

图5-7 具有射极偏置电路的共发射极放大电路

3）观察静态工作点变动对输出波形及电压放大倍数的影响。

3. 实验设备

模拟电路实验箱1套；

数字示波器1台；

函数信号发生器1台；

数字交流毫伏表1台；

数字万用表1块。

4. 实验原理

（1）静态工作点

对于晶体管电压放大电路来说，至关重要的一点就是必须设置合适的静态工作点，保证晶体管工作在线性区，以实现对输入信号的不失真放大。通常，总是将静态工作点调整在放大器交流负载线的中点，以获得最大不失真输出的动态范围。当然，若输入信号幅度较小，为了降低静态功耗，也可将静态工作点设置得低一些。

静态工作点的高低与电源电压及电路参数 R_C、R_B 等有关。如图 5-6 所示，电压放大电路的作用是不失真地放大电压信号。由于双极型晶体管是非线性器件，当晶体管工作在非线性区时，将产生波形失真，为此必须给放大电路设置合适的静态工作点。静态工作点主要取决基极偏置电流 I_B。一般，在调试中总是通过改变基极偏置电阻 R_w 来调整静态工作点，当增大 R_w 时，I_B、I_C 将减小，U_{CE} 升高，Q 点下降，这时容易出现截止失真；反之，Q 点上升，容易出现饱和失真。合适的静态工作点，就是在一定限度的输入信号下，既不出现截止失真也不出现饱和失真。对于静态工作点，在实际测量时，可用间接测量的方法，仅用直流电压表（数字万用表）即可测算出其相关参数和电流放大系数，如图 5-6 所示。即

$$I_{BQ}=\frac{U_{RB2}}{R_{B2}}-\frac{U_{RB1}}{R_{B1}}$$

$$I_{CQ}=\frac{U_{RC1}}{R_{C1}}$$

$$\beta=I_{CQ}/I_{BQ}$$

（2）动态参数

晶体管电压放大电路的动态参数主要有电压放大倍数 A_u、输入电阻 r_i 和输出电阻 r_o。对于图 5-6 所示的分压式可调偏置共发射极放大电路而言，当接有负载 R_L 时，其电压放大倍数为

$$A_u=-\beta\frac{R_{C1}/\!/R_L}{r_{be}+(1+\beta)R_{F1}}$$

改变 R_{C1} 或 R_L 之值，均可改变 A_u（当晶体管参数一定时）。

输入电阻 r_i 是从图 5-6 中 A、B 两端看进去的等效电阻，即 $r_i=u_i/i_i$。也可以采用换算法，由于 i_i 较小，直接测量有困难，故在实验中可在输入端接入一个电阻 R_s（可取 5.1kΩ），如图 5-8 所示，用数字交流毫伏表分别测量 U_s 与 U_i 的有效值，即可计算输入电阻 r_i。即

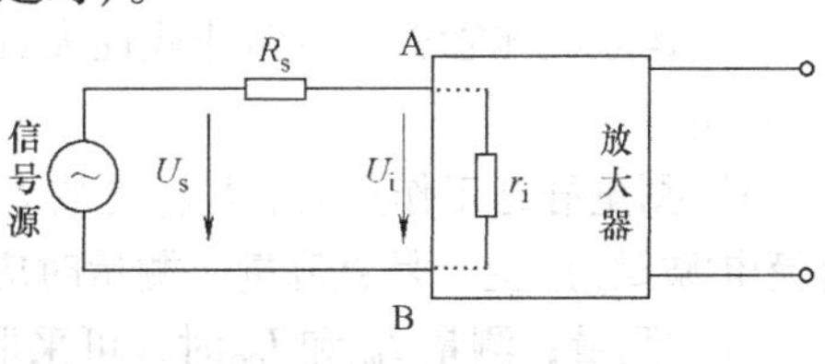

图 5-8　输入电阻测量

$$r_i=\frac{U_i}{U_s-U_i}R_s$$

应当指出的是，U_s 不应取得太大，否则晶体管会工作在非线性状态，使测量误差较大，通常可在输出波形不失真的情况下测量。为了保证测量的准确度，还应注意 R_s 值的选取，一般使 R_s 接近于 r_i 值为宜，取值太大或太小都将带来较大的测量误差。

输出电阻 r_o 是从图 5-6 中 C、D 两端看进去的等效电阻，在 C、D 两端接入一个 R_L 电阻作为负载，根据戴维南定理得出如图 5-9 所示电路图，选择合适的 R_L 值使放大器输出不失真（接数字示波器监测其输出波形），首先测量放大器的开路输出电压 U_{oc}，再测量放大器接入已知负载 R_L 时的输出电压 U_{oL}，则输出电阻

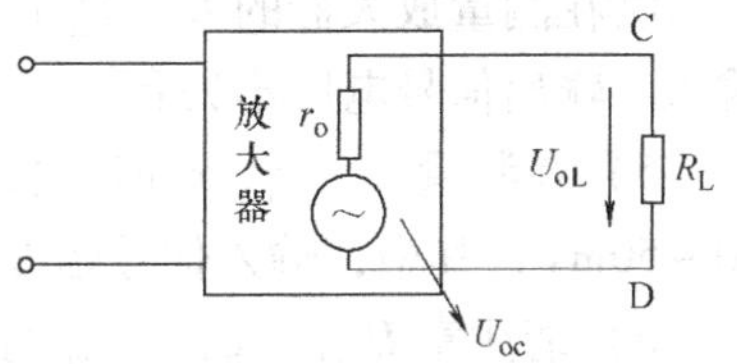

图 5-9　输出电阻测量

$$r_o = \left(\frac{U_{oc} - U_{oL}}{U_{oL}}\right)R_L = \left(\frac{U_{oc}}{U_{oL}} - 1\right)R_L$$

（3）放大器幅频特性的测量

放大器的幅频特性是指放大器的电压放大倍数的模 $|A_u|$ 与输入信号频率 f 之间的关系曲线，如图 5-10 所示。$|A_{um}|$ 为中频电压放大倍数的模，通常规定电压放大倍数的模随着频率变化下降到中频放大倍数模的 0.707 倍即 0.707 $|A_{um}|$ 时，所对应的频率分别称为下限频率 f_L 和上限频率 f_H。因此，可得通频带 $BW = f_H - f_L$。放大器幅频特性曲线的测量可采用点频法。所谓点频法就是测量不同频率点对应的电压放大倍数。保持输入信号大小不变，改变输入信号的频率，测量相应的输出电压，求出不同频率点的电压放大倍数，即可绘制出幅频特性曲线。在测量过程中，应使用数字示波器监视输出波形，始终保持输出信号不失真。测量时要保持输入电压不变，如果改变频率后输入电压有变化，应调节函数信号发生器，使被测放大器的输入信号维持原来的大小。测量时应注意，取点要恰当，在低频段与高频段应多测量几点；在中频段可以少测量几点。

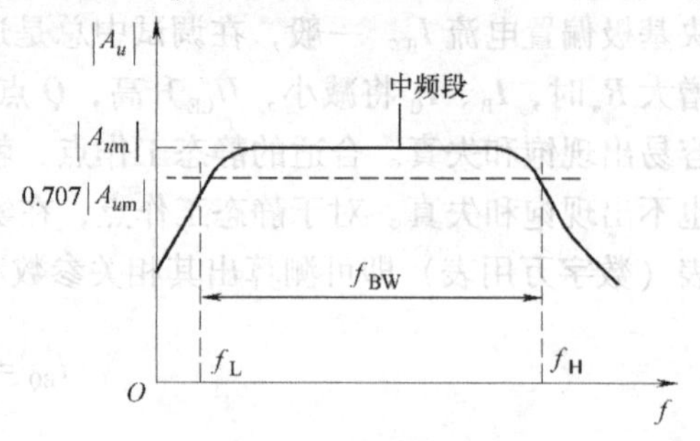

图 5-10 幅频特性曲线

5. 预习提示

1）如图 5-6 所示，假设 3VT 的 $\beta = 80$，$R_{B1} = 20\text{k}\Omega$，$R_{B2} = 60\text{k}\Omega$，$R_{C1} = 2.4\text{k}\Omega$，$R_L = 2.4\text{k}\Omega$。请在实验前计算放大器的静态工作点、电压放大倍数 A_u（负载开路）、输入电阻 r_i、输出电阻 r_o 的值。

2）建立晶体管放大电路非线性失真的感性认识，了解设置静态工作点对晶体管放大电路的影响。

3）测量静态工作点时，U_{CEQ}是放大电路中晶体管静态工作点的一个重要取值变量，由直流电源 U_{CC}产生，是直流量，测量时应在断开输入信号的前提下，用数字万用表的直流电压挡进行测量；测量 I_{BQ}和 I_{CQ}时，可采取间接测量的办法，通过测量电压去实现。

4）本实验过程注意如下：

①数字万用表、数字交流毫伏表和数字示波器是此项实验任务的主要测量仪器；数字万用表用于测量电阻和直流电压，数字交流毫伏表用于测量输入信号、输出信号的有效值（U_i、U_o），数字示波器用于观察放大器的输入、输出电压波形，并可测量输入、输出信号的最大值。在测量时应特别注意，将这些仪器的所有地线和被测电路的地线连接在一起，并形成系统的参考地电位，这样才能保证测量结果的正确性。

②在测量放大器的 U_i、U_o 时，应使用数字示波器监控电路的输入、输出信号，以保证输入、输出信号电压不失真。

5）在测量 A_u、r_i、r_o 时，要合理选择输入信号的大小和频率，一般 $f = 1 \sim 10\text{kHz}$，$U_i = 10 \sim 50\text{mV}$，其中，输入信号幅度不宜过大。

6）请注意 U_{CEQ}、U_i、U_{oPP}测量值有何区别，分别应采用什么仪器实现测量？

6. 实验步骤

（1）测量静态工作点

1）检查电路。首先用数字万用表判断所用器件的好坏，并用数字万用表检查电路连接导线是否通断。

2）加直流偏置电源。根据图5-6，先将模拟电路实验箱上的直流稳压电源的+12V接到实验电路的U_{CC}端，接地端（GND）连接到实验电路的公共地端。将钮子开关S闭合，并用数字万用表的直流电压挡（DC）测量工作电压（+12V），检查其是否已经加入电路中。

3）调节并测量晶体管的最佳静态工作点。置数字万用表于直流电压挡，测量晶体管的集电极（C）与发射极（E）两点电压，调节放大电路的可变上偏置电阻R_w（470kΩ）的电阻大小，使得$U_{CEQ}=\frac{1}{2}U_{CC}\approx 6V$（静态工作点处在交流负载线的中点上）。按表5-8的要求进行测量，即可得到静态工作点。

表5-8 静态工作点的测量

用万用表直流电压挡实测电压/V				电阻挡实测电阻/kΩ			用间接法计算电流及β值		
U_{CEQ}	U_{RB2}	U_{RB1}	U_{RC1}	R_{B2}	R_{B1}	R_{C1}	$I_B/\mu A$	I_C/mA	β
6V左右									

按表5-8要求测量电阻，必须断电（将+12V电源去除）并断开钮子开关S（需要在断电且断开回路的前提下，用数字万用表的电阻挡测量）方可进行，否则测量误差将很大。表5-8要求的电流测量用间接方法，即通过测量电压和电阻计算电流，其计算方法见本节实验原理中的公式。

（2）测量电路放大倍数（输出开路及$R_L=R_{C1}$）

测量放大电路的动态参数，一定要在保证u_o波形不失真的情况下进行。即在测量上述最佳静态工作点的基础上加入正弦波信号u_i（不接入R_s电阻），u_i来自函数信号发生器。调节函数信号发生器，使正弦波信号频率$f=10kHz$、输出衰减置为40dB（u_i有效值≈30mV），使放大器工作在中频状态。

用数字示波器监测放大电路输出u_o波形的变化。当R_w调到某一位置时（$U_{CEQ}\approx 6V$），若加大输入正弦波信号幅度能使输出u_o波形正负两半波同时出现失真，而减小输入正弦波信号幅度又能使输出正负两半波的失真同时消失，则说明此时的静态工作点已基本处于放大器交流负载线的中点，放大器的动态范围已趋向最大。保持最大动态范围下的R_w值不变，按表5-9中所给定的R_L，以及R_{C1}的不同数值，用数字示波器（Y轴输入耦合方式置于AC位置）同时观测u_i和u_o的波形（观测前，两波形的零电位线应重合），并比较输入输出相位（两者刚好反相）。在u_o波形不失真的条件下，用数字交流毫伏表分别测量有效值U_i及U_o（负载开路，$R_L=\infty$时的U_{oc}，接入负载$R_L=R_{C1}$时的U_{oL}）将上述测量填入表5-9中，即可计算得到电压放大倍数（输出开路及有负载，$R_L=R_{C1}$），并计算出A_u测量的相对误差。

表5-9 电压放大倍数的测量（用数字交流毫伏表测量电压）

输入信号U_i	R_L	输入电压测量/V	输出电压测量/V	电压放大倍数A_u
加入正弦交流信号$f=10kHz$，电压有效值为30mV左右	∞	$U_i=$	$U_{oc}=$	$A_{u\infty}=-U_{oc}/U_i=$
	2.4kΩ	$U_i=$	$U_{oL}=$	$A_u=-U_{oL}/U_i=$
$A_{u\infty}$相对误差	$A_{u\infty理}=?$，相对误差=?			

(3) 测量放大电路输入、输出电阻

按照上述实验步骤 (2) 的方法，在图 5-6 所示中，加入正弦波信号 u_s（接入 R_s 电阻），使得信号频率为 10kHz，U_s 有效值约为 60mV，测量数据记录于表 5-10 中。根据测量数据，代入本节实验原理中的公式，即可计算输入、输出电阻。

表 5-10 输入、输出电阻的测量

U_s/mV	U_i/mV	r_i/kΩ		U_o/mV（负载开路）	U_{oL}/mV（R_L = 2.4kΩ）	r_o/kΩ	
		测量值	理论计算值			测量值	理论计算值

(4) 完成图 5-6 所示放大电路的幅频特性曲线的测量

将函数信号发生器的输出衰减（ATT 键）置为 40dB，改变正弦波信号频率，保持输入信号 u_i 幅值（不接入 R_s 电阻，u_i 有效值为 30mV）不变，用数字交流毫伏表测量负载开路时下限频率 f_L、上限频率 f_H 及附近几点所对应的输出电压 U_o，完成幅频特性和通频带 BW 测量。结果记录于表 5-11 中。

表 5-11 幅频特性实验数据记录

f/Hz			(f_L)		1000		(f_H)		
U_o/V	$0.4U_o$	$0.6U_o$	$0.707U_o$	$0.8U_o$	U_o	$0.8U_o$	$0.707U_o$	$0.6U_o$	$0.4U_o$
保持 U_i 不变（30mV）									
A_u									

(5) 改变静态工作点，观察图 5-6 所示放大电路的两种失真现象

1）输出饱和失真波形。按图 5-6 连线，在放大器输入端加入频率为 10kHz 正弦波信号（不接入 R_s 电阻），输入信号 u_i 电压有效值为 30mV 左右，放大电路不接负载，调节电位器 R_w 接近最小，用数字万用表直流电压挡检测 $U_{CEQ} \leqslant 1V$，用示波器观察放大器输出电压 u_o 的波形，直至 u_o 的负半周产生较明显的失真为止。记下此时的波形，并测量晶体管集、射极两端的直流电压 U_{CE}。测量 R_w 时，需要在断电断开回路的情况下进行。

2）输出截止失真波形。将电位器 R_w 调至接近最大，测量晶体管集、射极两端的直流电压使得 $U_{CEQ} \geqslant 11V$，直至 u_o 的正半周产生较明显的失真为止，再测出此时的输出波形及 U_{CE}。将以上数据及波形记入表 5-12 中。

表 5-12 失真波形观测

	失　真	
R_w/kΩ	电阻较大时 R_w = ?	电阻较小时 R_{w1} = ?
U_{CEQ}/V	≥11	≤1
失真类型	截止失真，U_{CEQ} = ?	饱和失真，U_{CEQ} = ?
u_o 波形		

7. 报告要求

1）理论计算放大器的静态工作点、电压放大倍数、输入电阻、输出电阻之值。

2）列表整理测量结果并与理论计算值相比较，计算相对误差，分析产生误差的原因。

3）总结 R_C、R_L 及静态工作点对放大器电压放大倍数、输入电阻、输出电阻的影响。

4）根据测量结果，绘制幅频特性曲线。

8. 思考题

1）共发射极放大电路的电压放大倍数是否随负载的变化而变化，如何变化？

2）如何正确选择放大电路的静态工作点，调试中应注意什么？

3）无限增大电路负载电阻是否可无限增大 A_u，为什么？

4）负载电阻变化对放大电路的静态工作点有无影响？

5）如果图 5-6 中的电容 C_3 出现虚焊或断开现象，对电路的电压放大倍数有影响吗？

6）放大电路的静态与动态测量有何区别？

7）在保证输出电压不失真的情况下，静态工作点的变化对放大电路的动态参数有无影响？为什么？

8）图 5-6 所示电路中，R_w 支路为何要串接一个固定电阻？如果不串接这个固定电阻会出现什么现象？

5.3 两级阻容耦合放大电路

1. 实验目的

1）学习两级阻容耦合放大电路静态工作点的调整方法。

2）学习两级阻容耦合放大电路电压放大倍数的测量方法。

3）进一步熟悉放大电路频率特性的测量方法。

4）了解负反馈对放大电路性能指标的改善。

5）掌握负反馈放大电路性能指标的调试方法。

2. 实验任务

（1）基本实验

通过实验观察多级放大电路前后级的关系及其相互影响，测量不带负反馈的放大电路的参数。

1）测量两级放大电路的静态工作点。

2）测量两级放大电路的电压放大倍数 A_u、输入电阻 r_i、输出电阻 r_o，并观察输出电压不失真时的输入、输出电压信号波形。

3）测量两级阻容耦合放大电路频率特性的下限频率 f_L 和上限频率 f_H，算出通频带 BW。

（2）扩展实验

研究负反馈对放大电路性能的影响。

1）通过实验，测量带有负反馈时两级放大电路的电压放大倍数 A_{uf}、输入电阻 r_{if} 和输出电阻 r_{of}，观察负反馈对放大倍数的影响，得出实验结论。

2）测量带有负反馈时放大器的上限截止频率 f_{Hf} 和下限截止频率 f_{Lf}，并与不带负反馈的放大电路频率特性进行比较，得出实验结论。

3）研究负反馈对非线性失真的改善作用。

3. 实验设备

模拟电路实验箱 1 套；

数字示波器 1 台；

函数信号发生器 1 台；

数字交流毫伏表 1 台；

数字万用表 1 块。

4. 实验原理

（1）测量电路

两级阻容耦合放大电路如图 5-11 所示。

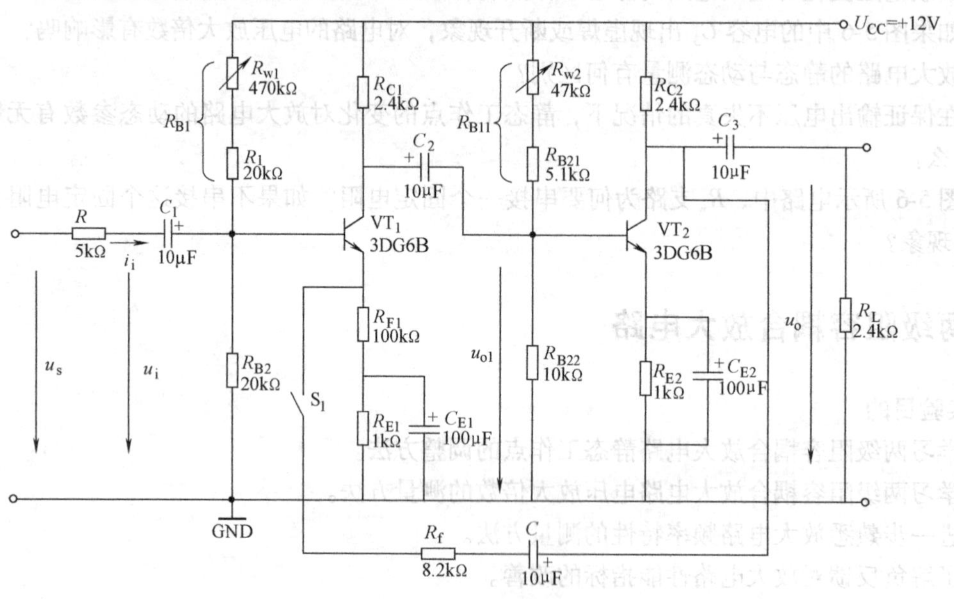

图 5-11 两级阻容耦合放大电路

（2）测量电路原理

阻容耦合放大电路实际上是通过电容和后级的输入电阻（或负载）实现前后级的耦合，所以称为阻容耦合。图 5-11 所示是两级放大电路，可把它分为四部分：信号源、第一级放大电路、第二级放大电路和负载。信号通过电容 C_1 与第一级输入电阻相连，第二级通过 C_3 与负载 R_L 相连。

1）多级放大电路前后级之间的关系。后级的输入电阻是前级的负载电阻；前级相当于后级的信号源。

2）多级放大电路的放大倍数。多级放大电路的放大倍数是各级放大倍数的乘积。

3）多级放大电路的频率特性。当放大电路工作在低频区和高频区时，放大倍数会下降。低频区的频率特性和下限频率是由放大电路中的耦合电容和射极旁路电容引起的；高频区的频率特性和上限频率是由晶体管的极间电容和电路的分布电容引起的。

4）负反馈的基本形式。负反馈的形式很多，但就其基本形式来说可分四种：①电压串联负反馈；②电压并联负反馈；③电流串联负反馈；④电流并联负反馈。

在分析放大电路中的反馈时，主要应抓住三个基本要素：

第一，反馈信号的极性。如果反馈信号是与输入信号反相的就是负反馈；反之则是正反馈。

第二，反馈信号与输出信号的关系。如果反馈信号正比于输出电压，就是电压反馈；如果反馈信号正比于输出电流，就是电流反馈。

第三，反馈信号与输入信号的关系。从反馈电路的输入端看，反馈信号（电压或电流）与输入信号并联接入称为并联反馈；串联接入称为串联反馈。

5）负反馈对放大电路性能的影响。负反馈能有效地改善放大电路的性能，主要体现在输入电阻、输出电阻、频带宽度、非线性失真、稳定性等方面。但是放大电路性能的改善是以降低其增益为代价的，因而在应用负反馈时，必须考虑到电路性能改善的同时会引起电路增益的减小。

6）负反馈引起放大电路动态参数指标的变化。实验电路如图5-11所示，它是两级阻容耦合放大电路，并引入了电压串联负反馈。从图中可以看出，反馈网络由 R_f 和 R_{F1} 构成，它并联在基本放大电路的输出端，以便对输出电压 u_o 取样；在输入端，R_{F1} 上的反馈信号 u_f 与输入信号 u_i 是串联比较关系，其反馈网络的反馈系数为

$$F_u=\frac{U_f}{U_o}=\frac{R_{F1}}{R_f+R_{F1}}$$

可见，R_{F1} 越大、R_f 越小，反馈的作用越强。

①负反馈使电压放大倍数下降：电压串联负反馈放大电路的基本方程式为

$$A_{uf}=\frac{A_u}{1+A_uF_u}$$

式中，A_u 为基本放大电路（即无反馈）的电压放大倍数；A_{uf} 为加入负反馈时放大电路的电压放大倍数；$1+A_uF_u$ 为反馈深度，它的大小决定了引入负反馈后放大电路性能的改善程度。

②串联负反馈使放大电路的输入电阻 r_{if} 增加：加入串联负反馈后，放大电路的输入电阻为

$$r_{if}=r_i(1+A_uF_u)$$

式中，r_i 为基本放大电路的输入电阻。

必须指出，上式中的 r_i 和 r_{if} 均不应包括第一级放大电路的偏置电阻 R_{B1} 与 R_{B2} 并联的值，但在实验中测得的输入电阻均包括有 $R_{B1}/\!/R_{B2}$ 的影响，故计算时应根据实测值扣除其并联影响。

③电压负反馈使放大电路的输出电阻 r_{of} 降低：加入电压负反馈后，放大电路的输出电阻为

$$r_{of}=\frac{r_o}{1+A_{uo}F_u}$$

式中，r_o 为基本放大电路的输出电阻；A_{uo} 是基本放大电路在负载 R_L 开路时的电压放大倍数。

5. 实验步骤

（1）静态工作点的调节

1）调节 R_{w1}，使 U_{CEQ1} 约为6V；调节 R_{w2}，使 U_{CEQ2} 为6~7V。

2）从函数信号发生器输出 U_i 频率为1kHz、幅度5mV左右的正弦波（以保证两级放大电路的输出波形不失真为准）。用数字示波器分别观察第一级和第二级放大电路的输出波

形，若波形有失真，也可少许调节 R_{w1} 和 R_{w2}，直到使两级放大电路输出信号波形都不失真为止。

3）断开输入信号，用数字万用表测量晶体管 VT_1 与 VT_2 的各极电压，将数据记入表 5-13 中。

表 5-13 静态工作点的测量

用数字万用表直流电压挡实测电压/V				电阻挡实测电阻/kΩ			用间接法计算电流及 β 值		
U_{CEQ1}	U_{RB2}	U_{RB1}	U_{RC1}	R_{B2}	R_{B1}	R_{C1}	$I_{B1}/\mu A$	I_{C1}/mA	β_1
6V 左右									
U_{CEQ2}	U_{RB11}	U_{RB22}	U_{RC2}	R_{B11}	R_{B22}	R_{C2}	$I_{B2}/\mu A$	I_{C2}/mA	β_2
6V 左右									

按表 5-13 中的要求测量电阻，必须断电（将 +12V 电源去除）、断开钮子开关 S（需要在断电且断回路的前提下，用数字万用表的电阻挡测量）方可进行。表 5-13 中要求的电流测量可用间接方法（通过测量电压和电阻计算电流），其中

$$I_{BQ1}=\frac{U_{RB1}}{R_{B1}}-\frac{U_{RB2}}{R_{B2}},\ I_{CQ1}=\frac{U_{RC1}}{R_{C1}},\ \beta_1=I_{CQ1}/I_{BQ1}$$

$$I_{BQ2}=\frac{U_{RB11}}{R_{B11}}-\frac{U_{RB22}}{R_{B22}},\ I_{CQ2}=\frac{U_{RC2}}{R_{C2}},\ \beta_2=I_{CQ2}/I_{BQ2}$$

（2）测量不加负反馈的放大电路的电压放大倍数（输出开路及负载 $R_L=R_{C1}$）

当输入信号 $U_i=4mV$、$f=1kHz$ 时，用数字示波器观察各输出信号的波形，在波形不失真的情况下，用数字交流毫伏表测出表 5-14 中的参数，计算出各级放大电路的电压放大倍数和总的电压放大倍数。测量结果填入表 5-14 中。

表 5-14 电压放大倍数的测量

	测量输入与输出电压			计算电压放大倍数		
	U_i/mV	U_{o1}/V	U_o/V	$A_{u1}=U_{o1}/U_i$	$A_{u2}=U_o/U_{o1}$	$A_u=U_o/U_i$
$R_L=\infty$						
$R_L=2.4k\Omega$						

（3）测量不加负反馈的放大电路的输入电阻 r_i、输出电阻 r_o

测量步骤省略。

（4）测量不加负反馈的放大电路的幅频特性

1）在放大电路输入端送入正弦信号，输出负载开路，用数字示波器观察输出电压波形。在输出电压波形不失真的情况下，保持输入电压不变，改变信号频率，观察输出电压幅度随频率变化的情况，初步估计频率变化范围和输出电压幅度随频率改变急剧变化的频率点，确定所需测量的频率点。特性平直部分可以少测几个点，特性弯曲部分拐点处应多测几个点。然后进行逐点测量。

2）测量中频输出电压 U_{omax}。输出端接数字交流毫伏表，保持输入信号不变，然后改变信号的频率。当频率为 $f_0=10kHz$ 时，输出电压为最大值 U_{omax}，记录此时的 U_i、U_{omax} 和 f_0（中频频率），计算中频区电压放大倍数 $A_{uo}=U_{omax}/U_i$。

3）测量放大电路的通频带 BW。保持输入电压 U_i 不变，减小或增加频率，当输出电压 $U_o=U_{omax}/\sqrt{2}$时，记录此时的频率 f_L 和 f_H，即为放大电路的下限频率和上限频率。放大电路的通频带为 $BW=f_H-f_L$。

4）测量放大电路的幅频特性。保持输入电压不变，根据选定的频率点改变信号的频率，测出各个频率点所对应的输出电压 U_o 的值，记入表 5-15 中。

表 5-15 放大电路幅频特性的测量

f/Hz														
U_o/mV														
A_u														
A_u/A_{uo}														

（5）观察负反馈对放大倍数的影响。

1）在两级阻容耦合放大电路的基础上，加接一个反馈电阻 R_f，如图 5-11 所示，闭合开关 S_1，构成电压串联负反馈电路。

2）重做两级阻容耦合放大电路的全部实验内容，得出实验结论。

6. 报告要求

1）整理实验数据，列表比较实验结果和理论估算值，分析误差原因。

2）画出幅频特性曲线。

7. 思考题

1）测量放大电路的输入、输出电阻时应注意什么？

2）放大电路在高频信号作用时，放大倍数会下降，原因是什么？而低频信号作用时，放大倍数下降的原因是什么？

3）图 5-11 中，R_{E1} 对放大电路的动态性能有无影响？为什么？

5.4 运算放大器的线性应用 1

1. 实验目的

1）深入理解集成运算放大器工作于线性区的条件与特点。

2）掌握用运算放大器设计实现比例、加减运算等电路的基本方法。

2. 实验任务

（1）基本实验

1）判断运算放大器工作是否正常，得出实验结论。

2）根据模拟电路实验箱上的元器件，设计一个实现同相比例 $u_o=3u_i$ 的运算电路，并要求：

①采用带有“调零”功能的运算放大器，对该电路进行调零。

②自行设计表格，测量输入、输出电压，求出电路的传输特性曲线。

3）根据模拟电路实验箱上的元器件，设计一个实现反相比例 $u_o=-4u_i$ 的运算电路。自行设计表格完成相应测量。

4）根据模拟电路实验箱上的元器件，设计用单个运算放大器实现反相加法器的运算电路 $u_o = -(2u_{i1} + 3u_{i2})$，自行设计表格完成相应测量。

5）根据模拟电路实验箱上的元器件，设计用单个运算放大器实现减法器的 $u_o = 2u_{i1} - 5u_{i2}$ 的运算电路，自行设计表格完成相应测量。

（2）扩展实验

要求输入信号 $u_i = \sin\omega t\text{V}$，自行设计电路，实现输出信号 $u_o =(2-2\sin\omega t)$ V。其输入、输出波形如图 5-12 所示。

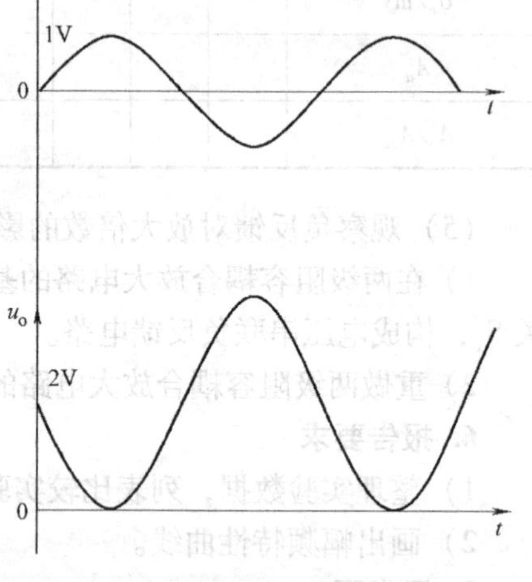

图 5-12 输入、输出波形

3. 实验设备

模拟电路实验箱 1 套；

数字示波器 1 台；

函数信号发生器 1 台；

数字交流毫伏表 1 台；

数字万用表 1 块；

uA741、LM324 运算放大器若干。

4. 实验原理

集成运算放大器通常都具有极高的差模电压增益，欲使其稳定工作于线性状态下，必须加入深度负反馈，否则它必将工作于非线性状态。

（2）反相比例运算电路

图 5-13a 所示是在集成运算放大器中引入了电压负反馈的反相比例运算电路，图 5-13b 则是其理想化后的闭环电压传输特性。由此可见，假设闭环电压放大倍数 $A_{uf} = 2$，输入电压 u_i 不超出 $-5 \sim +5$V 的范围，则运算放大器将稳定工作于线性区内。当 u_i 超出线性范围时，集成运算放大器将进入饱和状态，输出保持为最大值不变（其大小决定于电源电压）。对于这一点，有时容易忽视甚至误解，以为在集成运算放大器中加入负反馈后，其输出就会随输入而无限增加，这是必须加以注意的。

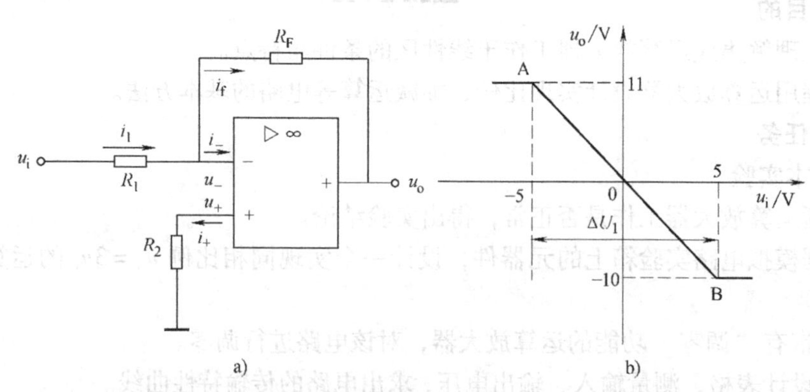

图 5-13 反相比例运算电路

a）引入电压负反馈电路的集成运算放大器 b）闭环电压传输特性

对于理想运算放大器，当它工作于线性状态时具有两个十分突出的特点；其一，是“虚断”，即 $i_+ \approx i_- = 0$；其二，是“虚短”，即 $u_+ \approx u_-$（在反相输入同相接地电路中，因 $u_+ = 0$，故“虚短”又可引伸为“虚地”）。不管电路结构形式如何复杂，均可根据这两个特点推导出输出与输入之间的函数关系。例如在图 5-13a 中，由于 $i_+ \approx i_- = 0$，$u_+ = 0$，故它的输出电压与输入电压之间的关系为

$$i_1 \approx i_f,\ u_+ \approx u_- = 0$$

$$i_1 = \frac{u_i - u_-}{R_1} = \frac{u_i}{R_1},\ i_f = \frac{u_- - u_o}{R_F} = -\frac{u_o}{R_F},\ A_{uf} = \frac{u_o}{u_i} = -\frac{R_F}{R_1}$$

由此得出

$$u_o = -\frac{R_F}{R_1} u_i$$

$$A_{uf} = \frac{u_o}{u_i} = -\frac{R_F}{R_1}$$

图 5-13a 中 R_2 是平衡电阻，其作用是保持运算放大器输入级电路的对称性，其阻值等于反相输入端对地的等效电阻，即

$$R_2 = R_1 /\!/ R_F$$

（2）同相比例运算电路

同相比例运算电路如图 5-14 所示，它的输出电压与输入电压之间的关系为

$$u_o = \left(1 + \frac{R_F}{R_1}\right) u_i$$

平衡电阻取值为

$$R_2 = R_1 /\!/ R_F$$

（3）反相加法运算电路

反相加法运算电路电路如图 5-15 所示，它的输出电压与输入电压之间的关系为

$$u_o = -\left(\frac{R_F}{R_1} u_{i1} + \frac{R_F}{R_2} u_{i2}\right)$$

平衡电阻取值

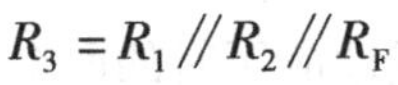

$$R_3 = R_1 /\!/ R_2 /\!/ R_F$$

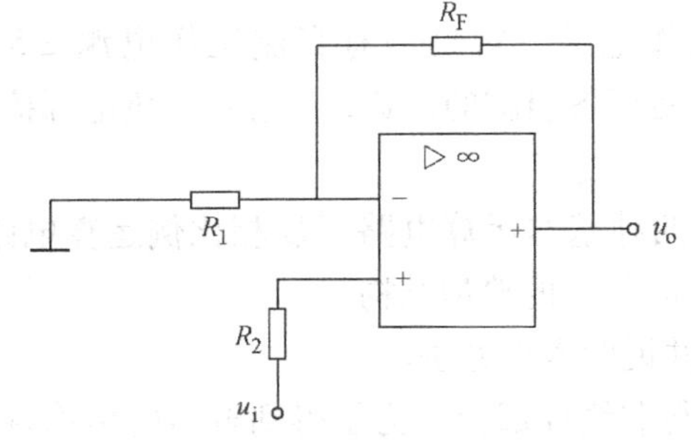

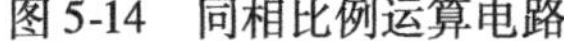

图 5-14 同相比例运算电路

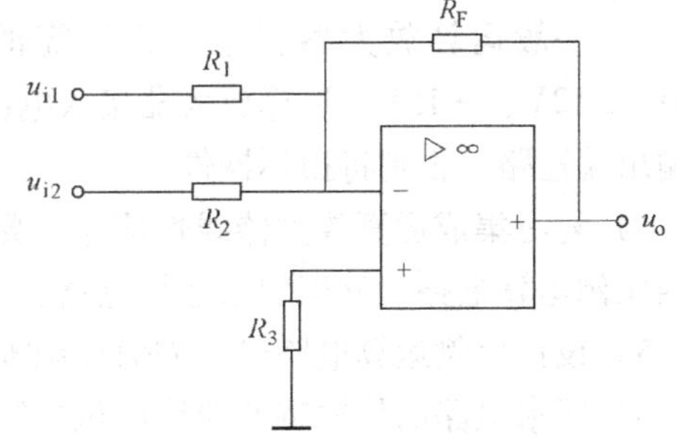

图 5-15 反相加法运算电路

（4）减法运算电路（差动放大器）

减法运算电路如图 5-16 所示，它的输出电压与输入电压之间的关系为

$$u_o = \left(1 + \frac{R_F}{R_1}\right)\frac{R_3}{R_2 + R_3}u_{i2} - \frac{R_F}{R_1}u_{i1}$$

实际运算放大器与理想运算放大器之间总存在一定的差异，故在实际使用中常采用一些措施，以减小它的误差，提高其运算精度。首先，经常采用的一个措施是加入平衡电阻 R，以保证实际运算放大器的反相与同相输入端对地的等效电阻相等，从而使其处于对称与平衡工作状态，减小由输入偏置电流引入的误差；其次，是调零，由于输入失调的存在，运算放大器在输入为零时输出并不为零，因此除具有自动稳零功能的运算放大器外，一般均需外接调零电路，当运算放大器设有专用的调零端子时，可由外部接入调零电位器进行调零，如图5-17 所示；再有，是防自激，运算放大器在使用中有时会产生自激，此时即使 $u_i=0$，也会产生一定的交流输出、使运算放大器无法正常工作，消除自激的办法是在电源端加接去耦电容或增设电源滤波电路，同时应尽可能减小线路、元器件间的分布电容，对于具有补偿引脚的集成运算放大器器件，还可接入适当的补偿电容。

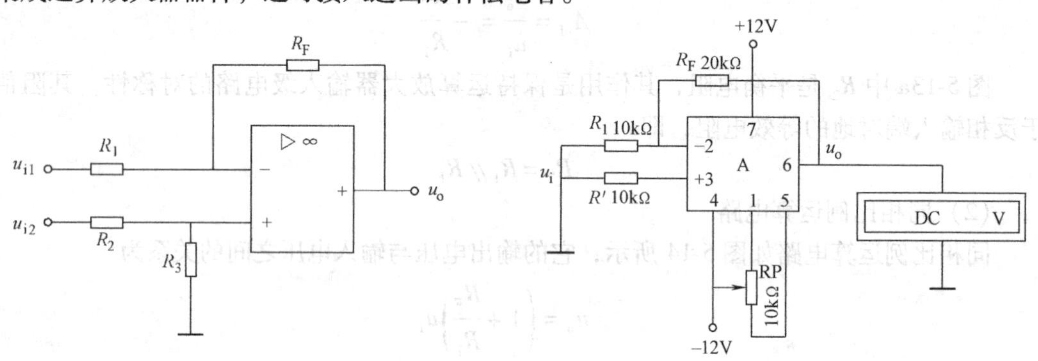

图 5-16 减法运算电路　　　　图 5-17 运算放大器调零电路

5. 预习提示

1）使用运算放大器时，必须接 ±12V 直流工作电源。因此本实验进行时，模拟电路实验箱的电源 ±12V 开关必须打开，给集成运算放大器加入直流工作电压。并且 ±5V 直流工作电源开关也需打开，用以提供直流信号电压。

2）复习掌握理想运算放大器在线性应用时的两个重要特点（虚断、虚短）。

3）一般运算放大器正常工作所需的是双工作电源，常见的有直流工作电源 ±5V、±9V、±12V、±15V。运算放大器接入电源时，要看清各引脚的位置，切忌正、负电源接反和输出端短路，否则将损坏器件。

4）复习集成运算放大器线性应用，熟悉掌握四种基本运算电路（反相比例运算电路、同相比例运算电路、反相加法运算电路、减法运算电路）的典型结构。

5）设计比例运算电路时，如何加调零电路，并说明实现方法。

6）所求电路的传输特性曲线应包括线性部分与非线性部分。为了得到电路的传输特性曲线的非线性部分，在实验过程中应注意什么？

7）查找 uA741 运算放大器引脚排列，并画出。

8）充分理解运算放大器输出电压的饱和极限。运算放大器可以放大直流信号，并可获得正、负两种极性的输出电压。但由于其工作电源的电压取值有限，输出电压不可能无限地增加。例如 uA741 运算放大器，其工作电源 ±12V，则输出电压的上限值为 11V 左右，下限值为 -10V 左右。

9）在实验室里使用运算放大器时，必须判定该器件是否正常。

10）在实现本节扩展实验的实验任务时，由于实现信号的直流电平移位，因此输出电压中含有直流分量，所以示波器输入耦合必须置 DC 挡。

6. 实验步骤

（1）在模拟电路实验箱上使用运算放大器前，必须判断所用运算放大器工作是否正常

要判断运算放大器的好坏，可利用运算放大器比较器特性。其步骤如下：如图 5-18 所示，将运算放大器接成过零电压比较器，当开关 S 接至 +5V 电压时，即 $u_+ < u_-$ 时，测试输出电压 u_o 应为 -10V 左右；将开关 S 接至 -5V 电压时，即 $u_+ > u_-$ 时，测试输出电压 u_o 应为 +11V 左右；这表明运算放大器是好的。反之，运算放大器已损坏。用数字万用表将测量数据记录于表 5-16 中，得出运算放大器工作是否正常结论。

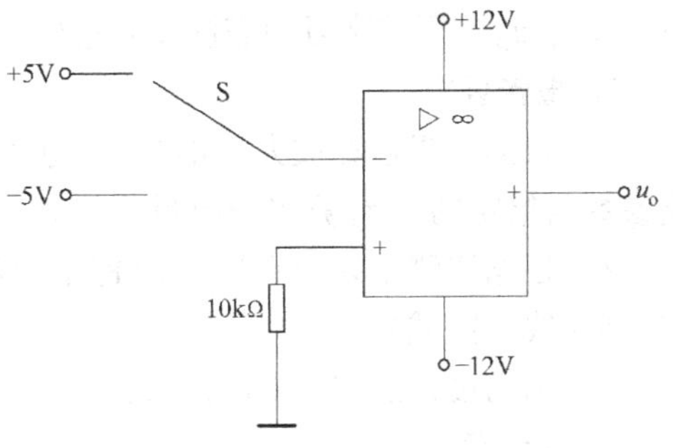

图 5-18　判断运算放大器器件好坏的实验电路

表 5-16　运算放大器好坏判断的测量

u_i/V	u_o/V
+5V	
-5V	

（2）同相比例运算电路的实现（$u_o = 3u_i$）

1）设计调零电路，并说明实现方法和简要步骤。

2）设计电路原理图。根据模拟电路实验箱，选择电阻参数。加入不同的直流信号电压 u_i 至同相输入端，用数字万用表分别测出输入端 u_i、输出端 u_o 对地电压，记入表 5-17 中。

表 5-17　同相比例运算电路测量（R_1 =　　kΩ，R =　　kΩ，R_F =　　kΩ）

u_i/V	-4.0	拐点	-3.0	-2.0	-1.0	-0.5	0	+0.5	+1.0	+2.0	+3.0	拐点	+4.0
u_+/V													
u_-/V													
u_o/V（实测）													
$u_{o理想}$（计算）													
误差（计算）													

3）画出该电路的传输特性曲线。用方格纸绘制同相比例放大器的闭环电压传输特性曲线（包括线性区和饱和区），并标明关键点的电压值。

（3）设计一个实现反相比例运算电路（$u_o = -4u_i$）

设计电路原理图。根据模拟电路实验箱，选择电阻参数。用数字万用表测出相应输入、输出电压及虚地点电压，填入自行设计的表格中。求出电路的传输特性曲线。

（4）设计实现一个反相加法运算电路［$u_o=-(2u_{i1}+3u_{i2})$］

设计电路原理图。根据模拟电路实验箱，选择电阻参数。同时加入两路不同的直流信号电压 u_{i1}、u_{i2}，用数字万用表测出相应输入、输出电压，填入自行设计的表格中。

（5）设计实现一个减法运算电路（$u_o=2u_{i1}-5u_{i2}$）

设计电路原理图。根据模拟电路实验箱，选择电阻参数。同时加入两路不同的直流信号电压 u_{i1}、u_{i2}，用数字万用表测出相应输入、输出电压，填入自行设计的表格中。

7. 报告要求

1）根据理想运算放大器推导出实验电路中输入与输出的函数关系式，并根据选定的电路参数与给定的 u_i 计算出输出量 u_o，再与实测结果比较，说明产生误差的原因。

2）根据实测结果，在同一座标纸上绘出反相与同相比例放大器的电压传输特性曲线（包括非线性区域）。

3）画出设计的实验电路原理图，并标明各电阻取值。

8. 思考题

1）如何减少由于实际运算放大器的非理想性而产生的误差？分析并讨论实验中产生误差的原因。

2）试说明反相、同相比例运算电路的平衡电阻作用？如何取值？

3）试说明图 5-13 中的虚地点是哪一点？

4）在图 5-14，输入端接地后，用电压表测量出电压 u_o 等于电源电压值，你能说明电路发生了什么问题？

5）在图 5-15 中，请画出调零电位器的接线图，并说明实现调零的步骤。

6）试分别说明反相、同相比例运算电路在线性区 u_+ 与 u_- 的数值为多少？

7）运算放大器在调零时，为什么要接成闭环？把反馈电阻 R_F 开路调零行不行？

8）图 5-15 的电路，$R_1=R_2=R_F=10\text{k}\Omega$ 时，如果 $u_{i2}=-1\text{V}$，当考虑运算放大器的最大输出幅度（不超过 ±12V）时，u_{i1} 的输入电压范围为多少？

5.5 运算放大器的线性应用 2

1. 实验目的

1）掌握用两个以上集成运算放大器设计实现一个加减混合运算的电路。

2）掌握用集成运算放大器设计实现一个实用的微分运算电路。

3）掌握用集成运算放大器设计一个实用的积分运算电路。

2. 实验任务

（1）基本实验

1）根据模拟电路实验箱上的元器件，设计一个实现 $u_o=2u_{i1}+3u_{i3}-5u_{i2}$ 的运算电路，要求至少使用两个或以上的运算放大器。

2）实现完成一个微分运算电路。要求输入信号是频率为 1kHz、电压幅值（峰值）为 0.2V、占空比为 50% 的方波，得到输出信号是正负尖脉冲的波形。用示波器观察 u_i 和 u_o 波形，并标出 u_i、u_o 幅值及周期。

3）实现完成积分运算电路。要求输入信号是频率为 1kHz、电压幅值（峰值）为 0.2V、占空比为 50% 的正方波。用示波器观察测量 u_i、u_o 波形，并标出其周期、幅值。

4）根据模拟电路实验箱上的元器件，设计实现用一个正弦波信号源［要求输入信号频率为 1kHz、电压幅值（峰值）为 5V］，能产生两个相位差为 90°的方波信号的电路。

（2）扩展实验

设计积分运算电路，实现输出如图 5-19 所示三角波波形。设输入信号频率为 1kHz、峰峰值为 2V 的对称方波，电容 C 取 0.01μF，请考虑如何选择积分电阻 R 的大小，使输出波形如图 5-19a、b 所示。

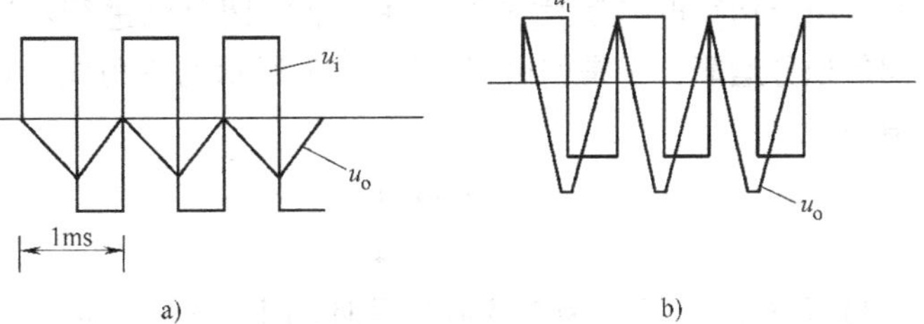

图 5-19　两种积分电路输入输出波形

3. 实验设备

模拟电路实验箱 1 套；

数字示波器 1 台；

函数信号发生器 1 台；

数字交流毫伏表 1 台；

数字万用表 1 块；

uA741、LM324 运算放大器若干。

4. 实验原理

（1）积分运算电路

用电容 C 取代反相比例运算电路中的反馈电阻 R_F 便构成积分运算电路，如图 5-20 所示。输入电压 u_i 通过电阻 R_1 接到集成运算放大器 的反相输入端，在输出端与反相输入端之间通过 C 引回一个深度负反馈，为了保持集成运算放大器两个输入端对地电阻的平衡，在同相输入端与地之间接有 $R_1=R_2$。这就是反相输入方式的基本积分运算电路。

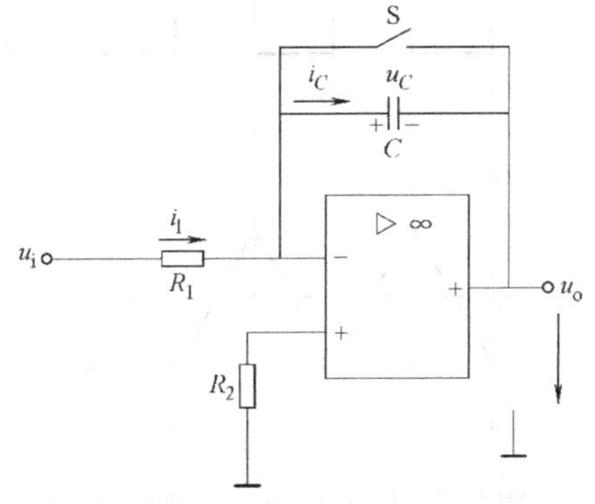

图 5-20　基本积分运算电路

电容 C 两端电压 u_C 与电容器极板的电量 q 及充电电流 i_C 的关系为

$$u_C=\frac{q}{C}=\frac{1}{C}\int_0^t i_C\mathrm{d}t$$

由于反相输入端“虚地”，则 $u_o=-u_C$，另外由于输入回路中流入 R_1 的电流为 $i_1=\frac{u_i}{R_1}$，而理想运算放大器反相输入端电流 $i_-=0$，则

$$i_1=i_C=\frac{u_i}{R_1}$$

$$u_o=-u_C=-\frac{1}{C}\int_0^t i_C\mathrm{d}t=-\frac{1}{R_1C}\int_0^t u_i\mathrm{d}t$$

令 $\tau=R_1C$ 为积分常数。

1）当输入电压 u_i 是幅值为 $-E$ 的阶跃信号［假设 $u_C(0)=0$］时，有

$$u_o=-u_C==-\frac{1}{R_1C}\int_0^t -E\mathrm{d}t=\frac{E}{R_1C}t=\frac{E}{\tau}t$$

即输出电压 u_C 是随时间增长而线性上升，上升的速度与电压幅度 E 成正比，与 τ 成反比。其输入阶跃信号的输出响应波形如图 5-21 所示。显然 τ 的数值越大，达到给定的 u_o 值所需的时间就越长。但 u_o 不可能无限地增长，由于受集成运算放大器最大输出电压 U_{omax} 的限制，故当向正向或负向增长，最大值达到 $\pm U_{omax}$ 时，即达到饱和后，不再继续增长。

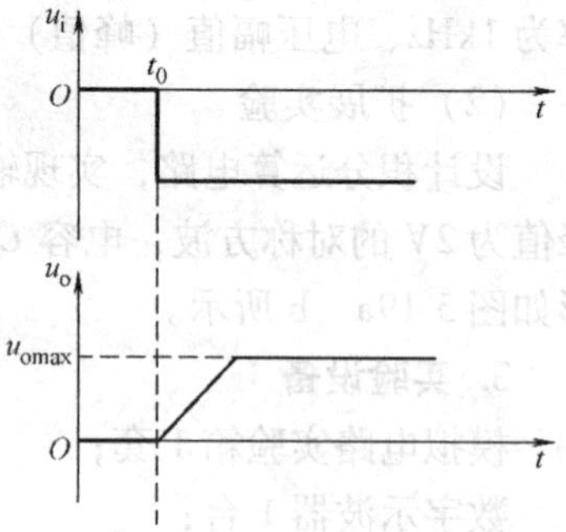

图 5-21 输入阶跃信号的输出响应波形

2）当输入电压 u_i 为一个占空比、正负幅值相等的方波时，积分运算电路就对方波的每半个周期分别进行不同方向的积分运算，于是就可得到图 5-22 所示的三角波，峰峰值为

$$U_{oPP}=\frac{U_{iPP}}{R_1C}\frac{T}{4}$$

3）当输入电压 u_i 为正弦波信号时，因 $u_i=U_m\sin\omega t$，故

$$u_o=-\frac{1}{R_1C}\int_0^t u_i\mathrm{d}t=\frac{U_m}{\omega R_1C}(\cos\omega t-1)$$

即输出响应波形为一个超前于输入电压 90°的正弦波，如图 5-23 所示。

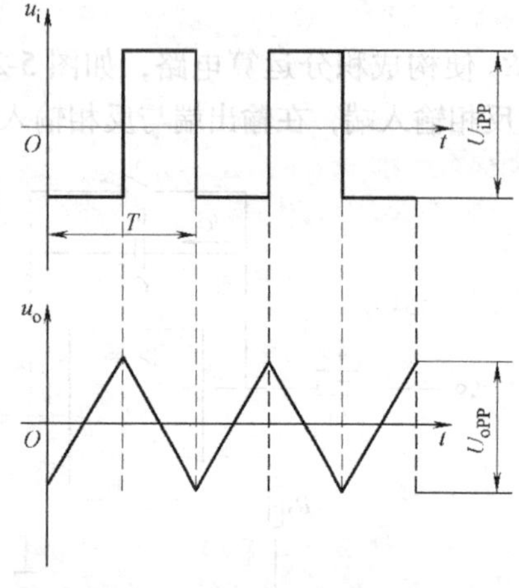

图 5-22 输入方波信号的输出响应波形

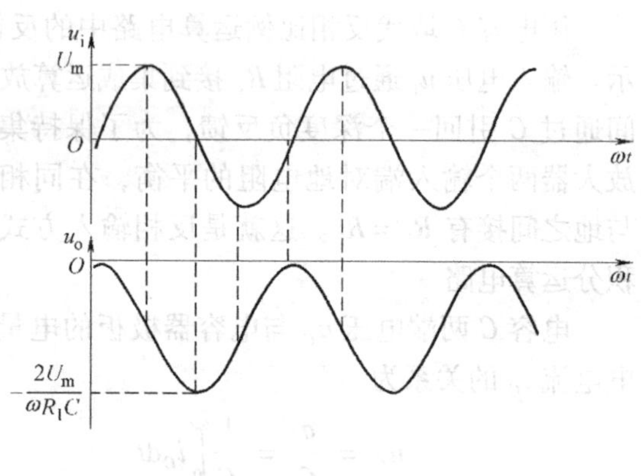

图 5-23 输入正弦波信号的输出响应波形

（2）微分运算电路

将基本积分运算电路中输入回路电阻 R 与反馈回路电容 C 交换一下位置，就组成了基本微分运算电路，如图 5-24 所示。

图 5-24 中，输出电压与输入电压成如下微分关系：

$$u_o=-i_fR_f=-i_CR_f=-R_fC\frac{\mathrm{d}u_C}{\mathrm{d}t}=-\tau\frac{\mathrm{d}u_i}{\mathrm{d}t}\qquad(\tau=R_fC)$$

1）当输入信号 u_i 是一个阶跃信号时，由于输出电压为输入电压的微分，因此输出信号将是两个尖脉冲。考虑到信号源内阻，尖脉冲为一有限值，所以随着电容 C 的充电，输出电压 u_o 将逐渐衰减，最后趋于零。通过微分电路可以把输入信号的变量突出出来，因此微分电路可以作为波形变换电路。输入阶跃信号的输出响应波形如图 5-25 所示。

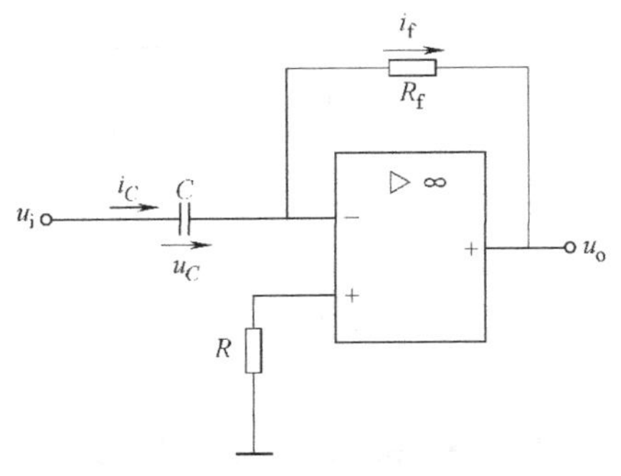

图 5-24　基本微分运算电路

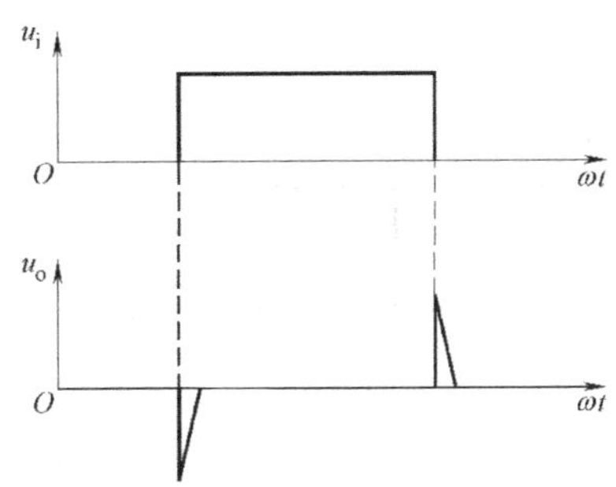

图 5-25　输入阶跃信号的输出响应波形

2）当输入信号 u_i 是一个正弦波信号时，因为 $u_i = U_m \sin\omega t$，所以

$$u_o = -R_f C \frac{du_i}{dt} = -U_m R_f C\omega \cos\omega t$$

故输出波形滞后输入波形 90°。因此，微分电路也可作为移相电路。

5. 预习提示

1）运算放大器是有源器件，是一种用途十分广泛的电子器件。

2）积分运算电路是比较难以调试的实际电路。根据电路结构，输入信号 u_i 必须是幅度正负交替的矩形波，且 u_i 高电平幅度与其时间的乘积必须等于 u_i 低电平幅度与其时间的乘积，使积分电容的充、放电电压幅度相等，才能输出稳定的三角波。

3）充分理解理想的微分运算电路典型结构与实际的微分运算电路有何不同。

4）LM324 运算放大器可以采用单电源供电和正、负电源供电两种方式。

6. 实验步骤

在使用 uA741 运算放大器时，必须检测其好坏，检测方法参见本章 5.4 节的实验步骤（1）。

（1）设计一个实现 $u_o = 2u_{i1} + 3u_{i3} - 5u_{i2}$ 的运算电路

自行设计电路原理图及数据表格。

（2）实现完成一个微分运算电路

按照图 5-26 所示接线，构成微分电路。输入方波信号，如图 5-27 所示，加至微分电路的输入端，用示波器观察 u_i 和 u_o 波形，记录于自行设计的表格中，并标出 u_i 和 u_o 幅度、周期。

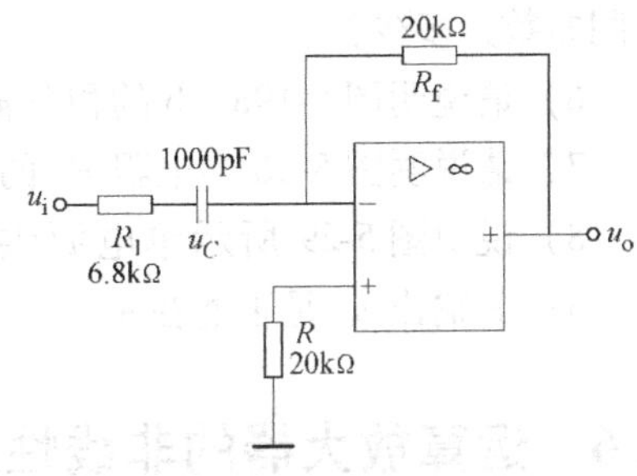

图 5-26　微分运算电路实验电路

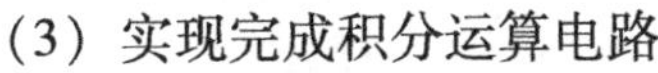
（3）实现完成积分运算电路

如图 5-28 所示接线，构成积分电路。将输入方波信号（见图 5-27）加至积分电路的输入端，用示波器观察 u_i 和 u_o 波形，记录于自行设计的表格中，并标出 u_i 和 u_o 幅度、周期。

7. 报告要求

1）画出各实验电路，并明确标注各参数值。对积分运算电路用波形图展现其输出对输入的积分关系；对微分运算电路用波形图展现其输出对输入的微分关系。

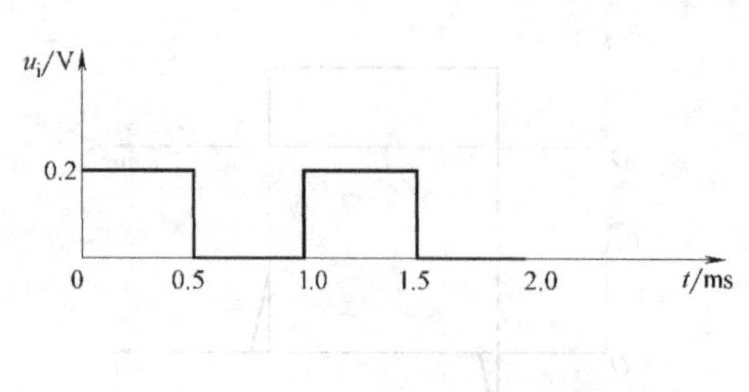

图 5-27 输入方波信号

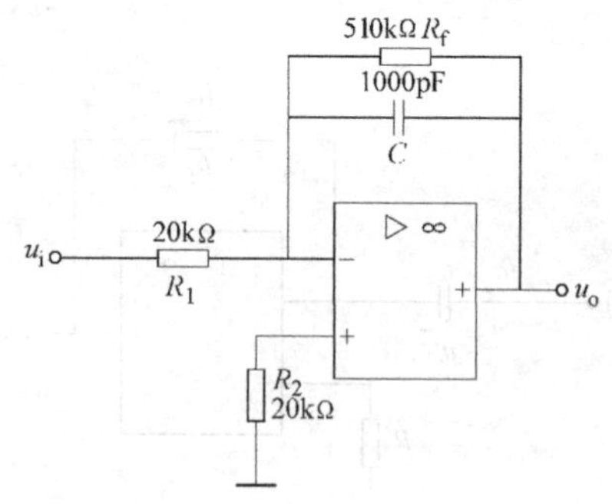

图 5-28 积分运算电路实验电路

2）说明积分电路输出波形的产生差异的原因？

8. 思考题

1）试分析实际的积分运算电路的输出波形为什么会出现一条直线或消顶的三角波？如何解决？

2）在实验中，观察积分运算电路输出波形时，数字示波器 Y 轴输出是放在交流耦合位置还是放在直流耦合位置？

3）实现微分运算电路的另一种电路是什么？它有什么条件？

4）在图 5-28 所示反相比例运算电路（积分器）中，为什么要在负反馈支路上并联一个大电阻 R_f？输入信号的频率与此电阻有无关系？

5）如何改变积分运算电路的积分时间常数？图 5-28 中的积分时间常数为多少？

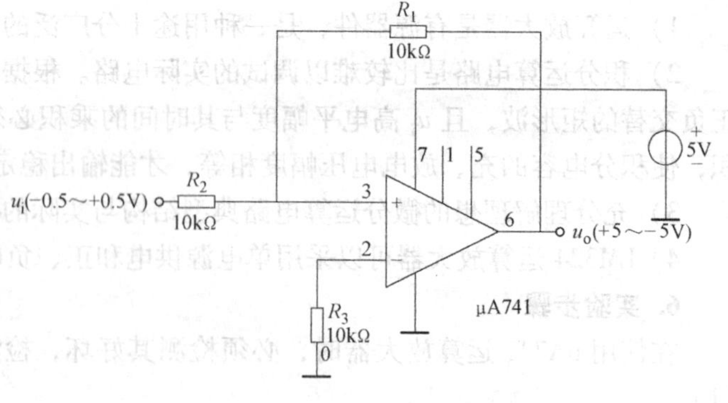

图 5-29 单电源供电的反相比例运算电路

6）请说明图 5-19a、b 的积分输出波形的差异是如何产生的？

7）请说明图 5-26 中电阻 R_1 的作用？

8）说明图 5-29 所示单电源供电的反相比例运算电路中，若输入 u_i 变化为 -0.5 ~ +0.5V，其输出 u_o 是否能在 +5 ~ -5V 之间变化，为什么？应该如何改进？

5.6 运算放大器的非线性应用

1. 实验目的

1）加深理解集成运算放大器非线性应用的原理及特点。

2）掌握利用集成运算放大器的非线性特点实现波形发生电路的设计方法。

3）掌握用集成运算放大器实现波形变换电路的设计方法。

2. 实验任务

（1）基本实验

1）设计实现一个过零比较器，在实验室完成输入、输出电压的测量，并绘制其电压传输特性曲线。

2）设计实现一个同相滞回电压比较器，在实验室完成输入、输出电压测量，绘制其滞回特性曲线、读出回差电压的大小，并进行阈值电压理论计算，分析误差原因。

3）设计实现一个用运算放大器实现的、振荡频率可在100Hz ~ 1kHz 连续调节的、输出幅值为6V 的方波发生器。测量其输出波形的高、低电平的值及周期，相应计算其理论值，并计算相对误差，分析误差原因。

（2）扩展实验

1）设计一个占空比可调的单运算放大器脉冲信号发生器，要求：$f_0 = 10 \times (1 \pm 10\%)$ kHz，输出幅度 $U_{PP} = 12V$，占空比在40% ~70% 内可调。

2）设计用集成运算放大器构成的方波-三角波发生器，已知条件和设计要求如下：振荡频率范围为500Hz ~ 1kHz，三角波幅值调节范围为2 ~ 4V（要求必须用两个运算放大器实现）。

提示：根据以上实验任务设计电路原理图，并用计算机仿真，然后在模拟电路实验箱及模拟实验板上搭建电路，调试达到设计要求。

3. 实验设备

模拟电路实验箱1套；

数字示波器1台；

函数信号发生器1台；

数字交流毫伏表1台；

数字万用表1块；

uA741 运算放大器若干。

4. 实验原理

（1）过零比较器

过零比较器如图5-30a 所示，运算放大器工作在非线性状态，其输入和输出的关系为

$$\begin{cases} u_i > 0 & u_o = -U_z \\ u_i < 0 & u_o = +U_z \\ u_i = 0 & \text{状态转变} \end{cases}$$

电压传输特性如图5-30b 所示。

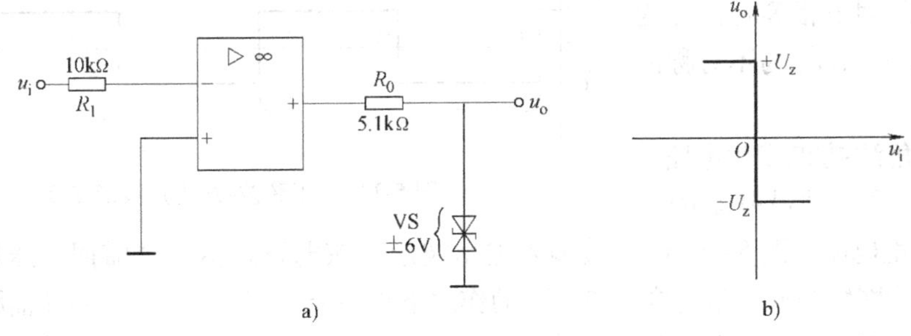

图5-30　过零比较器及电压传输特性

a）过零比较器　b）电压传输特性

（2）滞回电压比较器

图 5-31a 所示为反相输入滞回电压比较器。其中，R_1、R_2 构成正反馈电路，R_0、VS 构成输出双向限幅电路。由于引入了正反馈，故运算放大器工作在非线性状态下，具有“虚断”和“虚短跳变”的特性。当 u_i 由负值正向增加到大于等于其阈值电压 U_{th1} 时，输出 u_o 将由正的最大值 U_{OH} 跳变为负的最大值 U_{OL}；反过来，当 u_i 由正值反向减小到小于等于其阈值电压 U_{th2} 时，u_o 则由 U_{OL} 跳变至 U_{OH}。上述输出电压与输入电压的关系（即电压传输特性）如图 5-31b 所示。根据“虚短跳变”的条件，可以求得这两个阈值电压分别为

$$U_{th1} = \frac{R_2}{R_1 + R_2} U_{OH}$$

$$U_{th2} = \frac{R_2}{R_1 + R_2} U_{OL}$$

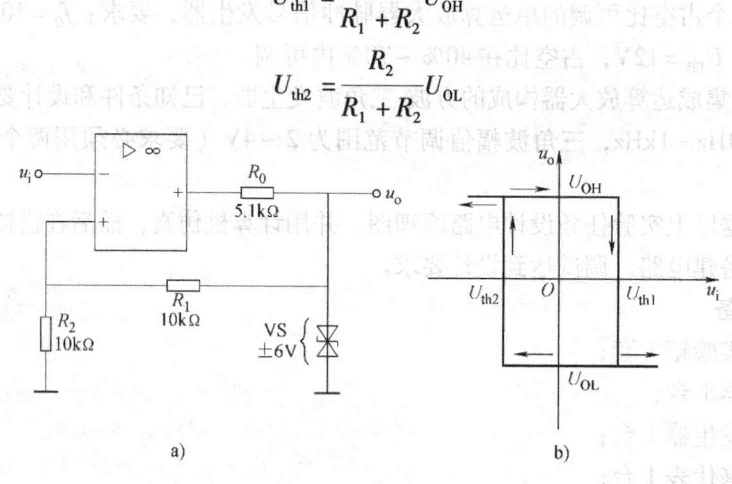

图 5-31 反相输入滞回电压比较器及电压传输特性

a）反相输入滞回电压比较器 b）电压传输特性

（3）波形变换电路

滞回电压比较器可以直接用作波形变换。例如，当输入的 u_i 为一正弦波时（或任何周期性非正弦波），其输出 u_o 则为一方波，如图 5-32 所示。很显然，这一变换只有在 U_m 大于 U_{th1} 及小于 U_{th2} 时才能发生，否则 u_o 将始终为 U_{OH} 或 U_{OL}。此外，当 U_{th1} 与 U_{th2} 的绝对值相等时，u_o 为对称的方波，否则 u_o 为不对称的方波。

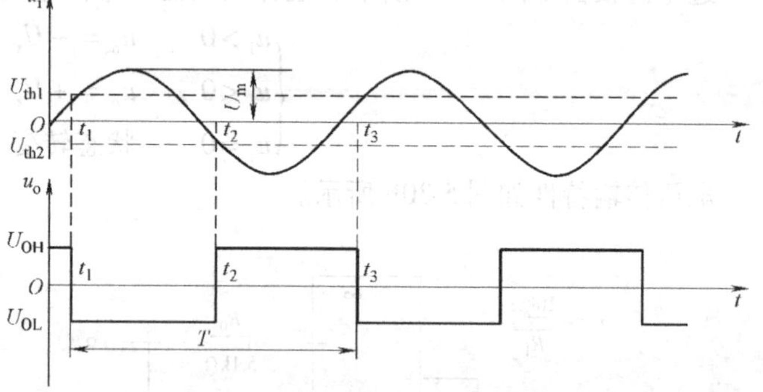

图 5-32 （正弦波-方波）波形变换

（4）三角波-方波发生电路

图 5-33a 是一种最基本的三角波-方波发生电路，图 5-33b 则为其输入输出波形。该电路是由一个滞回电压比较器和一个 R_FC 负反馈网络构成。当电容 C 在 U_{OH} 的作用下正向充电到 U_{th1} 时，u_o 由 U_{OH} 跳变至 U_{OL}。此后 C 放电（在 U_{OL} 的作用下反向充电），当 C 两端电压降至 U_{th2} 时，u_o 将由 U_{OL} 跳变至 U_{OH}。如此周而复始，形成自激振荡，在 C 上产生一个近似的三角波，而在输出端产生一个

对称的方波。

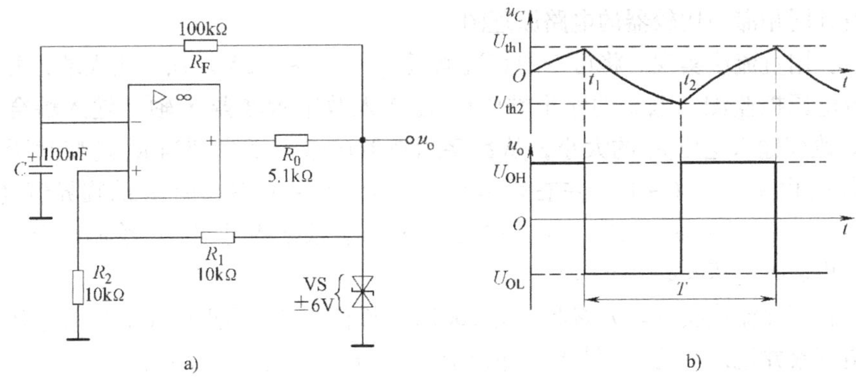

图 5-33　三角波-方波发生电路及输入输出波形

a）三角波-方波发生电路　b）三角波-方波发生电路输入输出波形

该电路的振荡周期为

$$T=\frac{1}{f}=2R_FC\ln\left(1+\frac{2R_2}{R_1}\right)$$

5. 预习提示

1）熟练掌握比较器的工作原理。一个运算放大器组件可以直接用作鉴定两个模拟信号的大小，接在运算放大器输入端的两个信号 u_1 和 u_2 只要略有差异，即 $|u_2-u_1|=|u_i|\geqslant 0.1\text{mV}$，极高的增益就会使输出电压达到极限。如果在其输出端通过电阻外加适当的稳压管或组合稳压管，则可将输出电压控制在希望的数值上。

2）运算放大器非线性应用的条件与特点如何？

3）由运算放大器构成的方波发生电路结构如何（注意方波发生电路指不需要外部输入信号源的电路）？方波频率与幅值由哪些参数确定？

4）实际调试过程中，由运算放大器构成的方波发生电路不提供正弦信号源，因此所设计电路应该是由两个（或两个以上）环节构成的电路。在实验设计中，可考虑对不同环节的输入与输出关系分别进行测量，以便于对整个系统进行调试。

5）使用双向限幅稳压管时，注意要加限流电阻，否则会烧毁稳压管。学会如何计算限流电阻的取值。

6）运算放大器非线性应用的输出限幅完全取决于稳压管的稳压值。

7）设计滞回电压比较器，请考虑如何测量滞回电压比较器的传输特性曲线？滞回电压比较器的回差电压如何确定？在电路设计中，回差电压的大小主要由哪些因素决定？

6. 实验步骤

（1）实现一个过零电压比较器

1）在使用运算放大器时，必须检查运算放大器的好坏（方法参见本章 5.4 节中实验步骤（1）。

2）根据题意，设计完成电路原理图，将反相输入端加入直流信号电压。用数字万用表直流电压挡测量其对应的输入、输出电压，将数据填入自行设计的表格中，并绘出电压传输特性曲线。

（2）设计实现一个同相滞回比较器

自行设计同相滞回比较器的电路原理图。

方法一：用直流法实现。将可变的直流电压 u_i（+5～-5V）加入输入端，并用数字万用表的直流电压挡监测，电路的输出端电压 u_o 送入数字示波器 Y 轴（输入耦合方式置于 DC 位置）。改变输入电压 u_i 的大小，从数字示波器屏幕上观察到当 u_o 跳变时所对应的 u_i 值。即测出 u_o 由 $+U_{omax}$（+11V 左右）→ $-U_{omax}$（-10V 左右）时 u_i 的临界值（u_+）；同理，测出 u_o 由 $-U_{omax}$ → $+U_{omax}$ 时 u_i 的临界值（u_-）。根据测得数据，绘制电压传输特性曲线，并计算出回差电压 $= u_+ - u_-$。

方法二：用交流法实现。u_i 接频率为 500Hz、峰值为 2V 的正弦交流信号，用数字示波器双踪通道观察并记录 u_i 及 u_o 波形，并记录 U_{th1}、U_{th2}、U_{OH}、U_{OL} 之值。

（3）设计一个用运算放大器实现的方波发生器

根据设计指标，选择参数，设计电路原理图。实际测量时，由于该电路是振荡电路，故无需外加输入信号。直接用数字示波器的 Y 轴通道（DC）测量输出端 u_o，将测量数据记录在表 5-18 中。

表 5-18 方波波形测量

U_{OH}/V	U_{OL}/V	U_{th1}/V	U_{th2}/V	T（测量值）/ms	R_F（测量值）/Ω	T（理论计算）/ms

7. 报告要求

1）根据实验结果，绘制各实验任务的相应输入、输出曲线，并标明相应关键点的参数。

2）计算相应的理论值，并根据测量实际值进行误差分析，分析误差产生原因。

8. 思考题

1）图 5-30 所示过零比较器，使比较器输出电压 $u_o = \pm 6V$，根据所选择稳压管的参数计算限流电阻 R_0 的阻值。

2）图 5-31a 中，改变电阻 R_1 和 R_2 的参数，是否影响比较器的阈值电压？

3）根据图 5-31a 所示，求出 $u_o = \pm 6V$ 时比较器的阈值电压。

4）理论计算图 5-33 产生方波的周期，并与实验结果进行比较，分析误差产生原因。

5）如图 5-31 所示，如果将一只稳压管短接，观察输出波形 u_o，分析稳压管的限幅作用。

5.7 差动放大电路的研究

1. 实验目的

1）加深对差动放大电路性能及特点的理解。

2）学习差动放大电路主要性能指标的测量方法。

2. 实验任务

（1）基本实验

1）完成长尾式差动放大电路静态工作点的测量。

2）完成长尾式差动放大电路差模电压放大倍数的测量。

3）完成长尾式差动放大电路共模电压放大倍数的测量。

（2）扩展实验

1）完成带恒流源差动放大电路静态工作点的测量。

2）完成带恒流源差动放大电路差模电压放大倍数的测量。

3）完成带恒流源差动放大电路共模电压放大倍数的测量。

3. 实验设备

模拟电路实验箱 1 套；

数字示波器 1 台；

函数信号发生器 1 台；

数字交流毫伏表 1 台；

数字万用表 1 块。

4. 实验原理

（1）实验电路

差动放大电路的实验电路如图 5-34 所示。为了获得对地平衡的双端输入差模信号，在 A、B 两点对地接有均压电阻（510Ω）。R_w 为调零电位器。当输入信号为零时，调节 R_w，使输出电压 $U_o=0$。

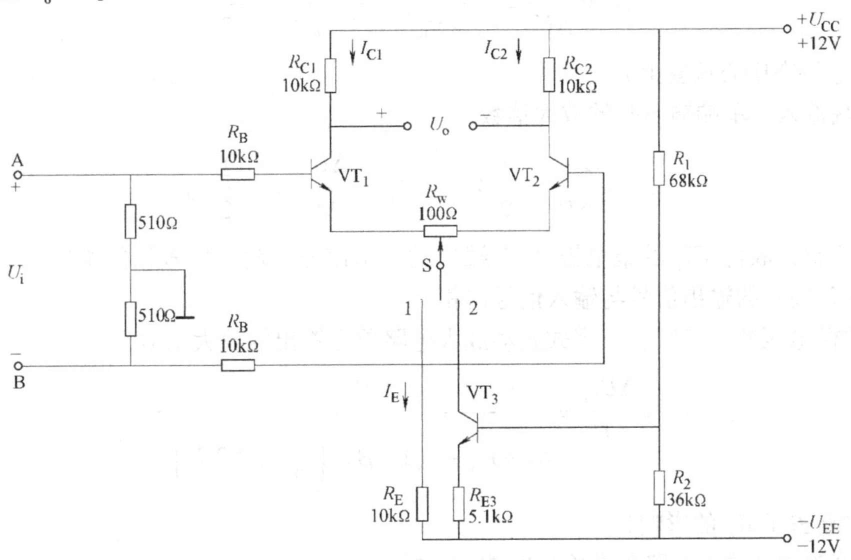

图 5-34　差动放大电路的实验电路

若要获得单端输入的差模信号，应将 B 点与地之间短接。如果要获得共模输入信号，应将 A、B 两点相连，信号加在 A 点与地之间。

（2）静态工作点的调整

当开关 S 拨向 1 时，构成长尾式差动放大电路。

长尾式差动放大电路的静态电流

$$I_E \approx \frac{U_{EE}-U_{BE}}{R_E}\text{（可认为 }U_{B1}=U_{B2}\approx 0\text{）}$$

$$I_{C1}=I_{C2}\approx\frac{1}{2}I_E$$

当开关S拨向2时，构成带恒流源差动放大电路。它用晶体管恒流源代替发射极电阻R_E，可进一步提高差动放大电路抑制共模信号的能力。

带恒流源差动放大电路的静态电流

$$I_{C3}\approx I_{E3}\approx\frac{\frac{R_2}{R_1+R_2}\left(U_{CC}+|U_{EE}|\right)-U_{BE}}{R_{E3}}$$

$$I_{C1}=I_{C2}=\frac{1}{2}I_{C3}$$

（3）差动放大电路的主要性能指标

1）差模电压放大倍数。

①双端输入、双端输出时的放大倍数（$R_L=\infty$）

$$A_d=\frac{\Delta U_o}{\Delta U_i}=\frac{-\beta R_C}{r_{be}+R_B+(1+\beta)R_w/2}$$

（设R_w调在中心位置上）

②双端输入、单端输出时的放大倍数

$$A_{d1}=\frac{\Delta U_{C1}}{\Delta U_i}=\frac{1}{2}A_d \qquad A_{d2}=\frac{\Delta U_{C2}}{\Delta U_i}=-\frac{1}{2}A_d$$

但需注意，取自VT_1的集电极（C1端）的输出信号与输入信号相位相反，取自VT_2的集电极（C2端）的输出信号与输入信号同相位。

2）共模电压放大倍数。长尾式差动放大电路单端输出的放大倍数

$$A_{C1}=A_{C2}=\frac{\Delta U_{C1}}{\Delta U_i}=\frac{-\beta R_C}{R_B+r_{be}+(1+\beta)\left(\frac{1}{2}R_w+2R_E\right)}\approx\frac{-R_C}{2R_E}$$

（式中略去了R_w的影响）

带恒流源差动放大电路单端输出的放大倍数

$$A_{C1}=A_{C2}=\frac{\Delta U_{C1}}{\Delta U_i}=\frac{-\beta R_C}{R_B+r_{be}+(1+\beta)\left(\frac{1}{2}R_w+2R_{of}\right)}\approx\frac{-R_C}{2R_{of}}$$

（式中R_{of}为VT_3的交流输出电阻）

通常R_{of}远大于R_E，因此采用恒流源代替R_E，可使共模放大倍数降低，有效地抑制了共模信号。

在满足理想条件下，双端输出的共模放大倍数$A_C=\dfrac{\Delta U_o}{\Delta U_i}=0$

3）共模抑制比 *CMRR*。单端输出时的共模抑制比

$$CMRR（单）=20\lg\frac{A_{d1}}{A_{C1}}=20\lg\frac{\beta R_E}{r_{be}+R_B+(1+\beta)R_w/2}$$

由上式可知，单端输出时对共模信号的抑制能力主要依靠 R_E 的电流负反馈作用，要提高共模抑制比，可增大 R_E 或改用恒流源。

在满足理想对称的条件下，双端输出的共模抑制比 *CMRR* 趋近无穷大。

5. 预习提示

1）阅读相关教材中有关差动放大电路的工作原理和性能指标方面的内容。

2）设计本实验的记录表格。

3）对图5-34所示实验电路进行下列内容的理论估算（设 $R_L=\infty$，$\beta_1=\beta_2=\beta=80$）。

①开关S打在1时，求出以下参数：

I_E、I_{C1Q}、I_{C2Q}；

差模电压放大倍数 A_d（双端输出）、A_{d1}（单端输出）；

共模输入，单端输出时的共模电压放大倍数 A_{C1}；

共模抑制比 *CMRR*（单）。

②开关S打在2，VT_3 的输出电阻 $R_{of}=400k\Omega$ 时，求出以下参数：

静态电流 $I_E=I_{C3}$；

当 VT_3 的输出电阻 $R_{of}=400k\Omega$ 时的 A_d、A_{d1}、A_{C1}、*CMRR*（单）。

6. 实验步骤

（1）长尾式差动放大电路静态工作点的测量

将开关S拨向1，输入端对地短接（A、B、地三点相连），接通±12V直流电源，调节 R_P，使双端输出 $U_o=U_{C1Q}-U_{C2Q}=0V$，测出 VT_1、VT_2 两端输出 U_{C1Q}、U_{C2Q} 值及 R_E 上压降 U_{RE}，求出 I_{C1Q}、I_{C2Q}、I_E。

（2）长尾式差动放大电路差模电压放大倍数的测量

将开关S拨向1，在A、B点加入差模信号 $U_i=100mV$，$f=1000Hz$，用数字交流毫伏表测输出电压 U_{C1} 和 U_{C2}，计算出输出电压 $U_{od}=U_{C1}-U_{C2}$ 和差模电压放大倍数 A_d、A_{d1}（单端输出）。

（3）长尾式差动放大电路共模电压放大倍数的测量

将开关S拨向1，输入端A、B点短接，A点与地之间加入共模信号 $U_i=1V$，$f=1000Hz$，测出 U_{C1}、U_{C2}，并计算出 A_{C1}、A_C 和 *CMRR*（单）。

7. 报告要求

1）整理实验数据，列表比较实验结果和理论估算值，分析误差原因。

2）通过实验总结比较两种差动放大电路的主要特点。

8. 思考题

1）R_E 与 R_w 所起的负反馈作用有何不同？R_E 值的提高受到什么限制？如何解决这一矛盾？

2）为什么不能用数字交流毫伏表直接测量差动放大电路的双端输出电压，而必须先测量 U_{C1} 和 U_{C2}，再经计算得到？

3）本实验中怎样获得双端输入差模信号、单端输入差模信号和共模输入信号？画出A、

B 点和信号源及地之间的连接方法。

5.8 *RC* 正弦波振荡电路

1. 实验目的

1）学会实现 *RC* 正弦波振荡电路的设计方法，研究其振荡原理。

2）加强对正反馈放大电路概念的理解。

3）学会如何调试实际的 *RC* 正弦波振荡电路。

2. 实验任务

（1）基本实验

试设计实现一个振荡频率为 500Hz、幅度为 5V 的 *RC* 正弦波振荡电路，在实验室调试并完成。要求：

1）测量实际电路的正弦波振荡频率及输出电压有效值。

2）测量其中选频网络的幅频特性。

3）改变放大电路的放大倍数，观察电路的起振过程。

4）观察电路输出波形，并测量波形幅值和周期。

（2）扩展实验

设计用集成运算放大器构成的方波-三角波发生器，已知条件和设计要求如下：振荡频率范围为 500Hz ~ 1kHz，三角波幅值调节范围为 2 ~ 4V。

提示：根据以上实验任务设计电路原理图，并用计算机仿真，然后在模拟电路实验箱及模拟实验板上搭建电路，调试达到设计要求。

3. 实验设备

模拟电路实验箱 1 套；

数字示波器 1 台；

数字万用表 1 块；

数字交流毫伏表 1 台。

4. 实验原理

RC 正弦波振荡电路是 *RC* 串并联网络正弦波振荡电路的简称。图 5-35 所示即为 *RC* 正弦波振荡电路，它包括由集成运算放大器 A 组成的同相比例放大器及由 *RC* 串并联电路组成的正反馈选频网络两个主要部分，二极管 VD_1、VD_2 及 R_3 是为了稳幅和改善输出波形失真而加的。

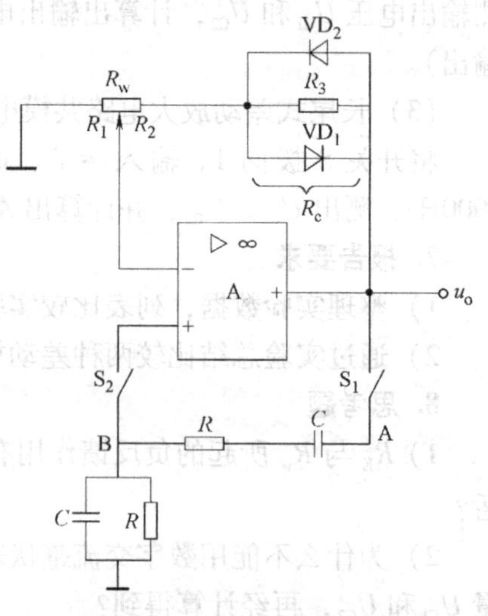

图 5-35 *RC* 正弦波振荡电路

根据理论分析，振荡电路维持自激振荡的条件为 $A_uF_u = 1$，由此可得幅值平衡条件为

$$|A_uF_u| = 1$$

相位平衡条件为

$$\varphi_A + \varphi_F = \pm 2n\pi \qquad n = 0, 1, \cdots$$

又知，*RC* 串联选频网络的反馈系数为

$$F_u = \frac{1}{3+\mathrm{j}\left(\omega RC - \frac{1}{\omega RC}\right)} = \frac{1}{3+\mathrm{j}\left(\frac{\omega}{\omega_0} - \frac{\omega_0}{\omega}\right)}$$

其幅频特性为

$$|F_u| = \frac{1}{\sqrt{3^2 + \left(\frac{\omega}{\omega_0} - \frac{\omega_0}{\omega}\right)^2}}$$

其相频特性为

$$\varphi_F = -\arctan\frac{\frac{\omega}{\omega_0} - \frac{\omega_0}{\omega}}{3}$$

式中，$\omega_0 = 1/(RC)$。

由此可见，当 $\omega = \omega_0 = 1/(RC)$ 时，幅频特性将出现最大值，$|F_u|_{max} = 1/3$，相移 $\varphi_F = 0°$，如图 5-36 所示。

对于图 5-35 所示，同相比例放大器的要求是，输出与输入同相位，电压放大倍数不能小于 3。只有这样，才能保证自激振荡的相位与幅值条件得以满足，并可顺利起振。

图 5-35 所示放大电路的放大倍数

$$A_u = 1 + \frac{R_2 + R_e}{R_1}$$

式中，R_1 为反相输入电阻；$R_2 + R_e$ 为等效的反馈电阻。

所以，只要调节电位器 R_w，就可以获得 $A_u = 3$。从而满足 $|A_u F_u| = 1$ 的自激振荡条件。但为了电路能够自行起振，还必须令 A_u 略大于 3，以保持可靠起振，以使振荡幅度不断增大。根据 $\omega_0 = 1/(RC)$，此时电路的振荡频率 $f_0 = 1/(2\pi RC)$。

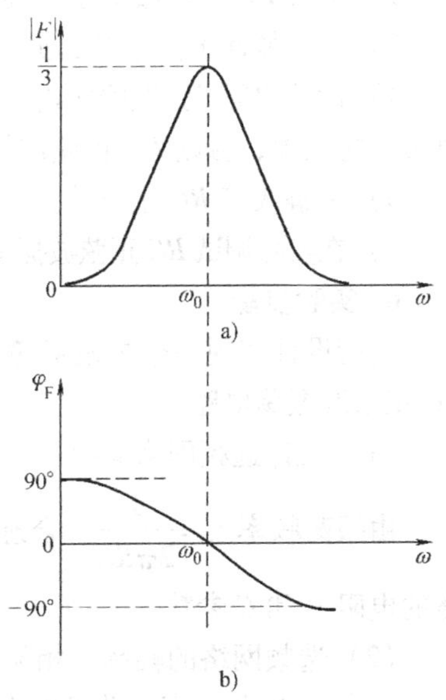

图 5-36　RC 网络的频率特性
a）幅频特性曲线　b）相频特性曲线

在 RC 正弦波振荡电路中，还必须采用一定的稳幅措施，才能保证它稳定于等幅振荡状态。在图 5-35 中，其稳幅作用是由非线性元件 VD_1、VD_2 来实现的。刚起振时，由于振荡幅度较小，流过二极管的电流也较小，等效电阻 R_e（包括 R_3）较大，故负反馈较弱，A_u 比较大，使振荡幅度不断增大。随着振荡幅度的增大，流过二极管的电流相应增大，R_e 减小，负反馈作用增强，A_u 下降，最后达到 $|A_u F_u| = 1$，振荡幅度即自动稳定下来。在选择稳幅二极管时，应注意以下两点：一是从温度稳定性来看，以选用硅二极管为宜，因为硅管比锗管的温度稳定性好；二是为了保证振幅上、下半波对称，两只二极管的特性必须相同，应注意配对性好。

改变电阻 R_3 就可改变 R_e 之值，从而影响稳幅作用及其对输出波形失真的改善程度。当 R_3 与二极管的正向电阻 R_d 接近时，稳幅作用和改善波形失真都有较好的效果。R_3 通常选几千欧姆，如果 R_3 取得大一些（R_e 也大），R_e 在反馈支路的比重就加大，因而使稳幅作用加强，但对波形失真的改善作用减弱。

在 RC 正弦波振荡电路中，为了提高频率的稳定性，希望 RC 的乘积大一些较好。因此，RC 正弦波振荡电路的振荡频率不能做得太高，一般在 100kHz 以下。

RC 串并联选频网络的参数应根据所要求的振荡频率 f_0 来确定。为了尽量使 RC 串并联网络的选频特性不受集成运算放大器输入电阻和输出电阻的影响，应按照下列关系来初选电阻 R 的值：$R_{id}>>R>>R_0$。其中，R_{id} 为集成运算放大器的差模输入电阻，一般在几百千欧以上；R_0 为集成运算放大器的输出电阻，一般在几百欧以下。此外，为了减少运算放大器输入失调电流及温漂的影响，还应尽量满足 $R=R_1//R_f$，$R_f=R_2+R_3//R_d$。

5. 预习提示

对于 RC 正弦波振荡电路而言，需注意掌握以下几点：

1）图 5-35 所示为用运算放大器组成的典型的正弦波振荡电路，该电路包含信号放大、正反馈选频和起振等几个重要环节。只要电路中的 R_w 取值合适，使电路的起振条件得以满足，就会在输出端得到正弦波信号，信号频率取决于 R 和 C 的值。

2）了解 RC 正弦波振荡电路输出的正弦波信号的频率、幅度分别由哪些参数决定？

3）为了能使电路顺利起振，在电路的设计中要特别注意起振条件。

4）设计 RC 正弦波振荡电路中同相比例放大电路的放大倍数 A_u 应大于 3，但是 A_u 的数值又不能太大，否则 RC 正弦波振荡电路输出的正弦波将会发生失真。

5）了解改善 RC 正弦波振荡电路的失真度的方法。

6）在实际调试 RC 正弦波振荡电路时，RC 串并联网络的电阻 R 最好选用可调双联电位器。

6. 实验步骤

自行设计实现一个振荡频率为 500Hz、幅度为 5V 的 RC 正弦波振荡电路。

（1）设计选频网络参数

由振荡频率 $f_0=\dfrac{1}{2\pi RC}$，合理选取图 5-37 所示选频网络的电阻 R 和 C 参数。

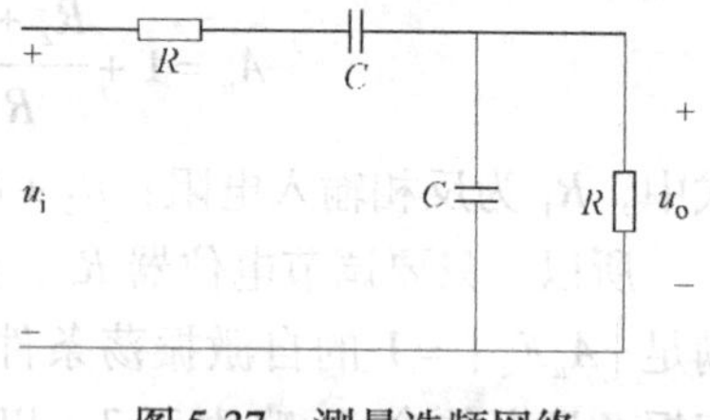

图 5-37 测量选频网络幅频特性的电路

（2）选频网络的幅频、相频特性测量

u_o 与 u_i 同相，即电路发生谐振，谐振频率为 $f_0=1/(2\pi RC)$。也就是说，当信号频率为 f_0 时，RC 串并联网络的输出电压 u_o 与 u_i 输入电压同相，其大小是输入电压的 1/3。

测量幅频、相频特性步骤如下：实验电路如图 5-37 所示，保持信号源 U_i 恒定（即 RC 网络保持输入电压 u_i 的有效值 3V 不变），改变信号频率 f，用示波器、数字交流毫伏表测量对应的 RC 网络输出电压 u_o 的有效值及输入与输出信号相位差，计算出比值 $A_u=U_o/U_i$，可先测量 $A_u=1/3$ 时的频率 f_0，再在 f_0 左右选几个频率点测量，将数据记录于表 5-19 中。然后逐点描绘出幅频特性曲线。

表 5-19 幅频及相频特性测量

R = ? C = ?	f/Hz			f_L		f_0		f_H			
	U_o/V										
	φ										

（3）用示波器观测起振过程及输出波形

改变负反馈电阻的阻值（电位器），用示波器观测电路起振过程。调节电阻参数，使输出为比较完善的正弦波。

7. 报告要求

1）整理实验数据，绘制数据表格及波形，比较理论值与测量值的大小。

2）在 *RC* 正弦波振荡电路中，改变电位器 R_w 的阻值，说明其对电路的工作状态有何影响？

8. 思考题

1）图 5-35 中两个二极管的作用是什么？是否能取消？如果取消，输出波形会出现什么现象？

2）图 5-35 中运算放大器是处于线性应用还是非线性应用状态？

3）如果 *RC* 正弦波振荡电路不能起振，应采取什么方法解决？

4）通过实验，试分析 *RC* 正弦波振荡器电路的起振条件。

5.9 输出可调的直流稳压电源

1. 实验目的

1）观察半波、全波整流电路的电压波形。

2）掌握滤波电容的作用。

3）学习集成稳压器扩展功能实现的方法。

4）掌握用集成稳压器构成直流稳压电源的设计与调试方法。

2. 实验任务

（1）基本实验

试用整流二极管、7815 三端集成稳压器、μA741 集成运算放大器、固定电阻、可调电位器设计一个输出电压可调范围为 15～20V 的直流稳压电源。

（2）扩展实验

1）设计一个稳压电路，设计要求如下：输出电压为 12～15V，输出电流不大于 300mA，输出保护电流为 400～500mA，输入电压为 220V、频率为 50Hz，输出电阻 $R_o < 0.1\Omega$，稳压系数 $S \leqslant 0.01$。

2）用 W317 三端可调集成稳压器设计一个电压可调范围为 2～10V 的稳压电源，在模拟电路实验箱及模拟实验板上按设计要求搭建电路，测量、调试，并达到要求。

3. 实验设备

模拟电路实验箱 1 套；

数字示波器 1 台；

数字万用表 1 块。

4. 实验原理

直流稳压电源是一种将交流电压变成直流电压的装置，主要由整流电路、滤波电路及稳压电路三部分组成。

整流电路利用半导体二极管的单向导电性，将交流电压变成脉动的直流电压。再经滤波电路，滤掉整流电路输出电压中的大部分交流成分，从而得到比较平滑的直流电压。为提高直流电压的稳定度，在滤波电路之后需采用电压稳定电路。

图 5-38 所示为半波整流、滤波电路。图 5-39 所示为全波整流、滤波电路。u_i 为模拟电路实验箱内的变压器二次绕组输出正弦交流电压，其有效值为 17V。

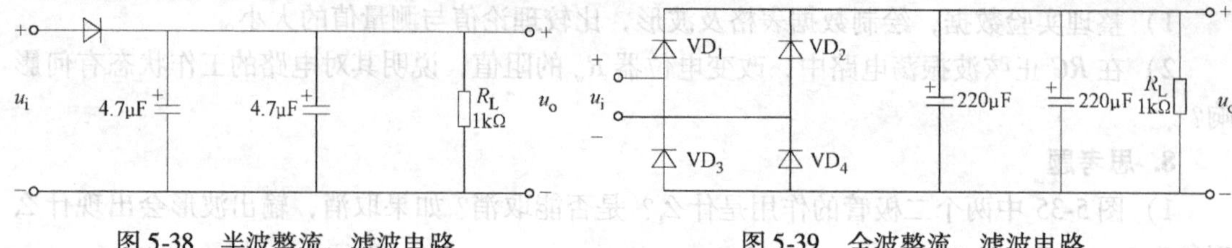

图 5-38 半波整流、滤波电路　　图 5-39 全波整流、滤波电路

目前，集成稳压器的品种很多：按工作方式可分为线性串联型与开关串联型；按输出电压可分为固定输出型与可调输出型；按结构可分为三端式与多端式。另外，集成稳压器按封装可分为塑料封装和金属封装两类。

根据集成稳压器的特点，一个线性串联型集成稳压器通常由调整单元、保护电路、比较放大器、取样电路、基准电压源、启动电路等组成。集成稳压器的典型框图如图 5-40 所示。

三端集成稳压器具有体积小、性能稳定、使用方便、价格低等优点，在直流稳压电源中应用十分广泛。

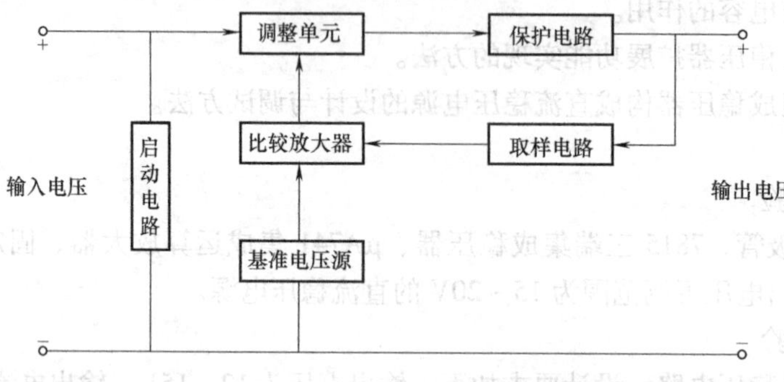

图 5-40 集成稳压器的典型框图

（1）三端集成稳压器常用型号分类及基本应用

1）三端固定输出集成稳压器。此类三端集成稳压器常用的有正电压输出类 7800 系列和负电压输出类 7900 系列两种。输出电压有 5V、6V、8V、9V、10V、12V、15V、18 V、24V 九个等级（例如 7805 为 5V、7809 为 9V、7910 为 −10V、7924 为 −24V 等）。其中，W7805 三端固定输出集成稳压器的主要参数见表 5-20。

表 5-20 W7805 三端固定输出集成稳压器的主要参数

输出电压	输入电压	最大输出电流	静态电流	最大耗散功率
(5 ±0.25) V	8 ~10V	1.5A	6mA	≥7.6W

W7800 系列/W7900 系列的外形和接线如图 5-41 所示。

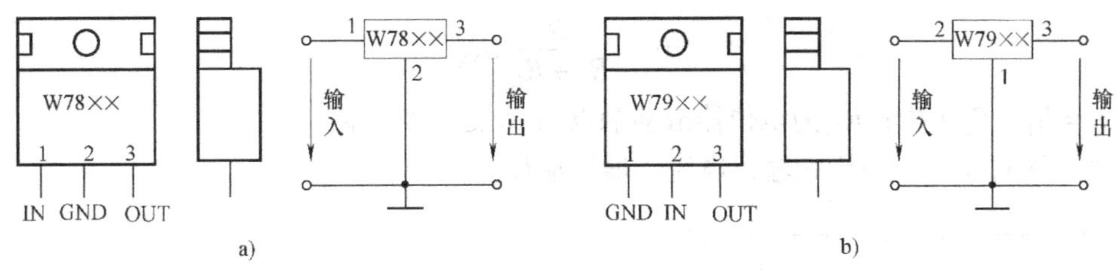

图 5-41　三端固定输出集成稳压器外形及接线
a）W7800 系列　b）W7900 系列

图 5-42 是 LM78 × ×集成稳压器的基本应用电路，它要求其输入端与输出端之间的电压差（即 $U_i - U_o$）不得小于 2V，一般在 3 ~ 5V。这种稳压器只有三个引出端，即输入端 1（in）、输出端 3（out）、公共端 2（com）。当稳压器距离整流滤波电路比较远时，在输入端必须接电容器 C_1 以抵消线路电感效应，防止产生自激振荡。C_2 则用以滤除输出端的高频信号，改善电路的暂态响应。

2）三端可调输出集成稳压器。三端可调输出集成稳压器常用的有可调正电压输出类 LM317/LM217/LM117 系列和可调负电压输出类 LM337/LM237/LM137 系列两种。此类三端集成稳压器输出电压为 1.25 ~ 37V 和 −1.25 ~ −37V，连续可调。

图 5-43 是 LM317 三端可调输出集成稳压器的基本应用电路，它要求其输入端与输出端之间的电压差（即 $|U_i - U_o|$）一般在 3 ~ 40V。其输出电压的计算公式为

$$U_o \approx 1.25\left(1 + \frac{R_2}{R_1}\right)$$

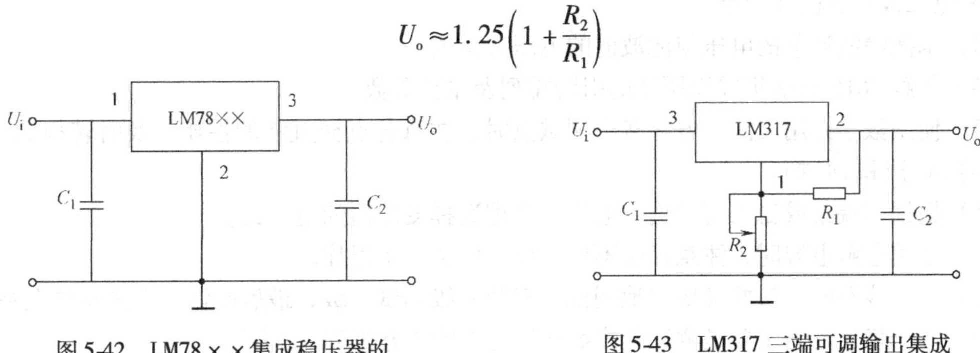

图 5-42　LM78 × ×集成稳压器的基本应用电路

图 5-43　LM317 三端可调输出集成稳压器的基本应用电路

（2）LM78 × ×三端固定输出集成稳压器的应用电路

1）正、负双电源输出电路。如图 5-44 所示，若需要 $U_{o1} = +15V$、$U_{o2} = -15V$，则可用 LM7815 和 LM7915 三端稳压器组成正、负双电源输出稳压电路，这时的 U_i 应为单电压输出时的 2 倍。

2）提高输出电压的电路。当所需电压高于稳压器的输出电压时，由于 LM78 × ×集成稳压器自身的输出电压和电流是有限的，而输出电压又是不可调节的，因此要通过外接电路来实现。这时，可采用图 5-45 所示电路，它能使输出电压高于固定输出电压。

图 5-45 中，输出电压可通过电位器 R_2 来调节。其中，运算放大器组成电压跟随器，R_1、R_2、R_3 组成升压调压取样电路，LM78 × ×的理论稳压值为 U_{XX}，调节电位器 R_2 即可使输出电压发生改变，此电路的输出电压为

$$U_o = \frac{R}{R_1 + R_{22}} U_{XX}$$

式中，$R = R_1 + R_2 + R_3$；R_{22}为电位器滑动触点与 R_1 之间的电阻。

R 值不可过小，以免影响输出电流，增加损耗。

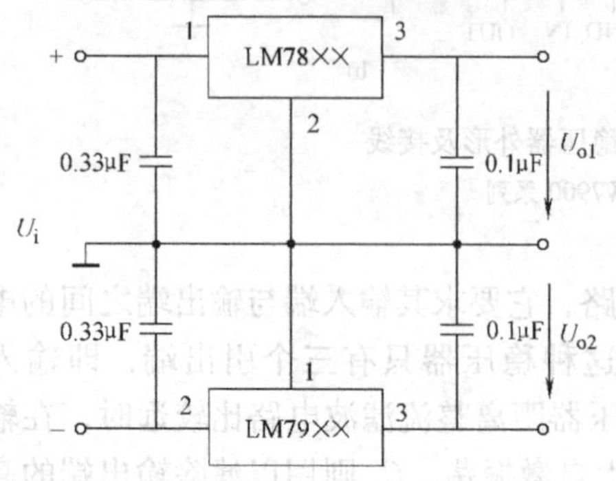

图 5-44　正、负双电源输出电路

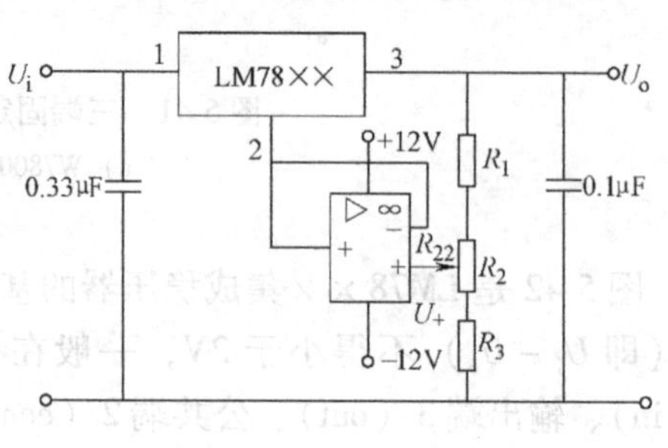

图 5-45　输出可调的直流稳压电源

5. 预习提示

1）直流稳压电源一般由电源变压器、整流滤波环节及稳压电路所组成，了解各环节的作用。

2）整流二极管 VD_1 ~ VD_4 组成单相桥式全波整流电路，掌握全波整流电路二极管的接法，避免二极管的极性接错。

3）掌握滤波环节的电压与滤波前的电压关系式。

4）了解 7815 三端集成稳压器的引脚排列及主要参数。

5）使用数字万用表测量电路各个测试点时，注意各点交直流的性质，及时转换数字万用表的 AC 挡和 DC 挡。

6）根据三端集成稳压器的输出电压，合理选择变压器的电压比。

7）使用电解电容时，注意极性不要接反，以免发生爆炸。

8）连接线路时，最好模块式地调试、安装一级测试一级，最后联调，完成整体电路。

9）对于稳压电路主要是测试集成稳压器是否能正常工作。

10）在实验前应先对集成运算放大器、三端集成稳压器等器件好坏进行检测判别。

11）全波整流电路中，不能用数字示波器同时观察交流输入和直流输出波形，为什么？

6. 实验步骤

（1）设计一个输出电压可调范围为 15 ~20V 的直流稳压电源

根据题意自行设计实现的电路原理图。

1）在使用 uA741 运算放大器时，必须检测其好坏，方法参见本章 5.4 节的实验步骤（1）。

2）检查三端集成稳压器是否工作正常。

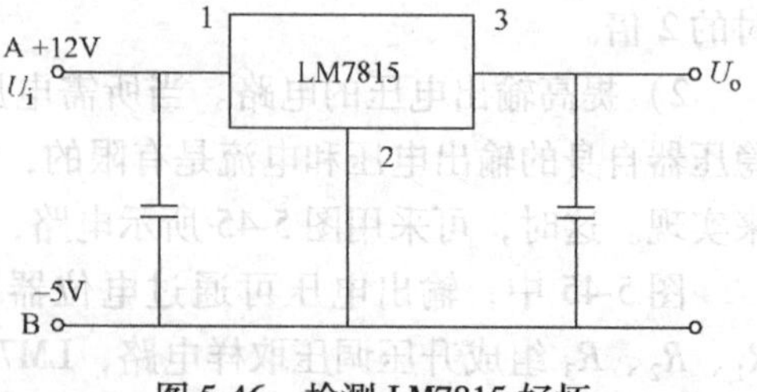

图 5-46　检测 LM7815 好坏

在图 5-46 中，A 端加入模拟电路实验箱上的 +12V 直流电源，B 端加入模拟电路实验箱上的 −5V 直流电源，用数字万用表（直流）测量输出端 U_{32} 电压。如果此时 U_{32}（空载）≈14.8V，说明 LM7815 是正常的；如果大于 15.2V，说明 LM7815 已损坏。

3）首先用数字万用表测量变压器二次电压（交流），$u_{AB}=17V$ 左右。

注意：变压器输出二次电压为 17V 指的是标称值，实际测量值大于 17V。

4）用数字万用表测量桥式整流电路输出电压（直流）。

5）加入滤波电容，用数字万用表（直流）测量整流电路输出电压。

注意：如果加入滤波电容后直流输出电压没有变化，说明电容已经损坏。请更换电容，并注意其耐压。

6）最后，记录整个直流稳压电源输出电压的最大值和最小值。

7）测量输出电压为 17V 时可调电位器的阻值。

将上述测量的数据记录在自行设计的表格中。

（2）观察全波整流、滤波电路加入滤波环节前后的输出电压波形

用数字示波器观测全波整流、滤波电路的波形，并画出波形图，标出关键点参数值。

7. 报告要求

1）用列表的形式记录本节基本实验设计的稳压电路的各点的电压值，并进行理论计算，计算相对误差。

2）画出全波整流、滤波的波形图。

3）进行理论计算，实验任务当输出电压调为 17V 时，电位器的阻值，并与实验中的实测值进行比较，计算相对误差。

8. 思考题

1）如果有滤波电容时，示波器上显示的输出电压波形是一条直线，分析其原因？

2）分析图 5-38 所示半波整流、滤波电路，说明当负载 R_L 一定时，滤波电容的大小与滤波效果的关系？

3）如果图 5-39 所示全波整流电路中的二极管 VD_1 断开，会发生什么现象？

4）如果图 5-39 所示全波整流电路中的二极管 VD_1 短接，会发生什么现象？

5）如果图 5-39 所示滤波电路中的电容断开，会发生什么现象？

6）试说明图 5-45 中运算放大器的作用，实际实现该电路时，如果不接运算放大器，可以吗？为什么？

5.10　滤波器电路

1. 实验目的

1）学会设计无源一阶 *RC* 高通滤波器。

2）学会设计有源一阶 *RC* 低通滤波器。

3）对有源 *RC* 与无源 *RC* 滤波器的滤波性能进行比较研究。

4）通过实验了解集成运算放大器在滤波器中的应用，掌握低通滤波器的调试和幅频特性的测量方法。

2. 实验任务

（1）基本实验

1）完成电阻 $R=800\Omega$、电容 $C=0.1\mu F$ 的无源一阶 *RC* 高通滤波器的测量，输入正弦

波电压幅值约为2V，调节输入电源频率使其从50Hz～30kHz变化，观察并记录对应的输出电压的变化。完成幅频特性、相频特性和截止频率的测量，并计算通频带。

2）设计一个通频带为0～300Hz的有源一阶RC低通滤波器（一阶低通巴特沃思滤波器），并设计实验过程。

（2）扩展实验

1）将基本实验1）中电路的输出端并联一个$R_L=800\Omega$的负载电阻，完成幅频特性的测量。

2）用运算放大器设计一个有源二阶RC低通滤波器，要求截止频率$f_L=5\text{kHz}$，增益$A_u=1$。

3. 实验设备

模拟电路实验箱1套或电工技术实验台1套；

数字示波器1台；

数字万用表1块；

数字交流毫伏表1台。

4. 实验原理

滤波器是一种选频电路，就是对电路的输入信号进行选频，只允许某一频率范围内的信号通过，而使其他频率范围内的信号被衰减掉，即被滤除。信号通过滤波器时，前者的衰减很小，而后者的衰减很大。

（1）滤波器的类型

通常将希望保留的频率范围称为通带，将希望抑制的频率范围称为阻带。根据通带和阻带在频率范围的相对位置，滤波器分为低通、高通、带通和带阻四种类型。

（2）滤波器的应用

滤波器常用于信号处理、数据传输和抑制干扰等方面。许多通过电信号进行通信的设备，如电话、收音机、电视和卫星等都需要使用滤波器。严格地说，实际应用的滤波器并不能完全滤掉所选频率的信号，只能衰减信号。

（3）滤波器的频率特性

频率特性反映了滤波器对于不同频率输入而产生的正弦稳态响应的性质。当$U_s(\text{j}\omega)$作为输入变量、$U_o(\text{j}\omega)$作为输出变量时，其频率特性$T(\text{j}\omega)$为

$$T(\text{j}\omega)=\frac{U_o(\text{j}\omega)}{U_s(\text{j}\omega)}=|T(\text{j}\omega)|\underline{/\varphi(\omega)}$$

式中，$|T(\text{j}\omega)|$是角频率ω的函数，称为幅频特性；$\varphi(\omega)$是角频率ω的函数，称为相频特性；

输入输出波形如图5-47所示。$\varphi(\omega)$是输出与输入波形的相位差，由图5-47可得

$$\varphi(\omega)=\varphi_o-\varphi_s=\frac{\Delta t}{T}\times360°$$

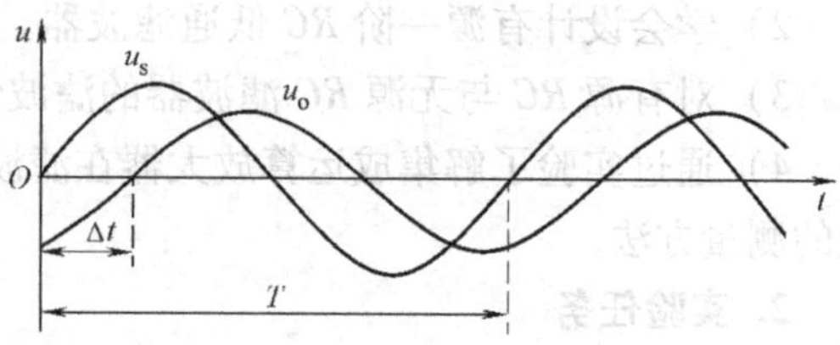

图5-47 输入输出波形

（4）无源滤波器

1）无源低通滤波器。图5-48a所示电路是一个典型的无源RC低通滤波器，该电路具

有使低频率信号较易通过而较高频率信号被抑制的作用。图 5-49 所示是其频率特性。

2）无源高通滤波器。图 5-48b 所示电路是一个典型的无源 *RC* 高通滤波器，该电路具有使高频率信号较易通过而较低频率信号被抑制的作用。图 5-50 所示是其频率特性。

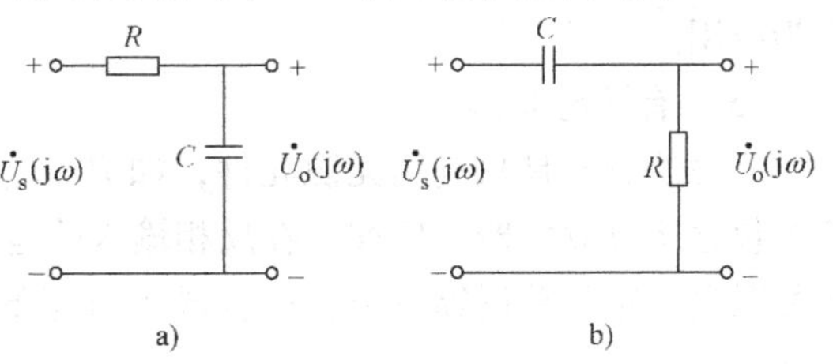

图 5-48　*RC* 低通和高通滤波器
a）*RC* 低通滤波器　b）*RC* 高通滤波器

无源滤波器的缺点是，假如在图 5-48b 中输出电阻两端并联一个相同阻值的负载，由于截止频率 $f_0 = 1/(2\pi RC)$，则并联负载后的高通滤波器的截止频率为原电路的截止频率的 2 倍，也就是说，随着负载情况的变化，滤波器的性能也发生变化。而有源滤波器却不存在这个问题，这也是有源滤波器较无源滤波器得到广泛应用的原因。

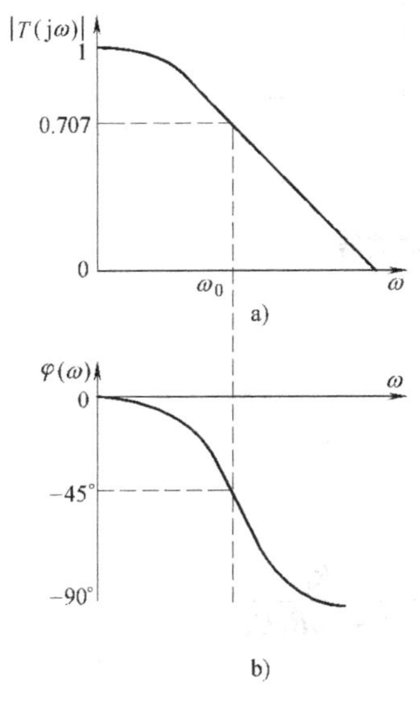

图 5-49　低通频率特性
a）低通幅频特性　b）低通相频特性

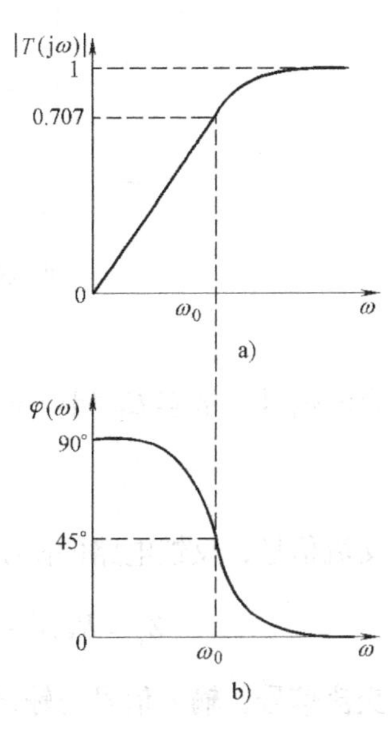

图 5-50　高通频率特性
a）高通幅频特性　b）高通相频特性

3）无源带通和带阻滤波器，如图 5-51 所示。

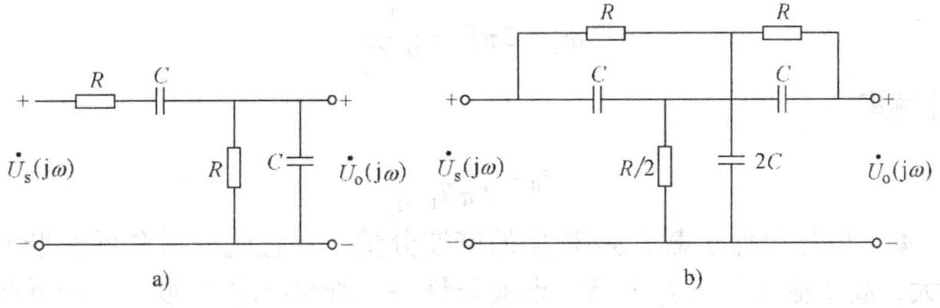

图 5-51　*RC* 带通和带阻滤波器
a）*RC* 带通滤波器　b）*RC* 带阻滤波器

图 5-51a 所示是一个典型的无源 *RC* 带通滤波器，又称文氏电路，常在正弦波发生电路中作为振荡选频电路用。

图 5-51b 所示是一个典型的无源 RC 带阻滤波器。RC 带阻滤波器在广播电视通信系统中广为应用。

(5) 有源滤波器

无源滤波器是只利用无源元件，如 R、L、C 所构成的选频电路，而有源滤波器则在电路中包含运算放大器。例如，在反相输入的运算放大电路中，只要用电阻 R_F 和电容 C_F 组成的并联电路来代替反馈电阻，就构成了有源低通滤波器。图 5-52 所示是一阶巴特沃思低通滤波器。

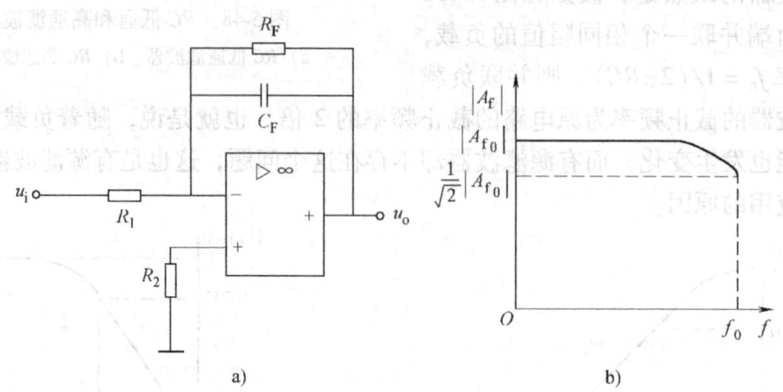

图 5-52 一阶巴特沃思低通滤波器
a) 电路 b) 幅频特性

对于直流信号，电容 C_F 相当于开路，因此

$$\frac{U_o}{U_i} = -\frac{R_F}{R_1}$$

对于交流信号，反馈电路的阻抗

$$Z_F = R_F // -jX_{C_F} = R_F // -j\frac{1}{\omega C_F} = \frac{R_F}{1+j\omega R_F C_F}$$

对于交流信号，输入信号与输出信号的关系为

$$A_f = \frac{\dot{U}_o}{\dot{U}_i} = -\frac{Z_F}{R_1} = -\frac{R_F}{R_1}\frac{1}{1+j\omega R_F C_F}$$

由输入与输出信号的关系式可得

$$\omega_0 = 2\pi f_0 = \frac{1}{R_F C_F}$$

上限截止频率

$$f_0 = \frac{1}{2\pi R_F C_F}$$

从上式可见，信号中低于截止频率 f_0 的谐波分量——直流分量和低次谐波分量——所对应的 A_f 较大，高于截止频率 f_0 的高次谐波分量——所对应的 A_f 较小，即低频分量可以顺利通过，而高频分量衰减大，受到了抑制。所以，图 5-52a 称为低通滤波器。图 5-52b 所示为低通滤波器的幅频特性。

5. 预习提示

1) 滤波器有低通、高通、带通和带阻四种类型，实现电路分有源和无源两种方案。无源滤波器通常用电阻 R 和电容 C 组成。

2）与无源滤波器相比，有源滤波器在滤波性能上有何优点？一阶 RC 低通、高通滤波器的结构如何？

3）有源滤波器在实际电路的作用是什么？

4）有源 RC 低通、高通滤波器的结构是怎样的？

5）运算放大器具有低通频率特性。uA741 型运算放大器的通频带宽度仅有 10Hz，加入负反馈后，虽可有效增加频带的宽度（例如负反馈放大器放大倍数为 100，其通频带宽度由 10Hz 增加到 10kHz），但当信号频率增高到运算放大器线性应用电路的通频带之外时，其放大能力将大幅度下降。

6）在实验室测量有源滤波器幅频特性的方法如下：

①对被测电路外加正弦激励，并将有效值调至一个固定值（例如 1V）且在整个测量过程中维持此值不变。

②调节信号频率从小到大变化，观察输出电压有效值的变化趋势，并注意在幅频特性曲线的转折频率处，尽量多测量几点。

6. 实验步骤

（1）无源一阶 RC 高通滤波器设计实现的步骤

1）按图 5-48b 所示电路连接线路。

2）按电工技术实验台“开机操作”程序进行操作。

3）测量输入正弦波频率为 30kHz 时的输入、输出电压值。

①调节函数信号发生器参数。将函数信号发生器接入电路，并选择波形为正弦波，将频率调至 30kHz，幅值调至 2V。

②将数字交流毫伏表并入输出电阻两端。开启数字交流毫伏表，并选择“电压”功能。用数字交流毫伏表观察此频率下的 U_i、U_o 有效值，并记录于表 5-21 中。

4）用数字示波器观察记录 Δt。将数字示波器两个通道的零电位扫描基线调至重叠，将数字示波器探头及接地线接入电路。观察并记录此频率下的 Δt，并记录于表 5-21 中。

表 5-21 高通滤波器幅频特性测量[$U_o/U_i=f(f)$，相频特性 $\varphi=f(f)$]

f/Hz	50			(f_0)			30×10^3
U_o/V		$0.2U_o$	$0.5U_o$	$0.707U_o$	$0.85U_o$	$0.95U_o$	U_o
T/ms							
Δt/ms							
φ							
U_s/V	保持信号发生器输出电压有效值 U_i 不变。U_i =						

5）测量幅频特性曲线。保持信号发生器输出电压有效值 U_i 不变，继续调节频率，使电阻两端电压在 $0.2U_o\sim U_o$ 之间变化，记录对应的频率及 Δt 于表 5-21 中。关闭仪器电源。

（2）有源一阶 RC 低通滤波器设计实现的步骤

根据通频带截止频率 $f_0=\dfrac{1}{2\pi RC}$，设计有源一阶 RC 低通滤波器，如图 5-53 所示。

截止频率 $f_0=300\text{Hz}$，取 $C=0.033\mu\text{F}$，根据上限截止频率 f_0 的公式计算出 $R\approx16\text{k}\Omega$。

1）对于同相比例放大电路，在使用 uA741 运算放大器时，必须检测运算放大器的好坏，方法参见本章 5.4 节的实验步骤 1）。

2）为了测量精确，先对运算放大器调零。方法参见本章 5.4 节的运算放大器调零及图 5-17。

3）测幅频特性曲线。在输入端加入正弦电压信号，信号的幅值应保证输出电压在整个频带内不失真。使用数字交流毫伏表进行电压测量，信号输入幅值确定后（有效值为 200mV），应先用示波器在整个频带内检查一下输出波形，然后再调节信号发生器输入信号的频率。保持输入信号有效值 200mV 不变，改变一次信号频率，测量一次 U_o 值。测量数据记录于表 5-22 中。

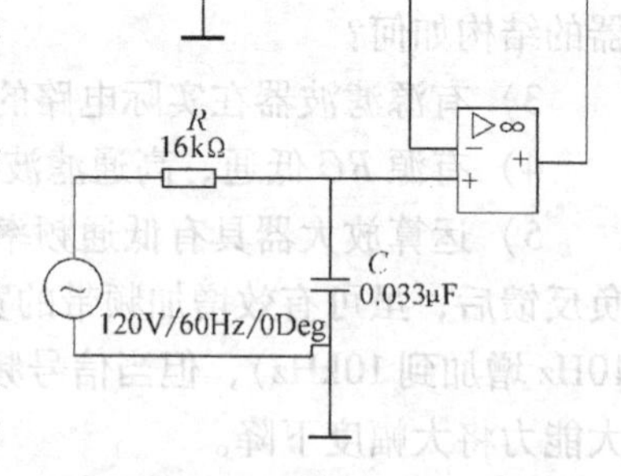

图 5-53 有源一阶 *RC* 低通滤波器

4）根据实验值作出幅频特性曲线。

表 5-22 低通滤波器幅频特性测量（保持输入有效值 200mV 不变）

f/kHz	0.02	0.03	0.06	0.1	0.2	0.3	0.4	0.5	1	2	3	4	5	10	20
U_o/V															
$A_u = U_o/U_i$															

（3）实验的注意事项

1）本实验的频率范围较宽，测交流电压有效值时，必须使用数字交流毫伏表。

2）由于函数信号发生器的内阻的影响，注意在调节频率时，应随时调节其输出电压大小，使得实验电路的输入电压保持不变。

7. 报告要求

1）根据测量数据、计算结果、幅频特性和相频特性曲线，得出无源一阶 *RC* 高通滤波器、有源一阶 *RC* 低通滤波器的特点。

2）绘制曲线图时，采用对数坐标。

3）总结实验结论。

8. 思考题

1）如何区别低通滤波器的一阶、二阶电路？它们有什么相同点和不同点？它们的幅频特性曲线有区别吗？

2）在幅频特性曲线的测量过程中，改变输入信号的频率时，输入信号的幅值是否也要做相应的改变？为什么？

第6章　数字电子技术实验

6.1　逻辑门电路的测量及其应用

1. 实验目的

1）掌握基本 TTL 门电路、CMOS 门电路的逻辑功能测量。

2）掌握基本门电路的控制作用。

3）掌握 TTL、CMOS 集成电路的使用特点。

2. 实验任务

（1）基本实验

1）完成 TTL“与非”门（74LS00）逻辑功能的测量。

2）完成 CMOS“或非”门（CD4001）逻辑功能测量和门的控制作用。

3）用一片 74LS00 芯片组成“异或”门、用两片 74LS00 芯片组成“同或”门，并进行电路逻辑功能的测量。

（2）扩展实验

设计电路，验证摩根定律 $Y=\overline{AB}=\overline{A}+\overline{B}$与 $Y=\overline{A+B}=\overline{A}\,\overline{B}$。

3. 实验设备

数字电路实验箱 1 套；

数字示波器 1 台；

数字万用表 1 块；

集成电路芯片若干。

4. 实验原理

（1）TTL 器件的使用规则

1）TTL 集成电路的电源 U_{CC}范围为 4.5 ~ 5.5V，实验中要求使用 $U_{CC}=5V$。电源极性绝对不允许接错。

2）TTL 集成电路闲置输入端的处理方法：悬空相当于逻辑“1”；对于一般小规模集成电路的数据输入端，实验时允许悬空处理（必须注意逻辑关系），但易受外界干扰，导致电路的逻辑功能不正常；对于接有长线的输入端，以及中规模以上的集成电路和使用集成电路较多的复杂电路，所有控制输入端必须按逻辑要求接入电路，不允许悬空。

3）TTL 集成电路的输出端不允许并联使用（集电极开路（OC）门和三态输出门电路除外）。否则，不仅会使电路逻辑功能混乱，而且会导致器件损坏。

（2）CMOS 器件的使用规则

1）CMOS 集成电路的电源电压 U_{DD}的范围较宽，在 3 ~ 18V 都可以使用。

2）电源电压不能接反，规定 U_{DD}接电源正极，U_{SS}接电源负极（通常接地）。

3）输入端的信号电压应为 $U_{SS}<U_I<U_{DD}$，超出该范围会损坏器件内部的保护二极管或

绝缘栅极，可在输入端串接一只限流电阻（10～100kΩ）。所有多余的输入端不能悬空，应按照逻辑要求直接接 U_{DD} 或 U_{SS}（地），工作速度不高时允许输入端并联使用。

4）测量 CMOS 集成电路时，应先加电源电压 U_{DD}，后加输入信号；关机时应先切断输入信号，后断开电源电压 U_{DD}。所有测试仪器的外壳必须良好接地。

（3）TTL 和 CMOS 集成电路的比较

1）TTL 集成电路是电流控制器件，CMOS 集成电路是电压控制器件。TTL 集成电路的电源工作电压一般为 5V，CMOS 集成电路的电源工作电压范围宽，有 2～6V、3～18V 等。

2）TTL 集成电路的速度快，传输延迟时间短（5～10ns），但功耗大；CMOS 集成电路的速度慢，传输延迟时间长（25～50ns），但功耗低。

3）在使用 TTL 或 CMOS 集成电路时，只有对它们的输入、输出的高、低电平值了解清楚，在应用时才能达到预期的效果。当电源电压取 5V 时，TTL 集成电路输出高电平约为 3.6V，CMOS 集成电路输出高电平约为 5V；输出为低电平时，CMOS 集成电路接近 0V，TTL 集成电路约为 0.1V。由此可见，CMOS 集成电路的动态范围要比 TTL 集成电路大。两者的输入转折点电压也不相同，TTL 集成电路约为 1.2V，CMOS 集成电路约为 2.2V。由此可见，CMOS 集成电路输入端的抗干扰能力也比 TTL 集成电路强。

（4）74 系列芯片的型号标识说明

74 系列芯片指的是一个系列的数字集成电路，即 74S×××、74LS×××、74F×××、74C×××、74HC×××、74HCT×××、74A×××、74AS×××、74ACT×××等型号的多种系列芯片。型号中间的字母即为产品系列，代表采用的不同技术。其中，LS 指低功耗肖特基电路，是 TTL 电平；HC 指高速 CMOS 电路，是 CMOS 电平；LS 的速度比 HC 略快；HCT 输入输出与 LS 兼容，但是功耗低；F 是高速肖特基电路等。型号中的“×××”表示芯片的类型，是一串数字（如 00、04、08、20、138、151、153、161、194、245、373、573、4066 等），只要数字相同，其逻辑功能就相同，只是性能有差异。

例如，型号 74LS161PW：74LS 表示产品系列，161 代表基本型号（四位二进制加计数器），PW 表示封装类型为 TSSOP。

（5）集成电路引脚的识别

首先，集成电路芯片放置位置必须正确，集成电路芯片的左边有一个半圆的小缺口，其引脚的顺序是从它的左边下方数起，逆时针从下排数到上一排。例如，74LS20 二 4 输入与非门，该集成电路芯片内含有两个互相独立的“与非”门，每个“与非”门有 4 个输入端。其外封装及引脚排列如图 6-1 所示。

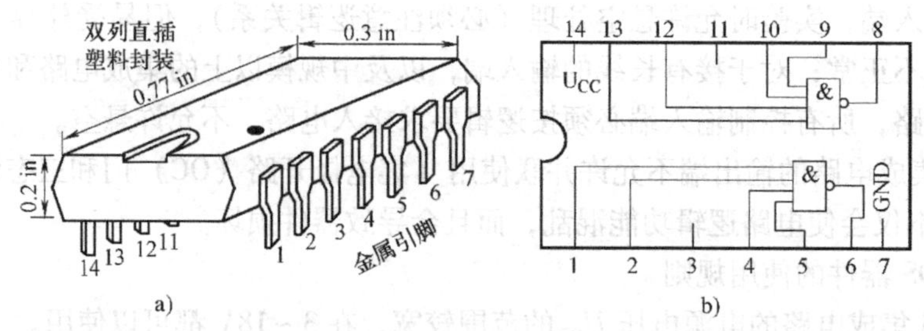

图 6-1 74LS20 的外封装及引脚排列

a）外封装 b）引脚排列

(6) 集成门电路类型

为了便于实现各种不同的逻辑函数，在集成门电路产品有“非”门、“与”门、“或”门、“与非”门、“或非”门、“与或非”门和“异或”门等。常用集成门电路的逻辑表达式、逻辑符号、特点见表6-1。

表6-1 常用集成门电路

名　称	逻辑表达式	逻辑符号	特　点
“与”门	$F=AB$	A, B → & → F	有“0”出“0” 全“1”出1
“或”门	$F=A+B$	A, B → ≥1 → F	有“1”出“1” 全“0”出0
“非”门	$F=\overline{A}$	A → 1 → o F	有“0”出“1” 有“1”出“0”
“与非”门	$F=\overline{AB}$	A, B → & → o F	有“0”出“1” 全“1”出0
“或非”门	$F=\overline{A+B}$	A, B → ≥1 → o F	全“0”出“1” 有“1”出“0
“异或”门	$F=A\oplus B$	A, B → =1 → F	相同出“0” 不同出“1”

(7) 门的控制作用

门电路在使用中常将某一输入端作为控制端，使该门始终处于“开启”或“关门”状态。例如在表6-1“与非”门中，若在*B*端加上高电平而在*A*端加入方波信号，则门开启，方波信号就可顺利地传输到输出端（反相于输入信号）。反之，若在*B*端加上低电平，则门关闭，*A*端的信号就不能传送至输出端，输出恒为高电平。*B*端的这种作用称为控制作用，*B*端就称为控制端。在集成电路中，经常利用控制端来选通整个芯片，称为片选端，通常记作*CS*（Chip Select）；或称使能端，记作*EN*（Enable）。

5. 预习提示

1）认真阅读理解实验原理。

2）设计实验方案，画出逻辑电路图，逻辑表达式要有具体的化简过程，完成实验任务。

3）查出集成电路芯片74LS00和CD4001的引脚排列图。

4）在数字电路中，进行逻辑功能测量时，万用表使用直流电压挡。

5）电源端与接地端要正确连接，否则会烧坏集成电路芯片。

6）不可在接通电源的情况下插入或拔出集成电路芯片。

7）TTL“与非”门不用的输入端允许悬空（但最好接高电平），不能接低电平。

6. 实验步骤

（1）TTL“与非”门

逻辑功能测量。实验对象选择74LS00四2输入与非门，选用其中任一个门。“与非”门的两个输入端接数字电路实验箱上的逻辑电平开关，输出端接逻辑电平指示（LED），测出两个输入端、输出端的电位各种不同状态，记入表6-2中。

（2）CMOS“或非”门

1）逻辑功能测量。实验对象选择CD4001四2输入或非门，选用其中任一个门。“或非”门的两个输入端接数字电路实验箱上的逻辑电平开关，输出端接逻辑电平指示（LED），测出两个输入端、输出端的电位各种不同状态，记入表6-2中。

2）门的控制作用。将表6-1中“或非”门（CD4001）的一个输入端（*A*端）接逻辑电平开关，另一端（*B*端）接数字电路实验箱的1kHz时钟脉冲。用逻辑电平开关分别给*A*端送高电平或低电平，用数字示波器同时观察并描绘这两种情况下输入、输出波形，解释其现象。

（3）用一片74LS00集成（电路芯片）的“与非”门实现“异或”门

1）检测74LS00内部四个“与非”门的逻辑功能是否正常。

2）根据实验要求，自行设计逻辑电路图，测量其输入与输出间的逻辑电位，记入表6-2中。

3）门的控制作用。其步骤同实验步骤（2）的2）一致。

（4）用两片74LS00集成（电路芯片）的“与非”门实现“同或”门

根据实验要求，自行设计电路图，测量其输入与输出间的逻辑电位，记入表6-2中。

表6-2 门电路的逻辑功能测量

	U_A	U_B	U_F（“与非”门）	U_F（“或非”门）	U_F（“异或”门）	U_F（“同或”门）
逻辑状态	0	0				
电位/V						
逻辑状态	0	1				
电位/V						
逻辑状态	1	0				
电位/V						
逻辑状态	1	1				
电位/V						

7. 报告要求

1）在实验报告上画出用数字示波器定量观察得到的输入、输出波形图。

2）对上述各项实验进行必要的填表，并做出有关分析与实验结论。

8. 思考题

1）怎样判断门电路的逻辑功能是否正常？如果将“与非”门作为“非”门使用，它们的输入端应如何连接？

2）“与非”门的一个输入端接连续脉冲，其余端什么状态时允许脉冲通过？什么状态时禁止脉冲通过？

3）门的逻辑功能和门的控制作用有何不同？

4）为什么“与非”门、“或非”门的输出端不能并联使用？有哪些门允许线与？

5）CMOS 门电路多余的输入端在使用时不允许悬空，其理由是什么？TTL“与非”门的输入端悬空相当于输入什么电平？为什么？

6.2 组合逻辑电路的设计

1. 实验目的

1）初步掌握利用小规模数字集成电路芯片设计组合逻辑电路的一般方法。

2）熟悉组合逻辑电路设计与测量过程。

3）学会如何自查设计电路出现的故障。

2. 实验任务

（1）基本实验

1）实现自动传输线中停机与告警控制电路设计。某自动传输线由三条传送带串联而成，各传送带各由一台电动机拖动。自物料起点至终点，这三台电动机分别设为 A、B、C。为了避免物料在传输途中堆积于传送带上，要求：A 开机则 B 必须开机，B 开机则 C 必须开机。否则，应立即停机并发出告警信号。试用最少的“与非”门（选用 74LS00）及“非”门（选用 74LS04）设计具有停机与告警功能（用 LED 显示）的控制电路（用高电平表示停机与告警）。

2）实现自备电站中发电机起停控制电路设计。某工厂有三个车间和一个自备电站，站内有两台发电机 X 和 Y，Y 的发电量是 X 的两倍。如果一个车间开工，起动 X 就可满足要求；如果两个车间同时开工，起动 Y 就可满足要求；若三个车间同时开工，则 X 和 Y 都应起动。试用“异或”门（74LS86）、“与或非”门（74LS54 或 7454）及“非”门（74LS04）设计一个控制 X（用“异或”门实现）和 Y（用“与或非”门和“非”门实现）的起停电路。

3）设计一个监视交通信号灯工作状态的逻辑电路。每一组信号灯由红、黄、绿（R、A、G）三盏灯组成，如图 6-2 所示。正常工作状态时，任何时刻必有一盏灯点亮，而且只允许有一盏灯点亮。当出现其他五种点亮情况时，是故障状态，这时要求发出故障信号（用高电平表示故障），以提醒维护人员前去修理。要求用“与或非”门及“非”门实现逻辑电路。

（2）扩展实验

1）试用 2 输入“与非”门和反相器设计一个 4 位的奇偶校验器，即当 4 位数中有奇数个“1”时输出为“0”，否则输出为“1”。列出真值表，按要求写出逻辑表达式，画出逻辑电路图，验证实验结果。

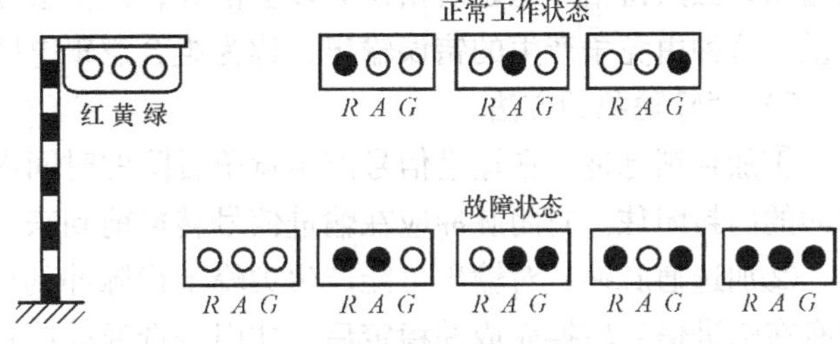

图 6-2 交通信号灯的正常工作状态与故障状态

2）试用“与非”门设计一个组合电路，完成如下功能：

设有 B、C 两路输入信号，当控制信号 A 为高电平时选择 B 路信号输出，当控制信号 A 为低电平时，选择 C 路信号输出。按要求写出逻辑表达式，画出逻辑电路图，验证实验结果。

①当 $B=C=$ “1” 时，用示波器观察电路输入、输出信号的关系，判断有无竞争冒险的险象，指出险象类型，并画出波形图，记录结果。

②试用添加校正项的方法消除险象，用示波器观察波形，画出波形图，记录结果，并与①的结果相比较。

3）试用 74HC00“与非”门和 74HC54“与或非”门，用 Multisim 软件仿真设计一个公共场所的一盏电灯受多处开关控制的逻辑电路。

3. 实验设备

数字电路实验箱 1 套；

数字示波器 1 台；

数字万用表 1 块；

集成电路芯片若干。

4. 实验原理

（1）使用中、小规模集成电路芯片设计实现组合逻辑电路

其步骤如下：

1）进行逻辑抽象。根据给定的因果关系列出真值表。

2）写出逻辑表达式。为便于对逻辑函数进行化简和变换，需要把真值表转换为对应的逻辑表达式。

3）选定器件的类型。应该根据对电路的具体要求和器件的资源情况，决定采用哪一种类型的器件。

4）将逻辑函数化简或变换成适当的形式。在使用中规模集成的常用组合逻辑电路设计电路时，需要把函数的逻辑表达式变换成与所用器件的逻辑表达式相同或类似的形式，以便能用最少的器件和最简单的连线接成所要求的逻辑电路。

5）画出总体逻辑电路图。

（2）组合逻辑电路中的险象

1）险象及其产生原因。组合逻辑电路的设计过程是在理想情况下进行的，即假设一切器件均没有延时效应。但实际上并非如此。实际电路中的门电路都存在着延时，信号经不同路径到达某点时会产生时差，这种时差现象称为竞争。竞争现象可能使电路产生暂时性的错误输出，虽然待信号稳定后错误大多会消失，但仍会导致工作不可靠，有时会导致永久性的错误。这种由竞争产生的错误输出，称为组合逻辑电路的险象。

2）消除险象的方法。

①加封锁脉冲：在输进信号产生竞争冒险的时间内，引进一个脉冲将可能产生尖峰干扰脉冲的门封闭住。封闭脉冲应在输进信号转换前到来，转换结束后消失。

②加选通脉冲：对输出可能产生尖峰干扰脉冲的门电路增加一个接选通信号的输进端，只有在输进信号转换完成并稳定后，才引进选通脉冲将它打开，此时才答应有输出。在转换过程中，由于没有加选通脉冲，因此，输出不会出现尖峰干扰脉冲。

③接入滤波电容：由于尖峰干扰脉冲的宽度一般都很窄，因此在可能产生尖峰干扰脉冲的门电路输出端与地之间接进一个容量为几十皮法的电容就可吸收掉尖峰干扰脉冲。

④修改逻辑设计：在卡诺图中将相切的部分用包围连接起来，增加校正项，可消除险象。

(3) 奇（偶）校验器

奇偶校验是一种校验代码传输正确性的方法，它根据被传输的一组二进制代码的数位中“1”的个数是奇数或偶数来进行校验。采用奇数的称为奇校验，反之，称为偶校验。采用何种校验是事先规定好的。通常专门设置一个奇偶校验位，用它使这组代码中“1”的个数为奇数或偶数。若用奇校验，则当接收端收到这组代码时，校验“1”的个数是否为奇数，从而确定传输代码的正确性。

5. 预习提示

1）认真阅读理解实验原理。

2）列出实验任务的设计过程，列出真值表，画出卡诺图，根据给定芯片设计完整的逻辑电路图。

3）对所设计的电路进行仿真、实验测量，记录测量结果。

4）写出组合逻辑电路设计体会。

5）查找设计中使用芯片的引脚排列。

6. 报告要求

1）写出实验任务的设计过程，列出真值表，画出卡诺图，并设计完整的逻辑电路图。

2）对所设计的电路进行实验测量，记录测量结果，并分析实验过程中出现的问题。

7. 思考题

1）在基本实验的 1）中，若告警信号采用低电平有效，则逻辑表达式、逻辑电路图以及告警控制电路的连接方式应如何？

2）什么是半加器？什么是全加器？它们各有什么特点？

3）在利用小规模集成电路芯片进行逻辑设计时，是否一定要将逻辑关系化简到最简形式？为什么？

4）对于“与或非”门来说，多出的“与”门如何处理？对于“与”门中多出的输入端又如何处理？

5）用 2 输入“与非”门电路实现 $F = AB + CD$，写出逻辑表达式并画出逻辑电路图。

6.3　中规模集成逻辑器件的应用

1. 实验目的

掌握使用中规模集成电路（MSI）译码器、数据选择器和基本门电路设计组合逻辑电路的方法。

2. 实验任务

(1) 基本实验

1）设计一个 1 位二进制全加器（或全减器），要求：

①用一片 74LS138 3 线-8 线译码器及一片 74LS20 二 4 输入与非门实现。

②用两片74LS151 8选1数据选择器实现。

2）要求设计一个31天（大月）指示器，即输入为月份，若该月份为31天，输出即为“1”，其余为“0”（包括任意项）。试用74LS151实现图6-3所示功能，并验证是否达到要求。

（2）扩展实验

1）利用74LS151以及晶体管和电阻设计一个组合逻辑电路，输入为4位二进制数，当输入能被2或5整除时，输出为1（注：0能被2或5整除）。

2）试分别用74LS138和74LS153二4选1数据选择器实现一个可控加、减运算电路。要求：$X=$“0”时进行1位二进制加法运算；$X=$“1”时进行1位二进制减法运算。

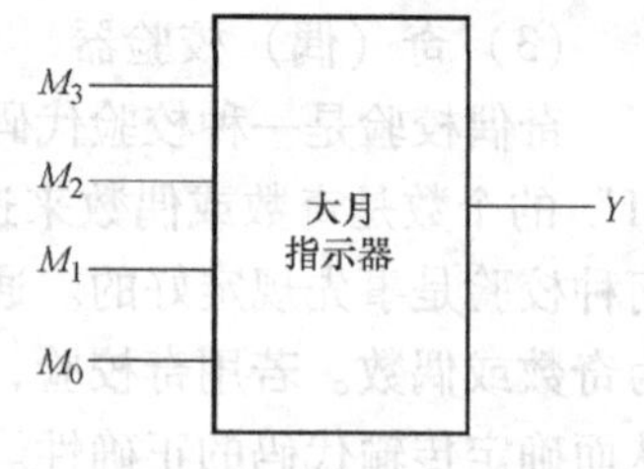

图6-3 大月指示器功能框图

3）使用中规模集成电路芯片74HC147、74HC247及74HC00（或74HC04反相器），用Multisim软件仿真设计一个能实现编码、译码及显示的组合逻辑电路。

3. 实验设备

数字电路实验箱1套；

数字示波器1台；

数字万用表1块；

集成电路芯片若干。

4. 实验原理

中规模集成电路是一种具有专门功能的集成逻辑器件。常用的中规模集成电路组合功能器件有译码器、编码器、数据选择器、数据比较器等。借助于器件手册提供的功能表，弄清器件各引出端（特别是各控制输入端）的功能与作用，就能正确地使用这些器件。在此基础上，应该尽可能地开发这些器件的功能，扩大其应用范围。对于一个逻辑电路设计者来说，关键在于合理选用器件，灵活地使用器件的控制输入端，运用各种设计技巧，实现任务要求的功能。设计者可以将要实现的逻辑表达式进行变换，尽可能变换成与某些中规模集成逻辑器件的逻辑表达式类似的形式。如果需要实现的逻辑表达式与某种中规模集成逻辑器件的逻辑表达式形式上完全一致，则使用这种器件最方便；如果需要实现的逻辑表达式是某种中规模集成逻辑器件的逻辑表达式的一部分，例如变量数少，则只需对中规模集成逻辑器件的多余输入端作适当的处理（固定为1或固定为0），就可以很方便地实现需要的逻辑函数；如果需实现的逻辑表达式的变量数比中规模集成逻辑器件的输入变量多，则可以通过扩展的方法来实现。

（1）用译码器设计组合逻辑电路

74LS138是一个3线-8线译码器，是一种通用译码器，它的逻辑符号如图6-4所示，功能表见表6-3。其中，A_2、A_1、A_0是三个地址输入端，它们共有八种状态的组合，即可译出八个输出信号$\overline{Y_0}$、$\overline{Y_1}$、…、$\overline{Y_7}$端。该译码器设置了S_A、$\overline{S_B}$、$\overline{S_C}$三个使能输入端，仅当S_A、$\overline{S_B}$、$\overline{S_C}$分别为H、L、L时，译码器才正常译码。否则，译码器不实现译码，即不管译码输入

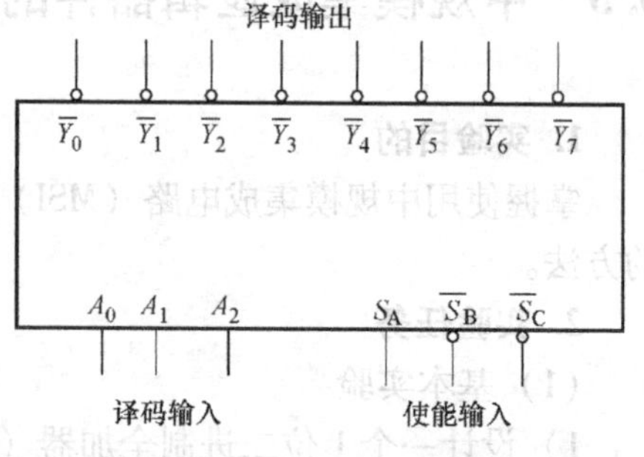

图6-4 74LS138逻辑符号

A_2、A_1、A_0 为何值，八个译码输出$\overline{Y_0}$、$\overline{Y_1}$、…、$\overline{Y_7}$都输出高电平。符号×表示为无关项，它的值可以取0或1。

表6-3 74LS138功能表

输入					输出							
S_A	$\overline{S_B}+\overline{S_C}$	A_2	A_1	A_0	$\overline{Y_0}$	$\overline{Y_1}$	$\overline{Y_2}$	$\overline{Y_3}$	$\overline{Y_4}$	$\overline{Y_5}$	$\overline{Y_6}$	$\overline{Y_7}$
×	H	×	×	×	H	H	H	H	H	H	H	H
L	×	×	×	×	H	H	H	H	H	H	H	H
H	L	L	L	L	L	H	H	H	H	H	H	H
H	L	L	L	H	H	L	H	H	H	H	H	H
H	L	L	H	L	H	H	L	H	H	H	H	H
H	L	L	H	H	H	H	H	L	H	H	H	H
H	L	H	L	L	H	H	H	H	L	H	H	H
H	L	H	L	H	H	H	H	H	H	L	H	H
H	L	H	H	L	H	H	H	H	H	H	L	H
H	L	H	H	H	H	H	H	H	H	H	H	L

根据表6-3所列74LS138功能表，若3线-8线译码器的控制端 S_A = “1”、$\overline{S_B}+\overline{S_C}$ = “0”时，若将A_2、A_1、A_0作三个输入逻辑变量，则八个输出端给出的就是这三个输入变量的全部最小项$\overline{m_0}\sim\overline{m_7}$。利用附加的门电路将这些最小项适当地组合起来，便可以产生任何形式的三变量组合逻辑函数。

同理，由于n位二进制译码器的输出给出了n变量的全部最小项，因而用n变量二进制译码器和“或”门（当译码器的输出为原函数$m_0\sim m_{2^n-1}$时）或者“与非”门（当译码器的输出为反函数$\overline{m_0}\sim\overline{m_{2^n-1}}$时）一定能获得任何形式输入变量数不大于$n$的组合逻辑函数。

例6-1 试利用74LS138设计一个组合逻辑电路，其输出的逻辑表达式为 $Z=A\overline{C}+\overline{A}BC+A\overline{B}C$。

解：事先将逻辑表达式给定的逻辑函数化为最小项之和的形式，得到

$$Z(A,B,C)=A\overline{C}+\overline{A}BC+A\overline{B}C=AB\overline{C}+A\overline{B}\,\overline{C}+\overline{A}BC+A\overline{B}C=m_3+m_4+m_5+m_6$$

$$=\overline{\overline{m_3+m_4+m_5+m_6}}=\overline{\overline{m_3}\,\overline{m_4}\,\overline{m_5}\,\overline{m_6}}$$

只要令74LS138的输入$A_2=A$、$A_1=B$、$A_0=C$，则它的输出$\overline{Y_3}\sim\overline{Y_6}$就是上式中的$\overline{m_3}\sim\overline{m_6}$，由于这些最小项在74LS138的输出是以反函数形式给出的，因此还需要把Z变换为$\overline{m_3}\sim\overline{m_6}$。所以，只需在74LS138的输出端附加一个4输入“与非”门，即可得到Z的逻辑电路。如果译码输出为原函数形式，则只要把上述“与非”门换成“或”门就行了。

（2）用数据选择器设计组合逻辑电路

1）74LS153是一个二4选1数据选择器，其逻辑符号如图6-5所示，功能表见表6-4。一片74LS153中有两个4选1数据选择器，且每个都有一个选通输入端，输入低电平有效。应当注意到：选择输入端A_1、A_0为两个数据选择器所共用；从表6-4所列功能表可以看出，数据输出Y的逻辑表达式为

$$Y=ST[D_0\overline{A_1}\,\overline{A_0}+D_1(\overline{A_1}A_0)+D_2(A_1\overline{A_0})+D_3(A_1A_0)]$$

即当选通输入$\overline{ST}=0$时，若选择输入A_1、A_0分别为00、01、10、11，则相应地把D_0、D_1、D_2、D_3送到数据输出端Y去；当$\overline{ST}=1$时，Y恒为L（0）。

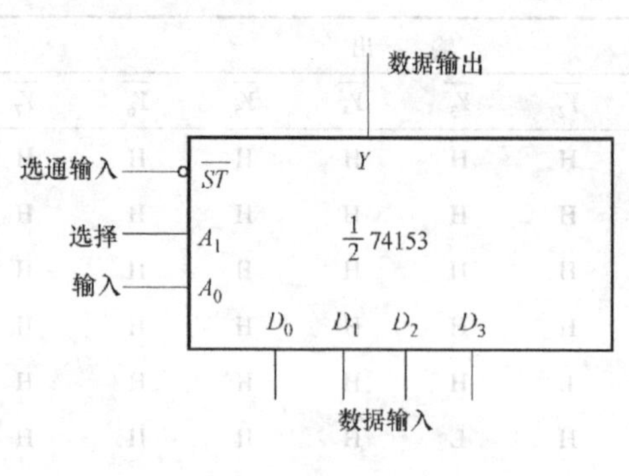

图6-5 74LS153逻辑符号

表6-4 74LS153功能表

输入							输出
A_1	A_0	D_0	D_1	D_2	D_3	$\overline{ST}$	Y
×	×	×	×	×	×	H	L
L	L	L	×	×	×	L	L
L	L	H	×	×	×	L	H
L	H	×	L	×	×	L	L
L	H	×	H	×	×	L	H
H	L	×	×	L	×	L	L
H	L	×	×	H	×	L	H
H	H	×	×	×	L	L	L
H	H	×	×	×	H	L	H

使用数据选择器进行电路设计的方法是，合理地选用地址变量，通过对函数的运算变换，确定各数据输入端的输入方程。

①当输入变量小于数据选择器的地址端时，只需将高位地址端接地及相应的数据输入端接地即可。

②当输入变量的个数大于数据选择器的地址端时，用所谓的降维卡诺图。

2）74LS151是一种8选1数据选择器，它的功能表和逻辑符号见表6-5和如图6-6所示。

表6-5 74LS151功能表

输入				输出	
选择			选通	数据	反码数据
A_2	A_1	A_0	$\overline{G}$	Y	W
×	×	×	1	0	1
0	0	0	0	D_0	$\overline{D_0}$
0	0	1	0	D_1	$\overline{D_1}$
0	1	0	0	D_2	$\overline{D_2}$
0	1	1	0	D_3	$\overline{D_3}$
1	0	0	0	D_4	$\overline{D_4}$
1	0	1	0	D_5	$\overline{D_5}$
1	1	0	0	D_6	$\overline{D_6}$
1	1	1	0	D_7	$\overline{D_7}$

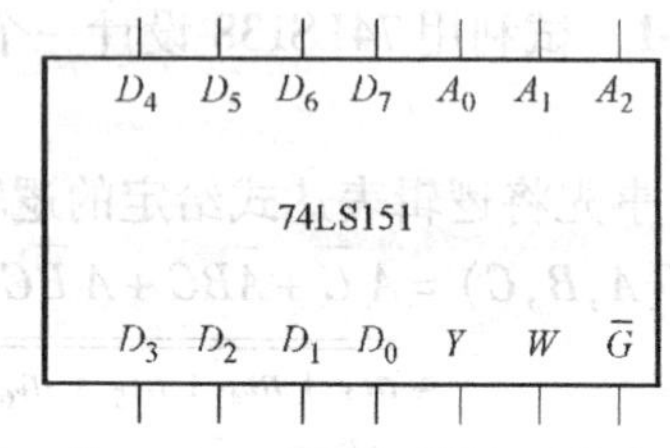

图6-6 74LS151逻辑符号

由表6-5可以看出，当选通输入端$\overline{G}$为0时，Y是A_2、A_1、A_0和数据$D_0 \sim D_7$的“与或”函数，它的表达式为

$$Y = \sum_{i=0}^{7} m_i D_i$$

式中，m_i是A_2、A_1、A_0构成的最小项。

显然，当 D_i = “1” 时，其对应的最小项 m_i 在“与或”表达式中出现；当 $D_i=0$ 时，对应的最小项就不出现。利用这一点，可以实现组合逻辑函数。

将数据选择器的地址输入信号 A_2、A_1、A_0 作为函数的输入变量，数据输入 $D_0 \sim D_7$ 作为控制信号，控制各最小项在输出逻辑函数中是否出现，选通输入端始终保持低电平，这样，8 选 1 数据选择器就成为一个三变量的函数产生器。

5. 预习提示

1）认真阅读理解实验原理。

2）列出实验任务的设计过程，列出真值表，画出卡诺图，根据给定芯片设计完整的逻辑电路图。

3）对所设计的电路进行实验测量，记录测量结果，用数字示波器观察全加器波形。

4）用 8 选 1 数据选择器完成 1 位二进制全加器或全减器（需要两片 74LS151）。

6. 报告要求

1）根据实验内容，列出真值表，写出最简逻辑表达式，画出逻辑电路图。

2）记录实验测量结果，并分析实验过程中出现的问题。

7. 思考题

1）如果实验室中没有 74LS151 8 选 1 数据选择器，只有 74LS153 二 4 选 1 数据选择器，能否实现 8 路数据的传输？试画出逻辑电路图。

2）人类有四种血型：A、B、AB 和 O 型。输血时，输血者和受血者必须符合图 6-7 的规定，否则有生命危险。试利用数据选择器和最少数量的基本门设计一个符合输血-受血规则的 4 输入 1 输出电路，规则如图 6-7 所示。要求当受血者所需血型满足要求时，输出指示灯亮。（提示：输入可用两个自变量的组合代表输血者血型，另外两个自变量的组合代表受血者血型，用输出变量代表是否符合规定）。

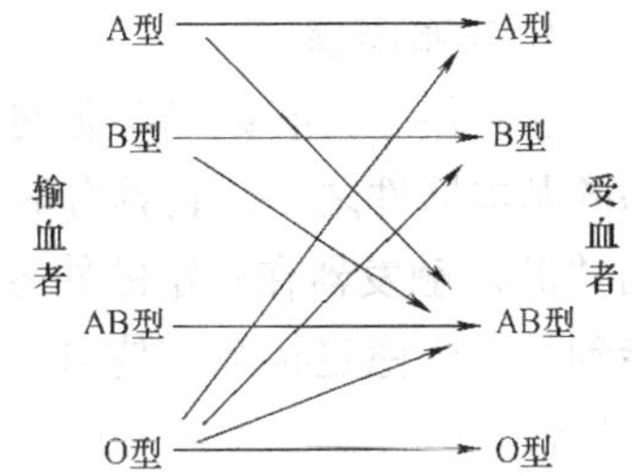

图 6-7 输血-受血规则示意图

3）举例说明本实验在实际生活中的应用。

4）在 8 路数据传输中，如果将输入数据最后以反码形式输出，电路应如何连接？

6.4 触发器的应用

1. 实验目的

1）了解常用触发器的特点及其逻辑功能。

2）掌握测量 D 触发器及 JK 触发器逻辑功能的方法。

3）熟悉触发器的基本应用及故障排除。

4）掌握触发器应用。

2. 实验任务

（1）基本实验

1）完成维持-阻塞型 D 触发器（74LS74）的逻辑功能测量。

2）完成 JK 触发器（74LS76）的逻辑功能测量。

3）完成用 JK 触发器（74LS76）构成 T 触发器的功能测量和观察 T 触发器输入、输出波形。

（2）扩展实验

1）设计广告流水灯（用 74LS74 或 74LS76 及 3 线-8 线译码器等实现）。共有 8 个灯，始终使其中 1 暗 7 亮，且这 1 个暗灯循环右移。要求：

①用数字电路实验箱单次负正脉冲，观察输出端变化（输出接 LED）。

②连续脉冲观察（用 Multisim 软件中的逻辑分析仪）或数字示波器观察时钟脉冲 CP 与触发器输出端 Q_0、Q_1、Q_2 波形）。

2）设计一个模拟乒乓球练习电路，电路功能要求：模拟两个运动员在练球时乒乓球能不落地往返运动，建议采用 74HC74 双 D 触发器。提示：两个触发器的 CP 端分别由两名运动员操作，触发器的状态（乒乓球位置）用数字电路实验箱上的 LED 指示。

3）试用 D 触发器设计实现一个 4 位并行输入-并行输出寄存器。

3. 实验设备

数字电路实验箱 1 套；

数字示波器 1 台；

数字万用表 1 块；

集成电路芯片若干。

4. 实验原理

触发器是具有记忆功能的二进制信息存储器件，是时序逻辑电路的基本器件之一，它具有两个稳定状态，用以表示逻辑状态“1”和“0”。触发器在一定的外界信号作用下，可以从一个稳定状态翻转到另一个稳定状态，是构成各种时序逻辑电路的最基本逻辑单元。图 6-8 所示是基本 RS 触发器。

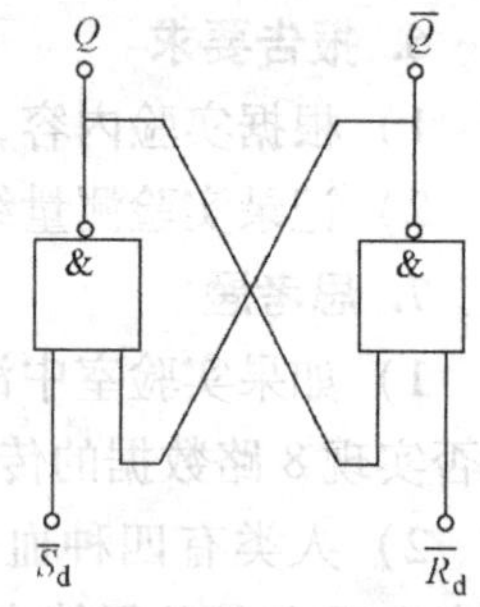

图 6-8 基本 RS 触发器

（1）常用触发器特性

常用触发器特性见表 6-6。

表 6-6 常用触发器特性

名 称	状 态 方 程	逻 辑 符 号	功 能 说 明
基本 RS 触发器（由两个“与非”门构成）	$Q^{n+1}=S_d+\overline{R_d}Q^n$ $R_dS_d=0$	Q $\overline{Q}$ $\overline{S}_d$ $\overline{R}_d$	具有保持功能； 置 0 功能； 置 1 功能； 不允许
钟控 RS 触发器（由两个“与非”门构成,加时钟信号）	$Q^{n+1}=Q^n \quad CP=0$ $Q^{n+1}=S+\overline{R}Q^n, RS=0 \quad CP=0$	Q $\overline{Q}$ $\overline{S}_d$ $\overline{R}_d$ S R CP	具有保持功能； 置 0 功能； 置 1 功能； 不允许

（续）

名　称	状态方程	逻辑符号	功能说明
维持-阻塞 D 触发器 (74LS74)	$Q^{n+1}=D(CP\uparrow)$		上升沿触发； 具有置0、置1功能
边沿型 JK 触发器 (74LS76)	$Q^{n+1}=J\overline{Q^n}+\overline{K}Q^n(CP\downarrow)$		下降沿触发； 具有保持功能； 置0功能； 置1功能； 翻转功能

（2）开关接触抖动（反跳）的影响及解决方法

本实验需使用手动开关，当按压开关时，由于机械开关的接触抖动，往往在几十毫秒内电压会出现多次抖动，相当于连续出现了几个脉冲信号。显然，用这样的开关产生的信号直接作为电路的驱动信号可能导致电路产生错误动作，这在有些情况下是绝对不允许的。为了消除开关的接触抖动，可在机械开关与被驱动电路之间接入一个基本 RS 触发器，如图 6-9 所示。当开关在常态下时，$\overline{S}=0$，$\overline{R}=1$，可得出 $A=1$，$\overline{A}=0$；当按下开关时，$\overline{S}=1$，$\overline{R}=0$，可得出 $A=0$，$\overline{A}=1$，改变了输出信号 A 的状态。若由于机械开关的接触抖动，$\overline{R}$的状态在0和1之间变化多次，其间，虽有$\overline{R}=1$，但由于 $A=0$，G_2 门仍然是“有低出高”，因此不会影响输出的状态。同理，当松开开关时，$\overline{S}$端出现的接触抖动也不会影响输出的状态。因此，开关每按压一次，A 的输出信号仅发生一次变化。

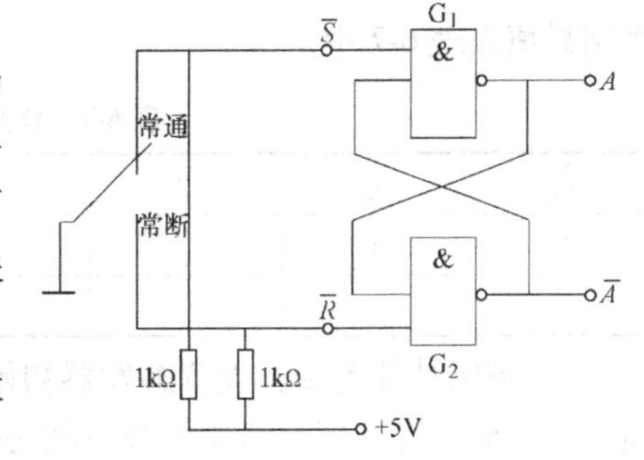

图 6-9　无抖动开关电路

（3）触发器的选择规则

1）通常根据数字系统的时序配合关系选用触发器，一般在同一系统中选择具有相同触发方式的同类型触发器较好。

2）在工作速度要求较高的情况下，采用边沿触发方式的触发器较好，但速度越高越易受外界干扰。选择上升沿触发还是下降沿触发，原则上没有优劣之分。如果是 TTL 电路的触发器，则输出为“0”时的驱动能力远强于输出为“1”时的驱动能力，尤其是当集电极开路输出时上升沿更差，所以此时选用下降沿触发更好些。

3）触发器在使用前必须经过全面测试才能保证可靠性。

4）CMOS 与 TTL 触发器的触发方式基本相同，但使用时不宜将这两种器件混合使用，因 CMOS 触发器内部电路结构及对触发时钟脉冲的要求与 TTL 有较大差别。

5. 预习提示

1）认真阅读理解实验原理。

2）列出实验任务的设计过程，列出真值表，根据给定芯片设计完整的逻辑电路图。

3）对所设计的电路进行实验测量，记录测量结果，用 Multisim 逻辑分析仪（或数字示波器）观察波形。

4）为了便于观察信号波形，用 Multisim 仿真时，输入信号频率不要设置得太高，太高不便于观察结果。

5）若要进行 Multisim 仿真，触发器的时钟脉冲的频率和逻辑分析仪的触发脉冲频率不要设置成一致。若设置成一致，逻辑分析仪上将无法显示时钟信号源的波形，此时输出波形无法与时钟波形相对应。

6）触发器功能测量记录表（见表 6-8）中的触发器功能，指触发器输出状态处于置“0”、置“1”或“保持”。

6. 实验步骤

（1）维持-阻塞型 D 触发器（74LS74）功能测量及其应用

74LS74 的逻辑符号如图 6-10 所示。图中$\overline{S}_d$ 端、$\overline{R}_d$ 端分别为异步置“1”端、置“0”端（或称异步置位、复位端）。*CP* 为时钟脉冲端。实验步骤如下：

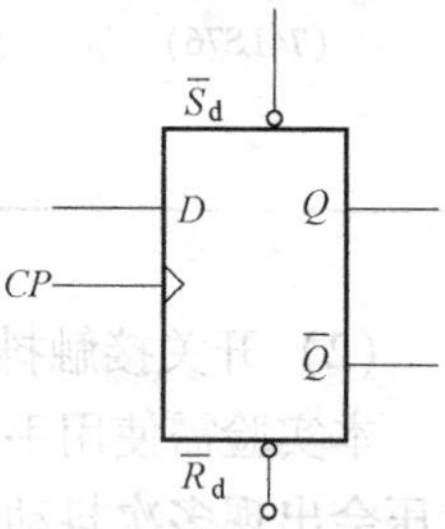

1）分别在$\overline{S}_d$、$\overline{R}_d$ 端加高低电平，观察并记录 Q、$\overline{Q}$端的状态，将结果填入表 6-7 中。

图 6-10　D_1 触发器的逻辑符号

表 6-7　D 触发器置位和复位功能测量

$\overline{R}_d$	$\overline{S}_d$	Q	$\overline{Q}$	$\overline{R}_d$	$\overline{S}_d$	Q	$\overline{Q}$
0	1			1	0		
1	1			1	1		

2）逻辑功能测量：设置触发器初始状态为“0”或“1”（注意设置完初始状态后，必须将$\overline{R}_d$、$\overline{S}_d$置为“1”，否则触发器状态将被封锁住），将 *D* 端分别接高、低电平，用数字电路实验箱单次负正脉冲作为 *CP*，观察并记录当 *CP* 为脉冲上升沿、脉冲下降沿时 *Q* 端状态的变化，将结果填入表 6-8 中。

表 6-8　*D* 触发器功能测量

D	CP	Q^n	Q^{n+1}		触发器功能
		状态	状态	电平/V	
0	0→1	0			
		1			
	1→0	0			
		1			
1	0→1	0			
		1			
	1→0	0			
		1			

3）当$\overline{S}_d=\overline{R}_d=1$、$CP=0$（或$CP=1$），改变$D$端信号，观察$Q$端的状态是否变化？

4）用D触发器构成二分频器电路：将CP接1kHz连续时钟，按如图6-11接线，用数字示波器定量记录输入、输出波形。

（2）JK触发器（74LS76）功能测量

JK触发器的逻辑符号如图6-12所示，自拟实验步骤，测量其功能，并将结果填入表6-9中。

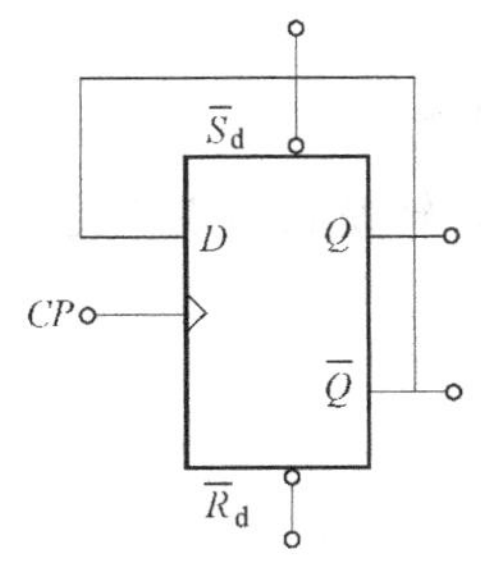

图6-11 D触发器应用电路

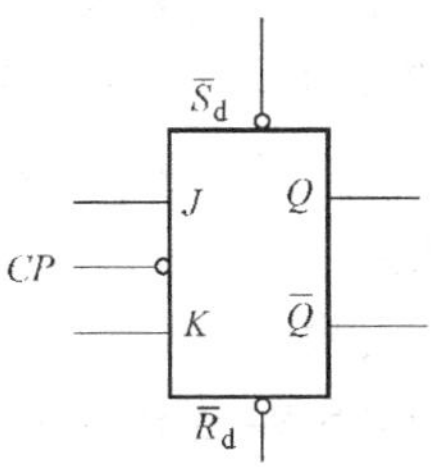

图6-12 JK触发器的逻辑符号

表6-9 JK触发器功能表及功能测量

JK触发器特性			功能说明	CP	功能测量结果	
输入		输出			Q^1	Q^{n+1}
I	K	Q^{n+1}			现态	次态
0	0	Q^n	保持	0→1	0/1	
				1→0	0/1	
0	1	0	置零	0→1	0/1	
				1→0	0/1	
1	0	1	置位	0→1	0/1	
				1→0	0/1	
1	1	$\overline{Q^n}$	计数	0→1	0/1	
				1→0	0/1	

（3）用JK触发器（74LS76）构成T触发器

自行设计逻辑电路图，当CP端加1kHz连续脉冲时，观察T触发器输入、输出波形。

7. 报告要求

1）列表整理各类触发器的逻辑功能。

2）绘制波形图，总结观察到的波形，说明触发器的触发方式。

3）掌握触发器的应用。

8. 思考题

1）利用普通的机械开关所产生的信号是否可作为触发器的时钟脉冲信号？为什么？是否可以用作触发器的其他输入端的信号？又是为什么？

2）设计一个电路用D触发器构成JK触发器。

3）JK触发器实现正常逻辑功能状态时，$\overline{S}_d$和$\overline{R}_d$应处于什么状态？悬空行不行？

4）当$\overline{S}_d$、$\overline{R}_d$端为________（高、低）电平时，D触发器的输出状态由D信号及CP脉

冲决定，若时钟脉冲 CP 接至数字电路实验箱单次正脉冲按钮，则在按钮________（按下、抬起）时，触发器的状态更新。

6.5 移位寄存器的应用

1. 实验目的

1）了解移位寄存器的基本概念和一般方法。

2）掌握 74LS194 4 位双向移位寄存器逻辑功能的测量方法。

3）熟悉移位寄存器的基本应用。实现数据的串行、并行转换和构成各类计数器。

2. 实验任务

（1）基本实验

1）完成 74LS194 逻辑功能的测量。

2）设计用 74LS194 实现扭环形计数器和环形计数器。

3）设计用 74LS194 实现六进制计数器。

4）用 74LS194 实现数据的串行/并行转换。

（2）扩展实验

1）用 74LS194 设计逐个点亮熄灭式 LED 闪烁器，画出逻辑电路图并实现。

2）设计用两片 74LS194、一片 74LS183 全加器和一片 74LS74 D 触发器构成 4 位串行加法器电路，实现两个 4 位二进制数的加法计算，用 Multisim 10 逻辑分析仪进行测量。

若两个寄存器的原始数据为 $A=1001$、$B=0011$，试问经过 4 个 CP 信号作用之后两个寄存器中的数据如何？经过 8 个 CP 信号作用之后两个寄存器中的数据又如何？

3. 实验设备

数字电路实验箱 1 套；

数字示波器 1 台；

数字万用表 1 块；

集成电路芯片若干。

4. 实验原理

时序功能组件常用的有计数器和移位寄存器等，借助于器件手册提供的功能表和工作波形图，就能正确地使用这些器件。对于一个使用者，关键在于合理地选用器件，灵活地使用器件的各控制输入端，运用各种设计技巧，完成任务要求的功能。在使用中规模集成电路器件时，各控制输入端必须按照逻辑要求接入电路，不允许悬空。

（1）移位寄存器功能表

移位寄存器是指寄存器中所存的代码能够在移位脉冲的作用下依次左移或右移。既能左移又能右移的称为双向移位寄存器，只需要改变左、右移的控制信号，便可实现双向移位的要求。移位寄存器根据存取信息的方式不同分为串入串出、串入并出、并入串出、并入并出四种形式。

本实验选用 74LS194 4 位双向移位寄存器，其逻辑符号如图 6-13 所示。

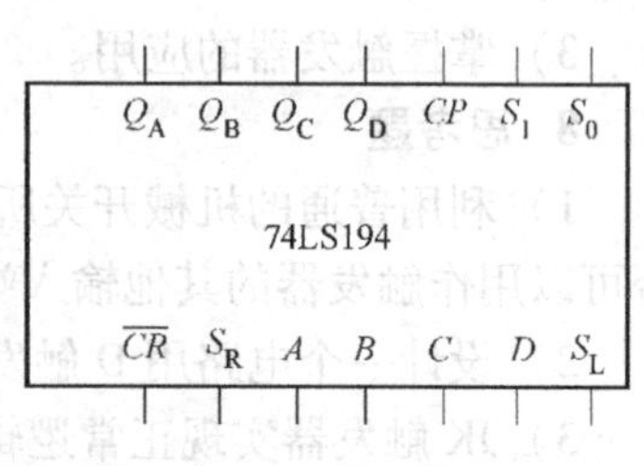

图 6-13 74LS194 逻辑符号

74LS194 的功能表见表 6-10，其中 $ABCD$ 和 $Q_AQ_BQ_CQ_D$ 是并行数据输入端和输出端；CP 是时钟输入端；$\overline{CR}$是直接清零端；S_L 和 S_R 分别是左移和右移时的串行数据输入端；S_1 和 S_0 是工作状态控制输入端。

表 6-10　74LS194 功能表

功能	输入										输出			
	$\overline{CR}$	S_1	S_0	CP	S_L	S_R	A	B	C	D	Q_A^{n+1}	Q_B^{n+1}	Q_C^{n+1}	Q_D^{n+1}
清除	0	×	×	×	×	×	×	×	×	×	0	0	0	0
保持	1	×	×	×	×	×	×	×	×	×	保持			
	1	0	0	↑	×	×	×	×	×	×				
送数	1	1	1	↑	×	×	A	B	C	D	A	B	C	D
右移	1	0	1	↑	×	1	×	×	×	×	1	Q_A^n	Q_B^n	Q_C^n
	1	0	1	↑	×	0	×	×	×	×	0	Q_A^n	Q_B^n	Q_C^n
左移	1	1	0	↑	1	×	×	×	×	×	Q_B^n	Q_C^n	Q_D^n	1
	1	1	0	↑	0	×	×	×	×	×	Q_B^n	Q_C^n	Q_D^n	0

（2）移位寄存器应用

移位寄存器应用很广，可构成移位寄存器型计数器、顺序脉冲发生器、串行累加器，也可用做数据转换，即把串行数据转换并行数据，或并行数据转换成串行数据等。

1）移位寄存器组成环形计数器。把移位寄存器的输出反馈到它的串行输入，就可进行循环移位，如图 6-14 所示。把输出端 Q_D 和右移串行输入 S_R 相连接，设初始状态 $Q_AQ_BQ_CQ_D$ = 1000，则在时钟 CP 作用下，$Q_AQ_BQ_CQ_D$ 将依次变为 0100→0010→0001→1000→…，可见，它是一个具有四个有效状态的计数器，这种类型的计数器通常称为环形计数器。

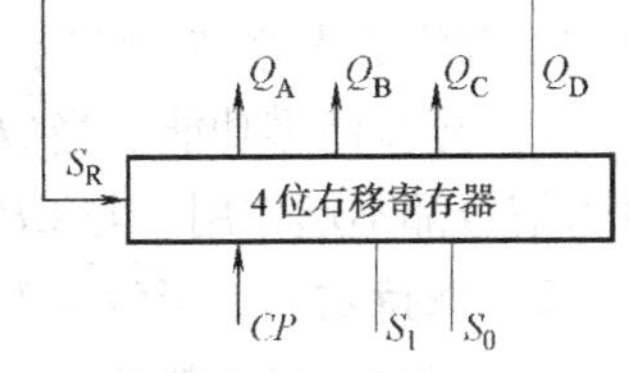

图 6-14　环形计数器

2）用移位寄存器实现数据串行/并行转换器。串行/并行转换器是指串行输入的数据，经过转换电路之后变成并行输出。用两片 74LS194 构成的 7 位串行/并行转换器如图 6-15 所示。

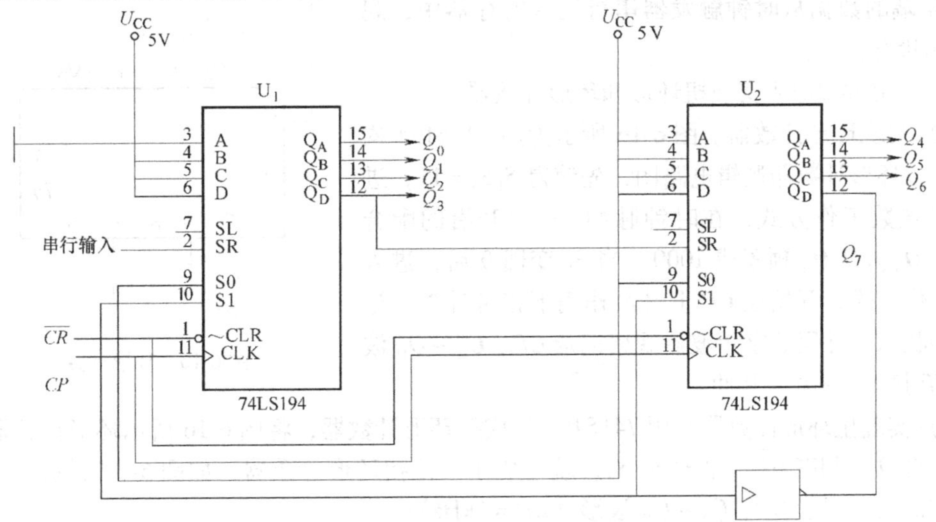

图 6-15　7 位串行/并行转换器

电路中 $S_0=1$，S_1 受 Q_7 控制，两片寄存器连接成串行输入右移工作模式。Q_7 是转换结束标志，当 $Q_7=1$ 时，S_1 为 0 使之成为 $S_1S_0=01$ 的串入右移工作方式。当 $Q_7=0$ 时，S_1 为 1，有 $S_1S_0=11$，则串行送数结束，标志着串行输入的数据已转换成并行输出了。

对于中规模的集成移位寄存器，其位数往往以 4 位居多，当所需要的位数多于 4 位时，可以把几片集成移位寄存器用级联的方式来扩展位数。

5. 预习提示

1）认真阅读理解实验原理。

2）列出实验任务的设计过程，根据给定芯片设计完整的逻辑电路图。

3）对所设计的电路进行实验测量，记录测量结果。

4）扩展实验中用 Multisim 仿真时，元器件连线可采用总线方式，为便于观察结果，将串行加法器脉冲信号和逻辑分析仪的触发脉冲频率均设为 10Hz。

6. 实验步骤

（1）74LS194 逻辑功能测量

计数脉冲由数字电路实验箱的单次负正脉冲源提供，清零端 $\overline{CR}$、工作状态控制端 S_1S_0、并行数据输入端 $A \sim D$、右移串行数据输入端 S_R、左移时的串行数据输入端 S_L 分别接逻辑电平开关，输出端 $Q_A \sim Q_D$ 均接逻辑电平显示。自行列表，填入测量数据，按如下逐项测量并判断该集成电路芯片的功能是否正常。

1）异步清零功能。当 $\overline{CR}=0$ 时，这时 $Q_AQ_BQ_CQ_D=0000$，双向移位寄存器清零。其他输入信号都不起作用，与 CP 无关，故称为异步清零。

2）保持功能。当 $\overline{CR}=1$ 时，且 $CP=0$ 或 $S_1=S_0=0$ 时，双向移位寄存器保持状态不变。

3）同步并行送数功能。当 $\overline{CR}=1$，$S_1=S_0=1$ 时，在 CP 上升沿操作下，并行输入数据 $ABCD$ 送入寄存器，观察 Q 端的状态。

4）右移串行送数功能。当 $\overline{CR}=1$，$S_1=0$、$S_0=1$ 时，在 CP 上升沿操作下，可依次把加在 S_R 端的数据从时钟触发器串行送入寄存器中，观察 Q 端状态。

5）左移串行送数功能。当 $\overline{CR}=1$，$S_1=1$、$S_0=0$ 时，在 CP 上升沿操作下，可依次把加在 S_L 端的数据从时钟触发器串行送入寄存器中，观察 Q 端状态。

（2）用 74LS194 实现扭环形和环形计数器

1）实现环形计数器。图 6-16 所示为用 74LS194 构成的 4 位环形计数器逻辑电路图，先使得 $S_1S_0=11$，进入同步置数工作方式，在时钟脉冲 CP 上升沿的配合下，将 $Q_AQ_BQ_CQ_D$ 预置成 1000；当 S_1 变回 0 后，进入右移工作方式，开始在 CP 上升沿作用下正常计数，记下循环状态。并用数字示波器观察记录 CP、$Q_A \sim Q_D$ 波形（CP 接 1kHz 方波脉冲）。

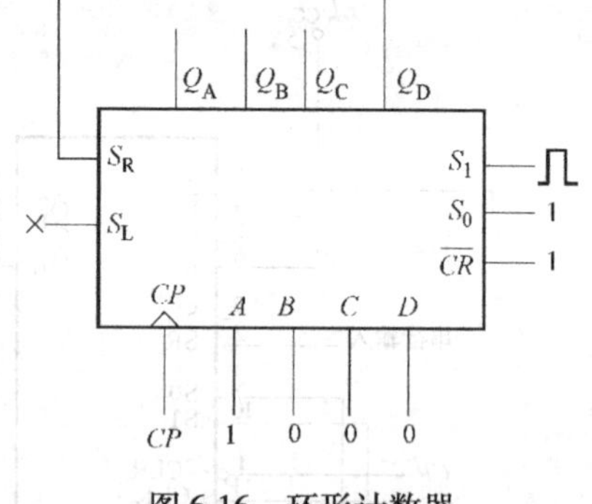

图 6-16 环形计数器

2）实现扭环形计数器。用 74LS194 构成扭环形计数器，将图 6-16 所示环形计数器稍加改动：将 Q_D 反相得 $\overline{Q_D}$，再送至 S_R，就构成了 4 位扭环形计数器，如图 6-17 所示。试用数字示波器观察记录 CP、$Q_A \sim Q_D$ 波形（$CP=1$kHz）。

（3）设计用 74LS194 实现六进制计数器

根据实验原理，自行设计逻辑电路图，用74LS194实现六进制计数器，并验证是否达到要求，记录相关波形。

（4）实现数据的串行/并行转换

按图6-15连线，进行右移串行输入、并行输出的实验。串行输入数据自定，自拟表格，记录实验结果。

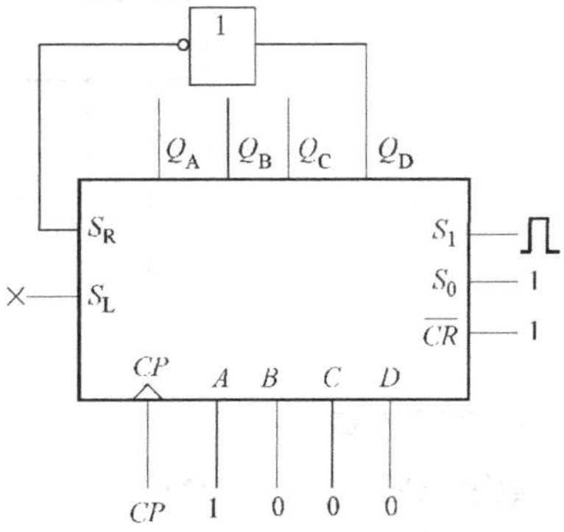

图6-17　扭环形计数器

7. 报告要求

1）总结移位寄存器的功能表。

2）画出相应的输入、输出波形图。

8. 思考题

1）移位寄存器有哪些应用?

2）若设计 $M=13$ 的扭环形计数器需要几片74LS194？如何连接?

3）什么叫环形计数器？什么叫扭环形计数器?

4）在串行输入/并行输出的转换中，若将4位二进制数码全部送入寄存器内，需要多少 *CP* 脉冲？在并行输入/串行输出的转换中，若将4位二进制数码全部送入寄存器内，需要多少 *CP* 脉冲?

5）如果用74LS194实现4位串入/串出寄存器和4位并入/并出寄存器，电路如何连接？给出逻辑电路图并说明该电路的工作过程。

6.6　计数、译码和显示电路

1. 实验目的

1）了解常用计数器的基本概念和一般构成方法。

2）熟悉计数器（中规模集成电路）的功能表及使用方法。

3）学会常见计数器的基本应用及故障排除方法。

2. 实验任务

（1）基本实验

1）自行设计表格，完成74LS161 4位二进制加计数器的逻辑功能测量（包括清零、同步预置数、加计数、保持）。

2）用一片74LS161、一片CD4511 BCD七段锁存/译码/驱动器、一片数码管设计实现一个十进制计数器。

3）用74LS192 4位二进制可逆计数器实现十进制可逆计数器，先用静态测试法验证十进制可逆计数器的逻辑功能，然后观察加减计数器，并记录输入 *CP* 脉冲及输出波形。

4）设计用两片74LS161、两片CD4511、两个七段数码管实现一个带显示的60进制计数器。

（2）扩展实验

用74LS161、74LS138 3线-8线译码器和逻辑门电路设计一个产生图6-18所示节拍脉冲波形的数字电路（注：数字电路实验箱中可提供1kHz的时钟信号）。

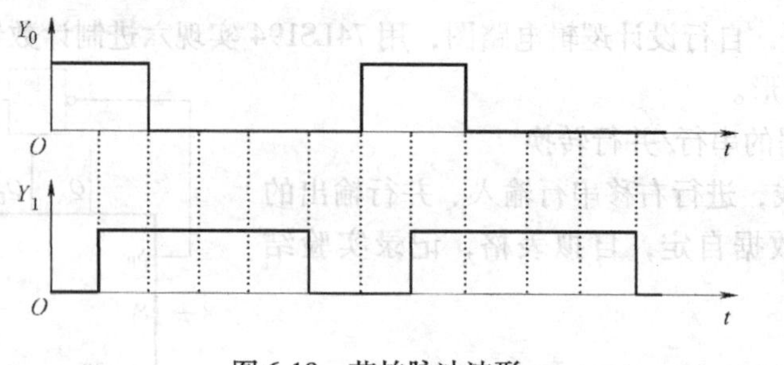

图 6-18 节拍脉冲波形

3. 实验设备

数字电路实验箱 1 套；

数字示波器 1 台；

数字万用表 1 块；

集成电路芯片若干。

4. 实验原理

生活中常需要将计数脉冲值直观地显示出来，实现其显示一般需经过图 6-19 所示的几个步骤。图中，输入的脉冲经计数器计数，计数器输出的用 8421BCD 码表示的脉冲个数信号经译码器译码，最后通过显示器显示出相应的数字。

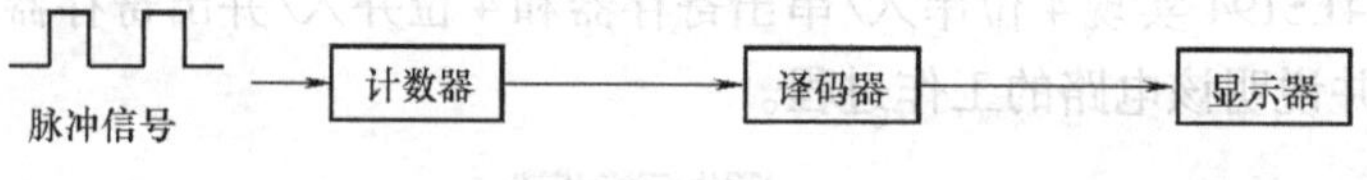

图 6-19 计数、译码、显示框图

（1）计数器

本实验采用 74LS161 4 位二进制加计数器和 74LS192 4 位二进制可逆计数器，并以 74LS161 为例，对计数器功能和应用加以介绍，帮助读者提高借助产品手册上给出的功能表、正确而灵活地运用计数器的能力。

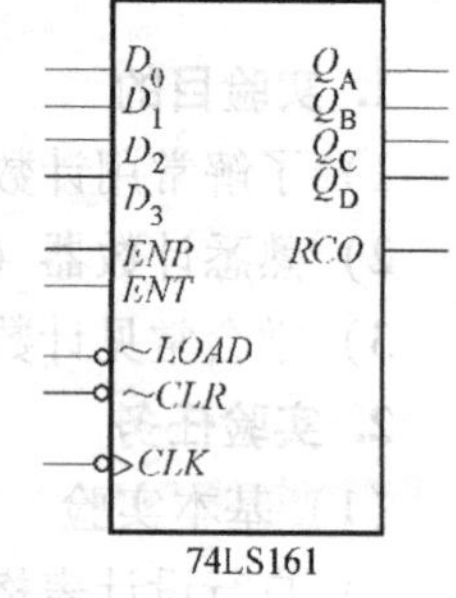

图 6-20 74LS161 的逻辑符号

74LS161 的逻辑符号如图 6-20 所示，功能表见表 6-11。

74LS161 有下列输入端：异步清零端$\overline{CLR}$（低电平有效），时钟脉冲输入端 CP，同步并行置数控制端$\overline{LOAD}$（低电平有效），计数控制端 ENP 和 ENT，并行数据输入端 $D_0 \sim D_3$。74LS161 有四个触发器的输出端 $Q_D \sim Q_A$，以及进位输出端 RCO。

表 6-11 74LS161 的功能表

输入									输出			
$\overline{CLR}$	$\overline{LOAD}$	ENP	ENT	CLK	D_3	D_2	D_1	D_0	Q_D	Q_C	Q_B	Q_A
L	×	×	×	×	×	×	×	×	L	L	L	L
H	L	×	×	↑	D	C	B	A	D	C	B	A
H	H	H	H	↑	×	×	×	×	计数			
H	H	L	×	×	×	×	×	×	保持			
H	H	×	L	×	×	×	×	×	保持			

根据表6-11，可看出74LS161具有下列功能：

1）异步清零功能：若$\overline{CLR}$输入低电平，则不管其他输入端（包括CP端）如何，实现四个触发器全部清零，即$Q_DQ_CQ_BQ_A=0000$。

2）同步并行置数功能：在$\overline{CLR}=1$、且$\overline{LOAD}=0$的前提下，在CP上升沿的作用下，触发器$Q_D \sim Q_A$分别接收并行数据输入信号$D \sim A$。由于这个置数操作必须有CP上升沿配合，并与CP上升沿同步，所以称其为“同步”的；因为四个触发器同时置入，所以称其为“并行”的，即$Q_DQ_CQ_BQ_A=DCBA$。

3）同步4位二进制计数功能：在$\overline{CLR}=1$，$\overline{LOAD}=1$的前提下，若计数控制端$ENT=ENP=1$，则对计数脉冲CP实现同步加4位二进制计数。这里“同步”二字既表明计数器是“同步”而不是“异步”结构，又暗示各触发器动作都与CP（上升沿）同步。

4）保持功能：$\overline{CLR}=\overline{LOAD}=1$的前提下，若$ENT \cdot ENP=0$，即两个计数器控制端中至少有一个输入0，则不管$CP$如何（包括上升沿），计数器中各触发器保持原状态不变。

可以用集成计数器构成任意进制计数器。用现有的M进制计数器构成N进制计数器时，如果$M>N$，则只需一片M进制计数器；如果$M<N$，则需多片M进制计数器。一般，N进制计数器有N个状态，N进制有N个计数长度。如果用M进制计数器构成N进制计数器（$M>N$），通常可用两种方法实现，即异步清零法和同步置数法。

下面以用74LS161构成九进制计数器为例说明这两种实现方法。

九进制（$N=9$）计数器有9个状态，而在74LS161计数过程中有16（$M=16$）个状态，因此属于$M>N$的情况。此时必须设法跳过（$M-N$），即有$16-9=7$个状态。

1）异步清零法。该方法适用于有清零端的集成计数器。用有清零端的M进制计数器，实现带显示的N（$M>N$）进制计数时，不需要CP脉冲的作用，其计数长度=实际状态数+1，用比实际长度加1的状态去控制“与非门”的输出进行清零。

74LS161具有异步清零功能，在其计数过程中，不管它的输出处于哪一种状态，只要在异步清零端加一低电平，使$\overline{CLR}=0$，74LS161的输出将立即从当时的状态回到0000状态。清零信号消失后，74LS161又从0000状态开始计数。有效状态$S_0 \sim S_8$，本例利用S_9（1001）过渡状态（短暂存在，瞬间消失）进行异步清零，即当输入第九个CP脉冲（上升沿）时，输出$Q_DQ_CQ_BQ_A=1001$，Q_D与Q_A通过“与非门”输出低电平，反馈给$\overline{CLR}$端一个清零信号，立即使$Q_DQ_CQ_BQ_A=0000$状态，接着$\overline{CLR}=1$，74LS161又从0000状态开始新的计数周期。用异步清零法实现九进制计数器的逻辑电路如图6-21所示。

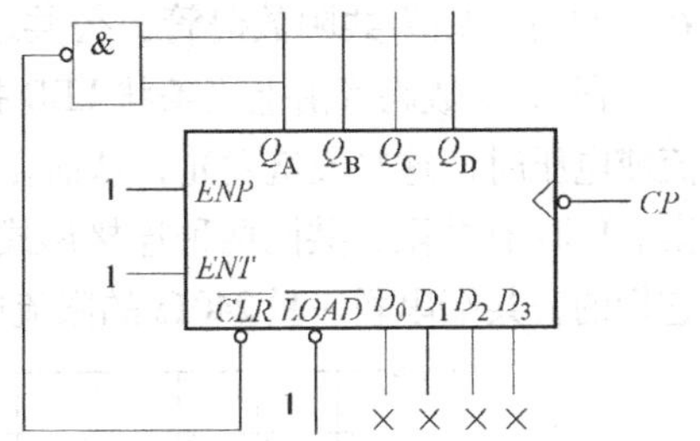

图6-21　用异步清零法实现九进制计数器

2）同步置数法。同步置数法需要CP脉冲的作用，计数长度=实际状态数，有效状态为$S_0 \sim S_8$。用实际状态数即S_8状态控制同步预置数端。在其计数过程中，可以用它输出的1000状态，通过“与非门”输出低电平反馈至置数控制端$\overline{LOAD}$，在下一个CP脉冲的作用后，计数器就会把预置数输入端$D_3D_2D_1D_0$的状态置入给输出端。预置数控制信号消失后，计数器就从被置入的状态开始重新计数。

本例设预置数$D_3D_2D_1D_0=0000$，则$Q_DQ_CQ_BQ_A$从0000开始计数。当计数到1000时，

通过“与非门”输出低电平反馈给$\overline{LOAD}=0$端一个置数信号，当再来一个时钟上升沿时，立即使输出端为$Q_DQ_CQ_BQ_A=0000$状态。接着，$\overline{LOAD}=1$，开始新一轮的计数循环。用同步置数法实现九进制计数器的逻辑电路如图 6-22 所示。

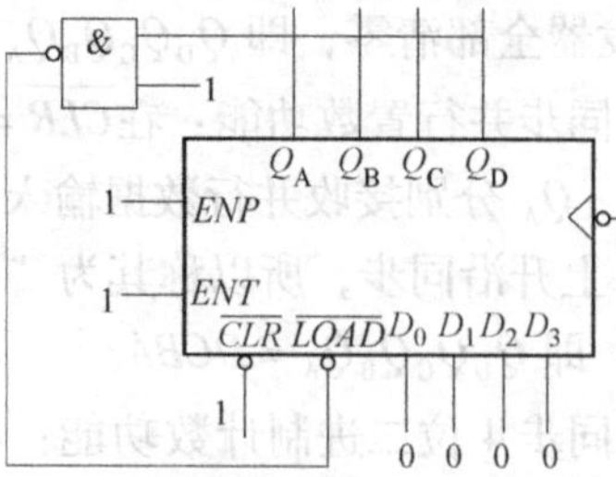

图 6-22 用同步置数法实现九进制计数器

在用 M 进制计数器设计 N 进制计数器的实际实现过程中，由于制造工艺上的原因，各器件延迟时间的离散性很大，有可能会出现当输入信号发生变化时，产生瞬时的错误输出的现象。其解决办法参见第 2 章 2.9 节中的例 2-7。

（2）译码器

本实验以 CD4511 BCD 七段锁存/译码/驱动器为例介绍译码器的使用。CD4511 是一个专门用来将输入的 4 位 8421 码转换为七段码并驱动数码管（BS311201，共阴）的集成电路芯片。其逻辑符号如图 6-23 所示。

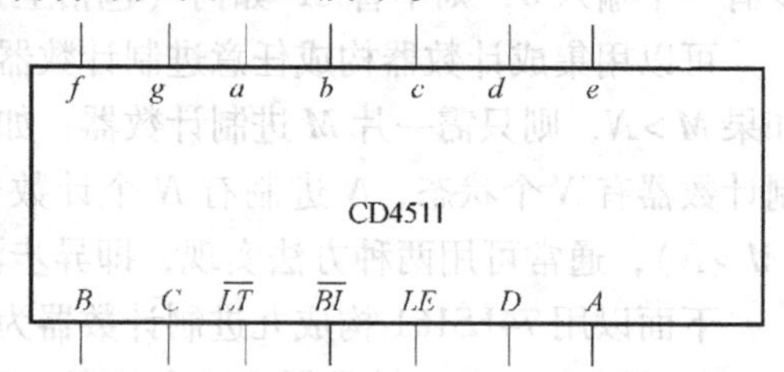

图 6-23 CD4511 逻辑符号

图 6-23 中，A、B、C、D 为 BCD 码输入端；a、b、c、d、e、f、g 为译码输出端，输出 1 有效，用来驱动共阴极 LED 数码管；$\overline{LT}$为测试输入端，$\overline{LT}=0$ 时，译码输出全为“1”；$\overline{BI}$为消隐输入端，$\overline{BI}=0$ 时，译码输出全为“1”；LE 为锁定端，$LE=1$ 时译码器处于锁定（保持）状态，译码输出为正常译码。

CD4511 内接有上拉电阻，故只需在输出端与数码管笔段之间串接限流电阻即可工作。CD4511 还有拒伪码功能，当输入码超过 1001 时，输出全为 0，数码管熄灭。

（3）显示器

数字显示器件有多种不同类型的产品，如辉光数码管、荧光数码管、液晶数码管、LED 数码管等。因七段 LED 数码管具有字形清晰美观、驱动简便、供电电源低、价格低廉等优点，因而得到广泛应用。

目前常用的是七段数码管（若加小数点 dp，则为八段）由七个 LED 组成。当所有 LED 的阳极连在一起作为公共端时，为共阳数码管，公共端接高电平有效；当所有 LED 的阴极连在一起时，则为共阴数码管，公共端接低电平有效。两种类型使用中切不可混淆。

七段 LED 数码管由七段条状 LED 排成字形显示数字。当给相应的某些线段加一定的驱动电流或电压时，这些段就发光，从而显示相应的数字。当输入码大于 9 时，七段可显示给定的图案。LED 有共阳、共阴两种连接形式，分别如图 6-24a、b 所示。为限制各 LED 的电流，可在它们的公共端串联一只 240Ω 的限流电阻。七段数码管的字形如图 6-25 所示。

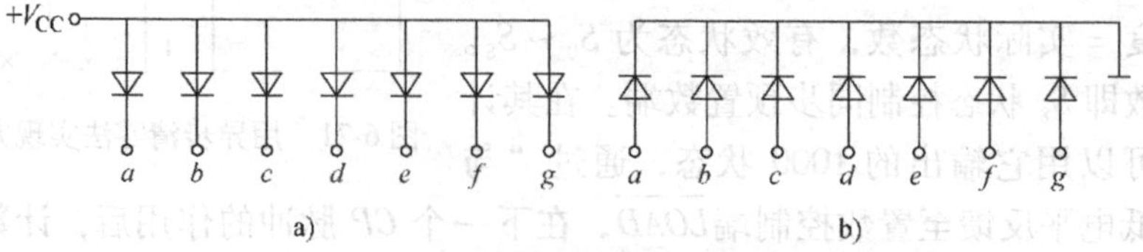

图 6-24 七段数码管内部 LED 的连接

a）共阳极连接 b）共阴极连接

对于共阳数码管，其公共阳极接高电平，$a \sim f$ 相应端（LED 阴极）接低电平，便显示相应数字。例如，若 $a \sim f$ 均接低电平，g 接高电平，则除 dp 外，其余 LED 均导通发光，因而显示数字 0。同理，对共阴数码管，将公共阴极接低电平，$a \sim f$ 相应端接高电平，g 接低电平，显示同样数字。

（4）节拍脉冲发生电路

在数字系统中，节拍脉冲发生电路的常用结构是计数器加译码器单元，电路框图如图 6-26 所示。在本节扩展实验的实验电路的设计，要求采用计数器、译码器（或数据选择器）等中规模集成电路实现（可附加所需逻辑门电路）。在设计电路时，应认真分析设计要求，以确定电路结构中计数器的计数长度、译码器的输入输出真值表等。

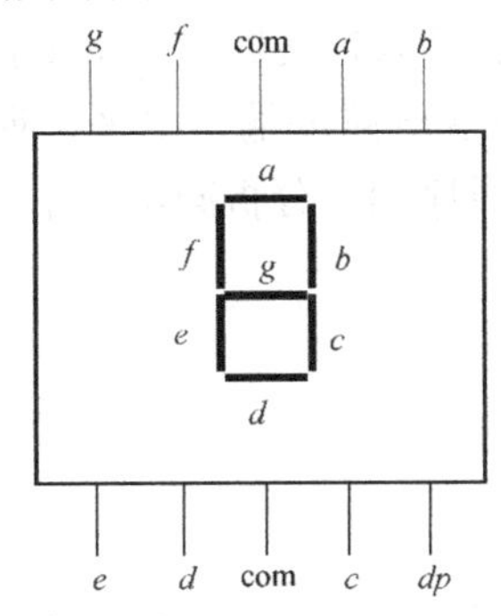

图 6-25　七段数码管的字形

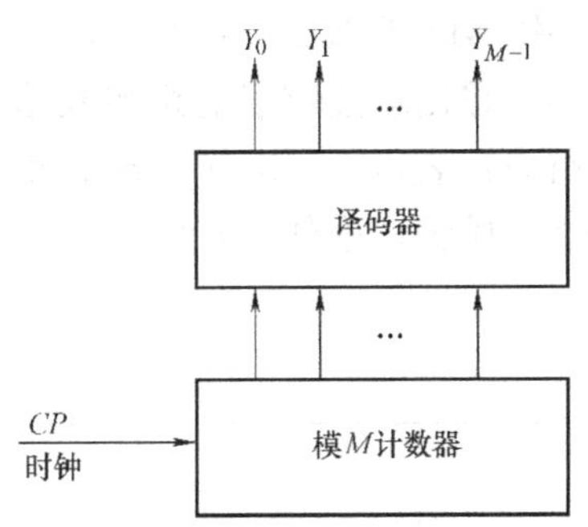

图 6-26　节拍脉冲产生电路框图

5. 预习提示

1）认真阅读理解实验原理。

2）列出实验任务的设计过程，根据给定集成电路芯片（自己查阅相关的引脚排列和功能表）设计完整的逻辑电路图。

3）对所设计的电路进行实验测量，记录测量结果。

4）完成电路设计过程，在实验报告中写出实现 60 进制计数器的实验原理。

6. 报告要求

1）总结 74LS161 4 位二进制加计数器的功能表。

2）在实验报告上画出十进制加法计数器中 CP 和 $Q_D \sim Q_A$ 的波形图，标出周期，分析与总结该计数器的主要特点。

3）简述如何使用异步清零法、同步置数法两种方法，用 74LS161 实现十进制计数器。

4）总结注意事项，记录实验中出现的问题，分析问题，给出解决问题的方法。

5）用列表的形式，列出十进制计数器的输出状态与对应显示的标准数字字形。

7. 思考题

1）8421 码能表示 0 ~ 15 个数字，为什么十进制计数器真值表中只有 0 ~ 9？

2）若采用高电平输出有效的译码/驱动器，应该采用共阴还是共阳数码管？

3）若用 74LS161 4 位二进制加计数器实现六进制计数器，可在实验过程中发现只能实现四进制？解释其现象，如何解决该问题。

4）试设计一个分、秒显示的数字钟。

5）在本节基本实验 4）要求的设计中，60 进制计数器的设计可以有几种方案？在考虑这些方案时，要求显示与不要求显示对设计方案的选择有无影响？

6.7 时序逻辑电路的设计

1. 实验目的

1）掌握利用触发器与逻辑门电路设计时序逻辑电路的基本方法。

2）掌握时序逻辑电路的测量方法。

2. 实验任务

（1）基本实验

1）用74LS76双JK触发器按照图6-27所示连接电路，输入端接数字电路实验箱的逻辑电平输出，输出端接数字电路实验箱的逻辑电平显示，改变电路的输入电平，观察输出变化，自行设计表格，写出状态转换表，画出状态转换图、时序图，分析同步时序逻辑电路的逻辑功能，验证理论分析的结果。

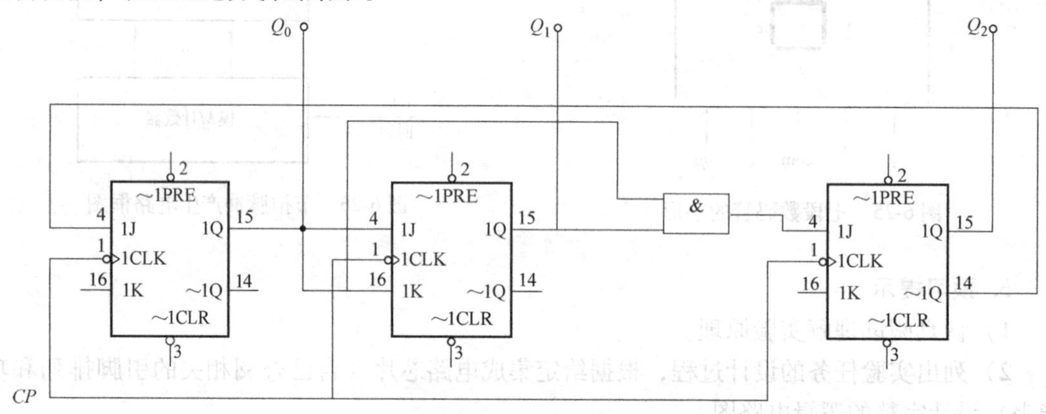

图6-27 同步时序逻辑电路

2）用74LS74双D触发器和逻辑门电路实现一个模7加计数器，同时记录模7加计数器波形。

（2）扩展实验

用74LS76和逻辑门电路实现一个模8的计数器，如图6-28所示，要求当控制端$K=1$时，实现模8加法计数器；当$K=0$时，实现模8减法计数器，同时记录模8加减计数器波形。

3. 实验设备

数字电路实验箱1套；

数字示波器1台；

数字万用表1块；

集成电路芯片若干。

4. 实验原理

组合逻辑电路的输出仅与输入有关，而时序逻辑电路的输出不仅与输入有关，而且与电路原来的状态有关。时序逻

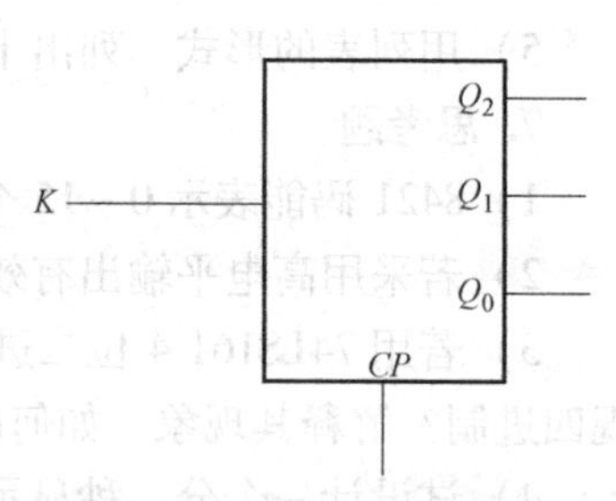

图6-28 八进制计数器

辑电路由触发器和组合逻辑电路组成，其中触发器必不可少，而组合逻辑电路则可简可繁。

设计同步时序逻辑电路时，一般按如下步骤进行：

1）逻辑抽象，得出电路的状态转换图（或状态转换表）。

2）状态化简。状态化简的目的就在于将等价状态合并，以求得最简的状态转换图（表）。

3）状态分配。时序逻辑电路的状态是用触发器状态的不同组合来表示的，因此需要确定触发器的数目 n。因为 n 个触发器共有 2^n 种状态组合，所以为获得时序逻辑电路所需的 M 个状态，必须取

$$2^{n-1} < M \leqslant 2^n$$

4）选定触发器的类型，求出电路的状态方程、驱动方程和输出方程。

5）根据状态转换图（表）和选定的状态编码、触发器的类型，就可以写出电路的状态方程、驱动方程和输出方程了。根据得到的电路方程式画出逻辑电路图。

6）检查设计的电路能否自启动。

图 6-29 用框图表示了上述设计的过程。

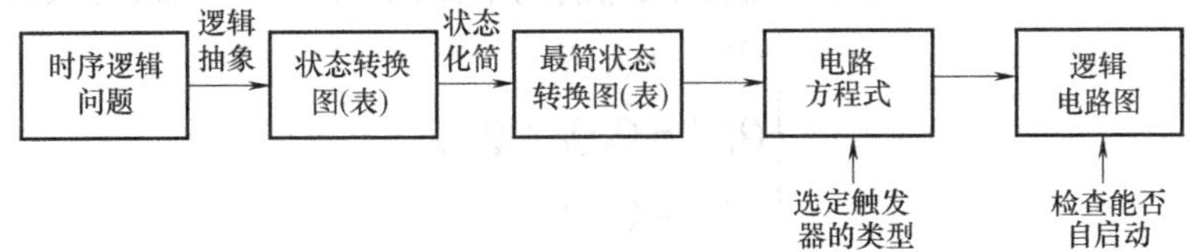

图 6-29　同步时序逻辑电路设计的过程框图

下面通过一个实例，说明同步时序逻辑电路设计的全过程。

例 6-2　设计一个带有进位输出端的五进制计数器。

（1）逻辑抽象，得出电路的状态转换图（或状态转换表）和状态分配

因为计数器的工作特点是在时钟信号操作下自动依次从一个状态转化为下一个状态的，所以它没用输入逻辑信号，只用进位输出信号，可见，计数器属于摩尔型的一种简单时序逻辑电路。

取进位信号为输出逻辑变量 C，同时规定有进位输出时 $C=1$，无进位输出时 $C=0$。

五进制计数器应该有五个状态，若分别用 S_0、S_1、…、S_4 表示，则按题意即可画出图 6-30 所示状态转换图。

因为五进制计数器必须用五个不同的状态表示已经输入的时钟脉冲数，所以该状态转换图已不能再化简。现要求 $M=5$，故应取触发器数 $n=3$，假如无特殊要求，取自然二进制（000 ~ 100）为 $S_0 \sim S_4$ 的编码，于是便得到表 6-12 所列状态编码表。

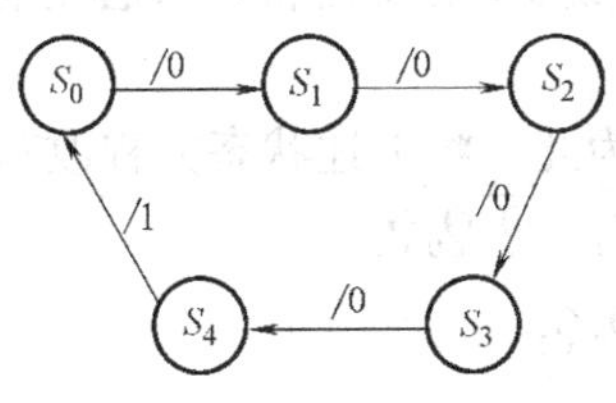

图 6-30　状态转换图

表 6-12　状态编码表

状态顺序	状态编码			进位输出 C	等效十进制数
	Q_2	Q_1	Q_0		
S_0	0	0	0	0	0
S_1	0	0	1	0	1
S_2	0	1	0	0	2
S_3	0	1	1	0	3
S_4	1	0	0	1	4

（2）选定触发器的类型，求出电路的状态方程、驱动方程和输出方程

因为这时电路的次态 $Q_2^{n+1}Q_1^{n+1}Q_0^{n+1}$ 和进位输出 C 唯一地取决于电路现态 $Q_2^nQ_1^nQ_0^n$ 的取值，故可根据表 6-12 画出函数的卡诺图，如图 6-31 所示。

$Q_2 \backslash Q_1Q_0$	00	01	11	10
0	001/0	010/0	100/0	011/0
1	000/1	×××/×	×××/×	×××/×

图 6-31 电路次态/输出（$Q_2^{n+1}Q_1^{n+1}Q_0^{n+1}/C$）的卡诺图

为简化书写，在卡诺图中将 $Q_2^nQ_1^nQ_0^n$ 简写为 $Q_2Q_1Q_0$，略去了表示现态的右上角注 n。此外，由于计数器正常工作时不会出现 101、110 和 111 三种状态，所以可将 101、110 和 111 三个最小项作约束项处理，在卡诺图中用×表示。

为清晰起见，将图 6-31 所示的卡诺图可分解为图 6-32 中的四个卡诺图，分别表示 Q_2^{n+1}、Q_1^{n+1}、Q_0^{n+1} 和 C 这四个逻辑函数，从它们的卡诺图不难写出电路的状态方程为

$$\begin{cases} Q_2^{n+1} = Q_1 Q_0 \\ Q_1^{n+1} = \overline{Q_1} Q_0 + Q_1 \overline{Q_0} \\ Q_0^{n+1} = \overline{Q_2}\,\overline{Q_0} \end{cases}$$

输出方程为

$$C = Q_2 Q_1$$

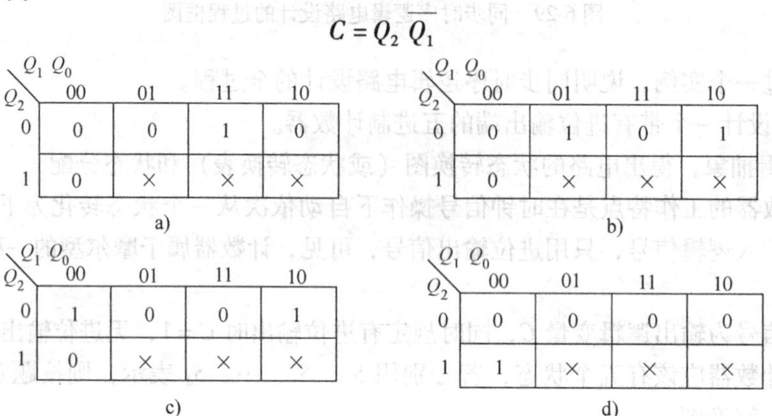

图 6-32 分解图 6-31 的卡诺图

a）Q_2^{n+1} b）Q_1^{n+1} c）Q_0^{n+1} d）C

如果选用 JK 触发器组成这个电路，将状态方程变换成 JK 触发器特性方程的标准形式，即

$Q^{n+1} = J\overline{Q^n} + \overline{K}Q^n$，据此就可以找出驱动方程了。为此，将上述状态方程改写为

$$\begin{cases} Q_2^{n+1} = Q_1 Q_0 (Q_2 + \overline{Q_2}) = Q_1 Q_0 \overline{Q_2} + \overline{\overline{Q_1 Q_0}} Q_2 \\ Q_1^{n+1} = \overline{Q_1} Q_0 + Q_1 \overline{Q_0} = Q_0 \overline{Q_1} + \overline{Q_0} Q_1 \\ Q_0^{n+1} = \overline{Q_2}\,\overline{Q_0} = \overline{Q_2}\,\overline{Q_0} + \overline{1} Q_0 \end{cases}$$

这样即可得到如下的 JK 触发器驱动方程：

$$\begin{cases} J_2 = Q_1 Q_0 ,\ K_2 = \overline{Q_1 Q_0} \\ J_1 = K_1 = Q_0 \\ J_0 = \overline{Q_2} ,\ K_0 = 1 \end{cases}$$

根据输出方程和驱动方程画出五进制同步计数器的仿真逻辑电路图，如图 6-33 所示。

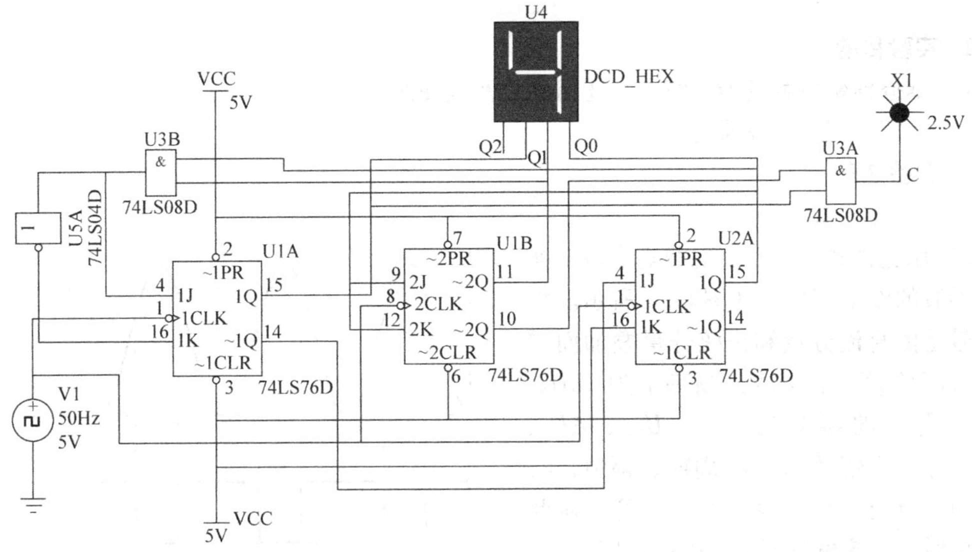

图 6-33　五进制同步计数器的仿真逻辑电路图

经仿真验证，所设计的电路完全符合设计要求。

最后还应检查电路能否自启动，将有效循环之外的三个状态 101、110、111 分别代入状态方程中计算，所得次态对应为 010、010、100，故电路能自启动。

5. 预习提示

1）认真阅读理解实验原理。

2）列出完成基本实验的设计过程，根据给定集成电路芯片设计完整的逻辑电路图。

3）对设计的电路进行实验测量，记录测量结果，用 Multisim 10 的逻辑分析仪或示波器观察波形。

4）查找相关芯片的引脚排列。

6. 报告要求

1）根据实验内容画出状态转换图，列出状态转换表，写出电路的状态方程、驱动方程和输出方程；画出逻辑图。

2）分析实验中各个电路的逻辑功能及工作特点。

3）写出在分析和调试过程中出现的问题，并说明解决问题的方案。

7. 思考题

1）时序逻辑电路和组合逻辑电路的根本区别是什么？

2）在电路中，对于 TTL 集成电路芯片及 CMOS 集成电路芯片不使用的引脚的处理方法有何不同？为什么？

3）同步时序逻辑电路的特点是什么？在测量其功能时和一般的计数电路相比较有什么

不同？若仅在电路的 CP 端加脉冲，电路的状态和输出都不变化，是否能确定该电路此时一定处在无效状态的情况下？

6.8 施密特触发器的应用

1. 实验目的

1）掌握施密特触发器的特点、逻辑功能及其使用方法。

2）了解施密特触发器的应用。

2. 实验任务

（1）基本实验

1）用施密特触发器实现非矩形波转换为矩形波的波形变换，如图 6-34 所示。输入信号是由直流分量和正弦分量叠加而成的，且峰峰值 $u_{PP}=4V$，频率 f 为 1kHz。同时，用示波器测出 U_{T+}、U_{T-}、ΔU_T、U_{OH}、U_{OL}的幅值及 u_I、u_O 周期、幅值，将结果填入自行设计的表格中（注意：做此项实验时，直流偏置开关必须起作用）。

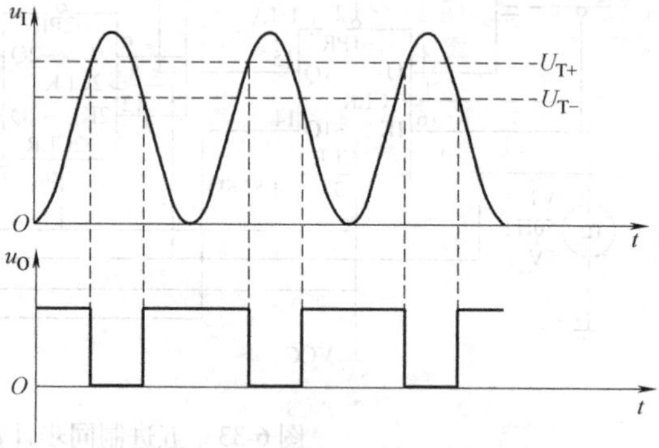

图 6-34 用施密特触发器实现波形变换

2）用施密特触发器实现单稳态触发器，如图 6-35 所示。u_I 为 $U_{PP}=5V$，频率 f 为 100Hz 左右的正脉冲，调节其脉宽为窄脉冲。用示波器观察并记录 u_I、u_O 的波形，并测出 u_I、u_O 脉冲宽度。

3）自行设计用施密特触发器实现一个频率为 1kHz 的多谐振荡器。

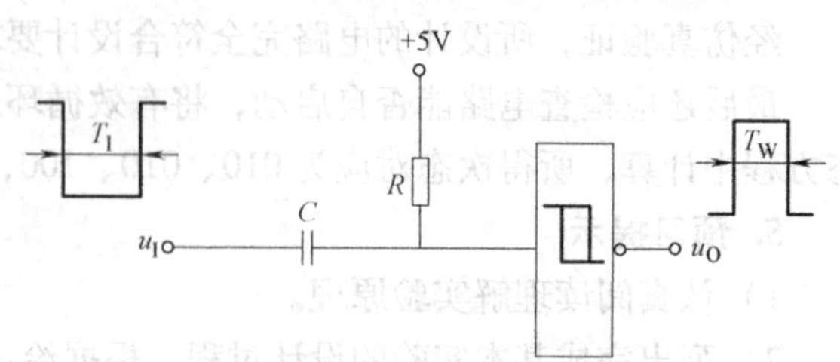

图 6-35 用施密特触发器构成的单稳态触发器

（2）扩展实验

用施密特触发器实现一个展宽脉冲电路。设计一个电路，利用 R、C 充电延时的功能，用施密特触发器展宽输出脉冲，改变 R、C 的大小，即可调节脉宽展宽的宽度。自行设计表格，记录相关数据和波形。

3. 实验设备

数字电路实验箱 1 套；

数字示波器 1 台；

数字万用表 1 块；

信号发生器 1 台；

施密特触发器集成电路芯片若干。

4. 实验原理

（1）施密特触发器

施密特触发器又称施密特反相器，是脉冲波形变换中经常使用的一种电路。它在性能上有两个重要的特点：

1）输入信号从低电平上升的过程中，电路状态转换时对应的输入电平与输入信号从高电平下降过程中对应的输入转换电平不同。

2）在电路状态转换时，通过电路内部的正反馈过程使输出电压波形的边沿变得很陡。

利用这两个特点不仅能将边沿变化缓慢的信号波形整形为边沿陡峭的矩形波，而且可以将叠加在矩形脉冲高、低电平上的噪声有效地清除。

施密特触发器可以由门电路构成，也可作成单片集成电路产品，以后者最为常用。图6-36所示是CMOS施密特触发器（CD40106）的逻辑符号与电压传输特性。

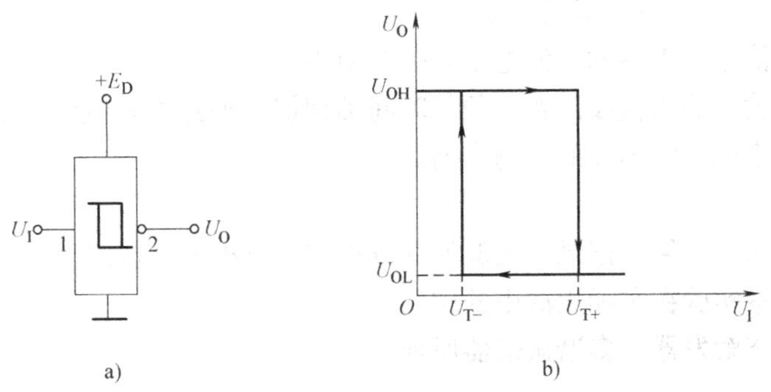

图6-36 CMOS施密特触发器的逻辑符号与电压传输特性

a）逻辑符号 b）电压传输特性

（2）施密特触发器的应用

1）用于波形变换。利用施密特触发器状态转换过程中的正反馈作用，可以把边沿变化缓慢的周期性信号变换为边沿很陡的矩形脉冲信号。如图6-34所示的波形变换，输入信号是由直流分量和正弦分量叠加而成的，只要信号的幅度大于U_{T+}即可在施密特触发器的输出端得到同频率的矩形脉冲信号。

2）用于单稳态触发器。单稳态触发器的工作特性具有如下的显著特点：

①它有稳态和暂稳态两个不同的工作状态。

②在外界触发脉冲作用下，能从稳态翻转到暂稳态，在暂稳态维持一段时间以后，再自动返回稳态。

③暂稳态维持时间的长短取决于电路本身的参数，与触发脉冲的宽度和幅度无关。

由于具备这些特点，单稳态触发器被广泛应用于脉冲整形、延时（产生滞后于触发脉冲的输出脉冲）以及定时（产生固定时间宽度的脉冲信号）等。

利用施密特触发器可以构成单稳态触发器。施密特型单稳态触发器由输入脉冲下降沿触发翻转，输出正脉冲，如图6-35所示，且要求$T_I > T_W$。它的单稳时间近似计算式为$T_W \approx 0.7RC$。

3）用于多谐振荡器。利用施密特触发器可以构成多谐振荡器，如图6-37所示。接通电源瞬间，电容C上的电压为0V，输出u_O为高电平。u_O通过电阻R对电容C充电，当u_I达到U_{T+}时，施密特触发器翻转，输出为低电平，此后电容C又开始放电，u_I下降，当u_I下降到

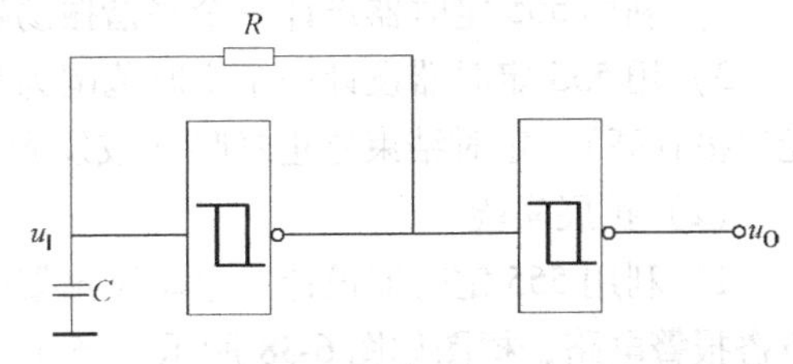

图6-37 用施密特触发器构成的多谐振荡器

U_{T-}时，电路又发生翻转，如此周而复始地形成振荡。其振荡周期公式为

$$T = RC\ln\left(\frac{U_{DD} - U_{T-}}{U_{DD} - U_{T+}} \cdot \frac{U_{T+}}{U_{T-}}\right)$$

5. 预习提示

1）认真阅读理解实验原理。

2）设计实验方案，以验证所设计电路的正确性，要求如下：

①对各单元电路进行分别测量。为验证所设计电路的正确性，应该测量哪些数据？

②用示波器观察电路各关键点波形。

3）注意函数信号发生器的直流电平开关的使用。

4）波形变换输入的正弦波波谷必须与时间轴相切（通过加入直流电平电压实现）。

5）查找相关集成电路芯片的引脚排列。

6. 报告要求

1）记录实验测量结果，记录相关波形并分析实验过程中出现的问题。

2）举例说明本实验在实际生活中的应用。

3）简述单稳态触发器、多谐振荡器原理。

7. 思考题

1）施密特触发器工作特点如何？它具有怎样的传输特性？

2）CMOS 施密特触发器电源电压 E_D 的大小和芯片的 U_{T+}、U_{T-}、ΔU_T 参数有什么关联？

3）在图 6-35 中，要实现单稳为什么必须满足 $T_I > T_W$？

4）试计算图 6-35 中单稳触发器的单稳时间 T_W，试与实测值进行比较，说明误差原因。

5）总结施密特触发器的特点及其应用。

6.9 555 定时器的应用

1. 实验目的

1）熟悉 555 定时器的电路结构、工作原理及其特点。

2）掌握 555 定时器的基本应用。

3）熟悉 555 定时器常见故障判断方法。

2. 实验任务

（1）基本实验

1）利用 555 定时器设计一个单稳态触发器，要求 $T_W = 2.2$ms，周期为 5ms；用示波器观察其 u_I、u_o 波形。

2）利用 555 定时器设计一个多谐振荡器，要求输出频率在 1 ~ 4kHz 之间连续可调。

3）用 555 定时器设计一个定时范围为 0 ~ 10s 的定时电路，并要求定时开始蜂鸣（或发光二极管亮），定时结束停止蜂鸣（或发光二极管灭）。

（2）扩展实验

1）利用 555 定时器设计一个防盗报警电路。用 555 定时器组成的多谐振荡器实现一个防盗报警电路，框图如图 6-38 所示。当 a、b 两端被一导线接通，即 4 脚经一导线接地时，555 定时器处于强制复位状态，故电路不能振荡，扬声器不能发声。当导线被碰断后，即

555定时器的4脚对地引线被碰断时，多谐振荡器开始振荡，发光二极管发光示意报警。

2）利用555定时器设计一个模拟声响电路。用555定时器组成的两个多谐振荡器设计一个模拟声响电路，要求其中一个输出较低频率，另一个输出较高频率，试听声响效果。然后调节外接阻容元件参数，再试听声响效果。分析电路的工作原理。

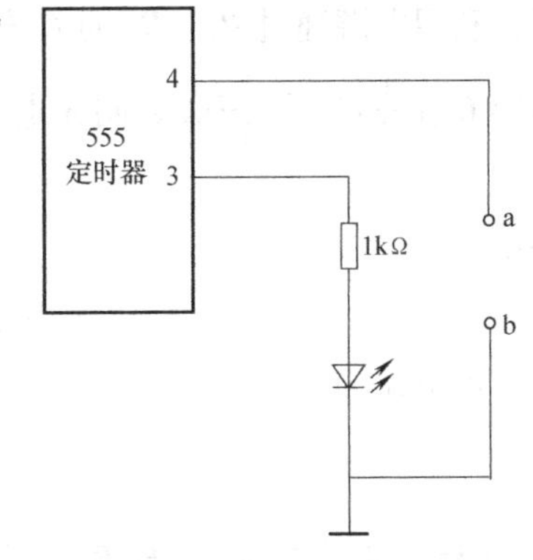

图6-38 防盗报警电路框图

3. 实验设备

数字电路实验箱1套；

数字万用表1块；

数字示波器1台；

函数信号发生器1台；

555定时器集成电路芯片若干。

4. 实验原理

（1）555定时器

555集成时基电路也称为555定时器，是一种数字、模拟混合型的中规模集成电路，其应用十分广泛。555定时器是一种产生时间延迟和多种脉冲信号的电路，由于内部电压标准使用了三个5kΩ电阻，故取名为“555”。其类型有双极型和CMOS型两大类，二者的结构与工作原理类似。几乎所有的双极型产品型号最后的三位数码都是555或556；所有CMOS的产品型号最后四位数码都为7555。555和7555是单定时器；556和7556是双定时器。双极型的电源电压 $U_{CC}=+5\sim+15V$，输出的最大电流可达200mA；CMOS型的电源电压为 $U_{CC}=+5\sim+18V$。

555定时器主要是与电阻、电容构成充放电电路，并由两个比较器来检测电容器上的电压，以确定输出电平的高低和放电开关的通断。因此，555定时器可以很方便地构成从微秒到数十分钟的延时电路，也可以很方便地构成单稳态触发器、多谐振荡器、施密特触发器等脉冲产生或波形变换电路。

（2）555定时器的典型应用

1）构成单稳态触发器。若以555定时器的2脚作为触发信号的输入端，并将由555定时器内部经晶体管VT和电阻 R 组成的反相器输出电压接至6脚，同时在6脚对地接入电容 C，就构成了图6-39所示的单稳态触发器。其中 R、C 是实现单稳延时的关键元件，5脚对地所接的电容为滤波电容，可防止干扰，提高参考电压的稳定性。该电路由输入信号 u_i 的下降沿触发，输入为负脉冲，输出为正脉冲，且要求 $T_1<T_w$，否则它将失去单稳功能而成为反相器。此外，若 u_i 为连续的负脉冲，则其周期必须大于 $1.2T_w$，否则电容 C 来不及充分放电，定时器不能达到稳态。

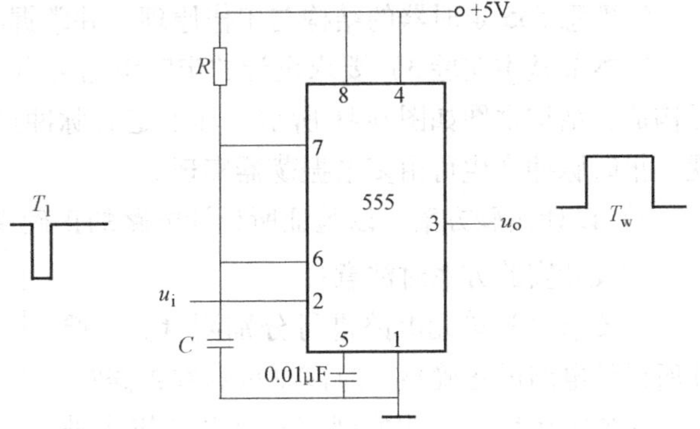

图6-39 用555定时器组成的单稳态触发器

T_w 的大小取决于 R、C 之值，可由下式计算：

$$T_w=RC\ln3\approx1.1RC$$

通常 R 可为几百欧至几兆欧，C 可为几百皮法到几百微法，T_w 可为微秒到几分钟，且延时十分准确。

2）构成多谐振荡器。如图6-40所示，由555定时器和外接元件 R_1、R_2、C 构成多谐振荡器，2脚与6脚直接相连。电路没有稳态，仅存在两个暂稳态，电路也不需要外加触发信号，利用电源通过 R_1、R_2 向 C 充电，以及 C 通过 R_2 向放电端7脚放电，使电路产生振荡。电容 C 在 $\frac{1}{3}U_{CC}$ 和 $\frac{2}{3}U_{CC}$ 之间充电和放电，振荡周期

$$T = t_{w1} + t_{w2}$$

式中

$$t_{w1} = 0.7(R_1 + R_2)C \qquad t_{w2} = 0.7R_2C$$

占空比为

$$q = \frac{t_{w1}}{T} = \frac{R_1 + R_2}{R_1 + 2R_2}$$

555定时器要求 R_1 与 R_2 均大于或等于1kΩ，但 $R_1 + R_2$ 应小于或等于3.3MΩ。外部元件的稳定性决定了多谐振荡器的稳定性，555定时器配以少量的元件即可获得较高精度的振荡频率和具有较强的功率输出能力，因此这种形式的多谐振荡器应用很广。

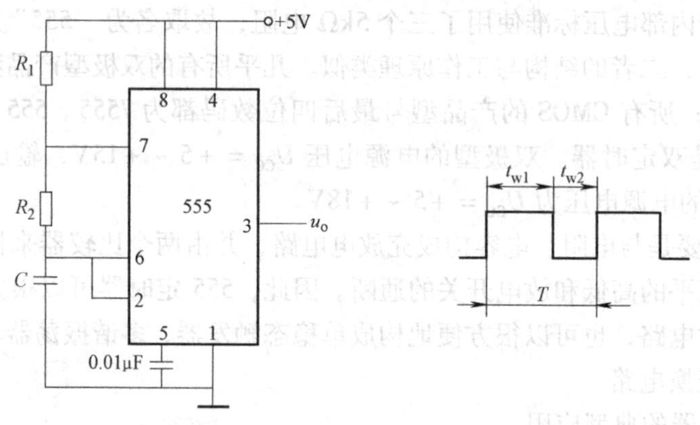

图6-40 555定时器组成的多谐振荡器

5. 预习提示

1）认真阅读理解实验原理。

①熟悉555定时器的结构与工作原理，并掌握各引脚的功能。

②本节基本实验3）要求设计的定时电路可由定时脉冲产生及报时脉冲产生两个功能单元构成，结构框图如图6-41所示。其中定时脉冲产生可由脉冲宽度可变的单稳态触发器实现，报时脉冲产生可由多谐振荡器实现。

2）设计实验方案，以验证所设计电路的正确性。

在设计实验方案时注意：

①要求对各单元电路进行分别测量。为验证所设计电路的正确性，应该测量哪些数据？

②要求用数字示波器观察电路各关键点波形。

图6-41 定时电路结构框图

6. 报告要求

1）简要总结 555 定时器的逻辑功能。

2）简要说明单稳态触发器、多谐振荡器的工作原理。

3）在实验报告中绘出单稳态触发器、多谐振荡器的输入、输出及电容上电压的波形；标出周期及单稳时间；和理论估算值比较，分析误差原因，并分析实验过程中出现的问题。

7. 思考题

1）单稳态触发器的输出脉冲宽度主要由哪些元件参数决定？当输入连续的负脉冲时，为什么它的周期必须大于输出的脉冲宽度？

2）多谐振荡器的振荡频率由哪些元件参数决定？若要使其占空比 $q<50\%$ 或可调，则电路应作何改进？

3）若 555 定时器的 4 脚接地，则 3 脚输出什么波形？

4）简述 555 定时器组成单稳态触发器、多谐振荡器的工作原理？

5）555 构成的多谐振荡器正常起振后，2 脚和 6 脚用万用表 DC 挡测量时电位约为多少？

第 7 章　电子电路综合实验

7.1　小型温度控制电路

1. 实验任务

（1）基本功能实现

1）电路可以实现温度控制功能。

2）当温度低于下限设置值时，红灯点亮，同时启动加热电路模块给温度测量电阻加热。或者，当温度大于上限设置值时，黄灯点亮，同时启动散热电路，给温度测量电阻散热。

3）当温度在上限设置值和下限设置值之间时，绿灯点亮，表示温度在控制区域内。

（2）扩展功能与创新

1）当温度过高或者过低时电路具有音乐报警功能。

2）可以实现高精度的温度测量与显示电路，其中，以温度 25°C 为恒温目标，用绿灯表示；以 5°C 为误差间隔，用不同的灯光个数表示与目标温度的差距；温度高于目标温度时，黄灯点亮；温度低于目标温度时，红灯点亮。

3）可在扩展的基础上自主增加新的功能。

2. 预习提示

（1）系统参考框图

小型温度控制电路原理框图如图 7-1 所示。

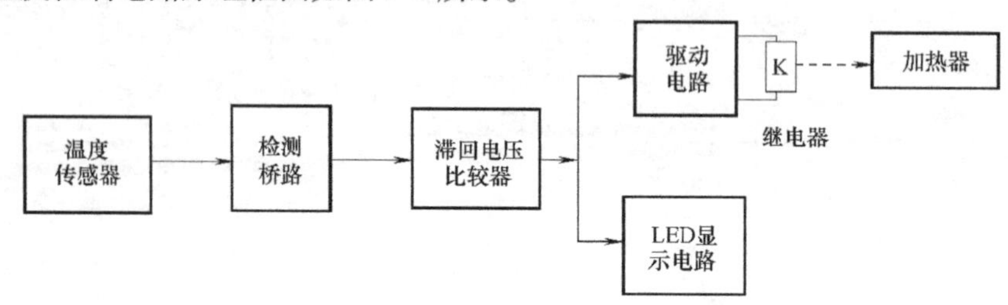

图 7-1　小型温度控制电路原理框图

（2）系统参考电路及简要原理

温度控制电路如图 7-2 所示。

图 7-2 中，R_t 为负温度系数的热敏电阻，它与 R_1、R_2、R_3 和 R_w 构成检测桥路，其输出反映温度变化情况。理想运算放大器 A_1 构成差动比例运算电路，其输出电压 $u_{o1}=\dfrac{R_7}{R_6}(u_{i2}-u_{i1})$。理想运算放大器 A_2 构成滞回电压比较器，有两个阈值电压，分别是 $U_{T1}=\dfrac{R_9}{R_8+R_9}U_{om}$

和 $U_{T2}=\frac{R_9}{R_8+R_9}(-U_{om})$。晶体管 VT 构成继电器的驱动电路，用于控制继电器动作，而继电器的吸合和释放将控制加热器的工作。继电器与加热器的连接如图 7-3 所示。

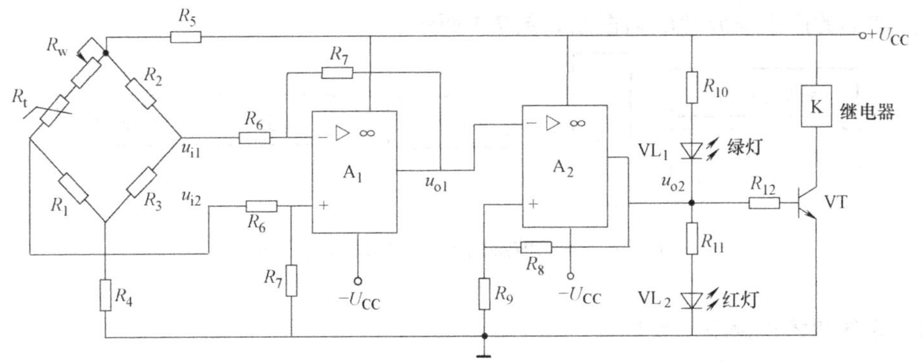

图 7-2 温度控制电路

电路的工作原理是：取 $R_1=R_2=R_3$，若调整 R_w 的滑动端，使得 $R_t+R_w>R_3$，则 $u_{i2}<u_{i1}$，假设经过 A_1 差动放大后 $u_{o1}<U_{T2}$，则滞回电压比较器 A_2 的输出 u_{o2} 为高电平，晶体管 VT 导通，继电器吸合，使得图 7-3 中的开关 K 闭合，加热器通电加热。与此同时发光二极管 VL_2 导通，发出红光。此后，随着加热器的工作，温度逐渐上升，R_t 阻值减小，使 u_{i2} 增大，u_{o1} 也跟着增大。当 $u_{o1}>U_{T1}$ 时（此时滞回电压比较器的阈值电压为 U_{T1}），则滞回电压比较器 A_2 的输出 u_{o2} 为低电平，晶体管 VT 截止，继电器释放，使得图 7-3 中的开关 K 断开，加热器断电，停止加热，温度逐渐下降。与此同时发光二极管 VL_1 导通，发出绿光。温度的下降使 R_t 的阻值增大，导致 u_{i2} 减小，u_{o1} 也跟着减小。当 $u_{o1}<U_{T2}$ 时（此时滞回电压比较器的阈值电压为 U_{T2}），则滞回电压比较器 A_2 的输出 u_{o2} 为高电平，晶体管 VT 导通，继电器吸合，加热器又工作；温度逐渐上升，R_t 的阻值逐渐减小，使 u_{i2} 增大，当增大至 $u_{o1}>U_{T1}$ 时，加热器又断电。上述过程循环反复，自动控制加热器工作状态，从而使温度基本维持在一个稳定的范围内。

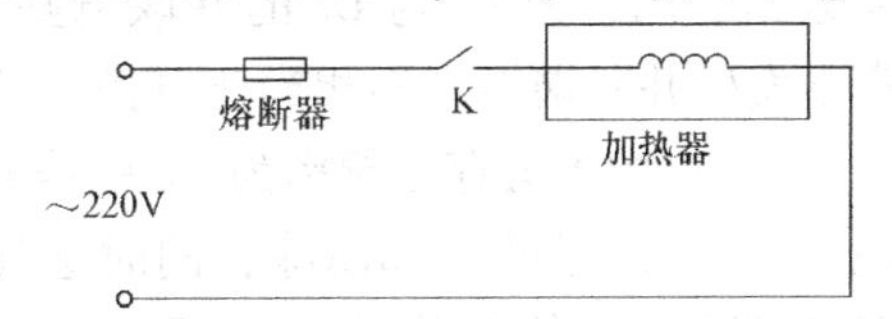

图 7-3 继电器和加热器的连接

7.2 正弦波形的产生和处理电路

1. 实验任务

(1) 基本功能实现

设计一个具有正弦波形的产生、波形叠加和波形处理功能的电路。

1) 可以产生两个不同频率 ω_1 和 ω_2 的正弦波（设 $\omega_1<\omega_2$）。

2) 可以实现两个不同频率正弦波的波形叠加。

3) 可以借助于电阻、电容和电感元件实现谐振滤波，滤除高频成分，保留低频成分。

(2) 扩展功能与创新

1) 实现滤除低频成分，保留高频成分。

2）可在扩展的基础上自主增加新的功能。

2. 预习提示

（1）系统参考框图

正弦波形的产生与处理电路框图如图 7-4 所示。

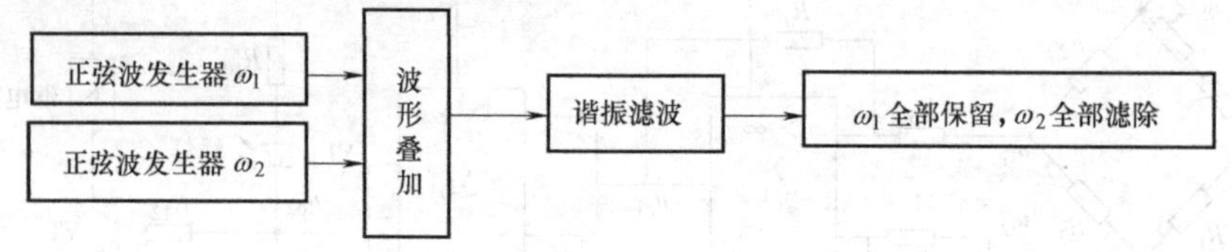

图 7-4 正弦波形的产生与处理电路框图

（2）系统参考电路及简要原理

谐振滤波电路如图 7-5 所示。

图 7-5 中，$u_1(t)$和$u_2(t)$分别表示频率为ω_1和ω_2的正弦信号，由正弦波发生电路产生。谐振滤波电路的工作原理是，选择合适的元件参数L_1、C_2，使L_1与C_1的并联电路在ω_2频率下发生并联谐振，即相当于开路，所以输出电压$u_o(t)$中不会存在频率为ω_2的信号，即实现了对ω_2信号的全部滤除；同时选择合适的元件参数C_2，使L_1并联C_1后再与C_2串联的电路在ω_1频率下发生串联谐振，即相当于短路，所以输出电压$u_o(t)=u_1(t)$，这样可以使频率为ω_1的信号全部保留。

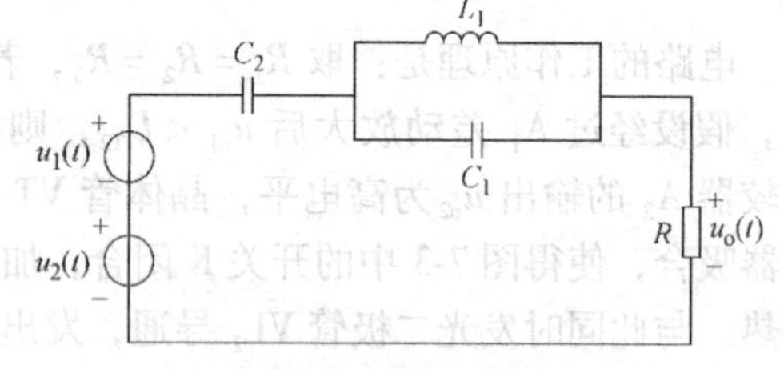

图 7-5 谐振滤波电路

本实验中的正弦波形产生电路和波形叠加电路请读者自行设计。

7.3 数字抢答器

1. 实验任务

（1）基本功能实现

1）设计实现 8 位选手抢答功能的电路。

2）节目主持人将控制开关拨到“开始”位置时，扬声器发声，抢答电路进入正常抢答工作状态。

3）当参赛选手按动抢答键时，扬声器发声，并显示该选手的编号，同时抢答电路停止工作，禁止其他选手再次进行抢答。

4）当选手回答完问题后，主持人操作控制开关，使抢答电路复位，以便进行下一轮抢答。

（2）扩展功能与创新

1）主持人根据抢答题的难易程度，设定一次抢答的时间。抢答一开始，定时器进行倒计时，并在定时显示器上显示剩余的时间，从而实现定时抢答的功能。

2）当有选手在定时时间内按动抢答键时，定时器立即停止工作，同时定时显示器上显示剩余的抢答时间，并保持到主持人将系统清零为止。

3）当没有选手在设定的抢答时间内按动抢答键时，系统报警，并封锁输入电路，禁止选手超时后抢答。

2. 预习提示

(1) 系统参考框图

数字抢答器原理框图如图 7-6 所示。

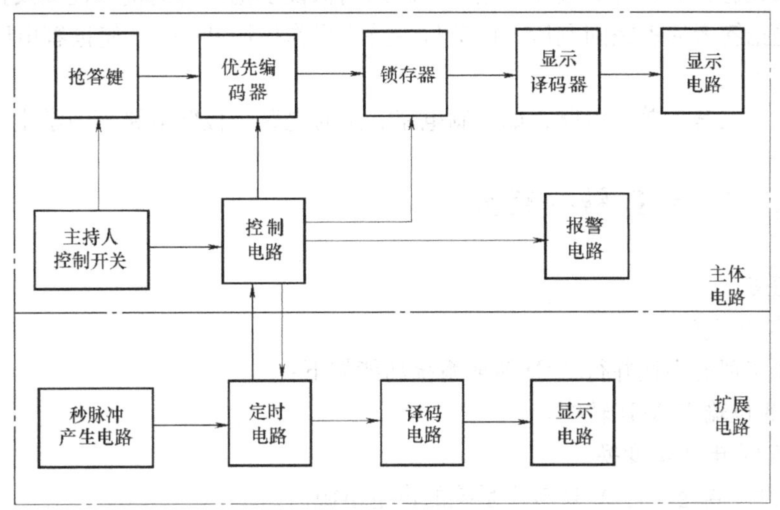

图 7-6 数字抢答器原理框图

(2) 系统参考电路及简要原理

数字抢答器主要电路如图 7-7 所示。

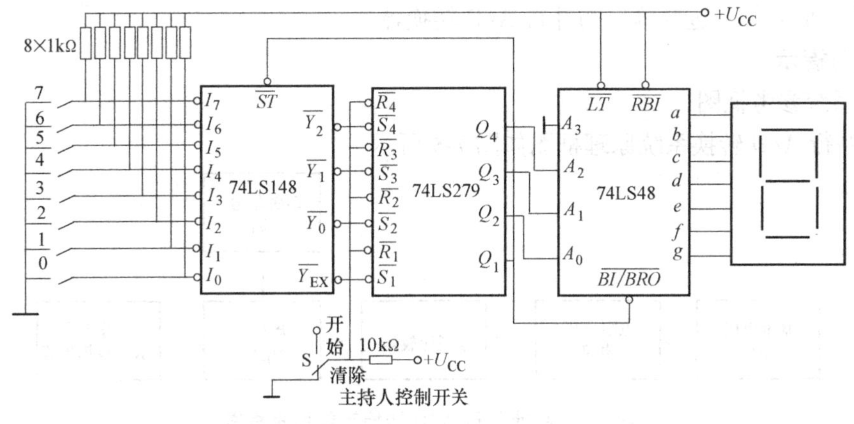

图 7-7 数字抢答器主要电路

图 7-7 中，电路由 74LS148 8 线-3 线优先编码器、74LS279 RS 锁存器、74LS48 显示译码器和七段数码管所构成。其工作原理是，当主持人控制开关 S 位于“清除”位置时，74LS279 内部的四个 RS 触发器的$\overline{R}$端全为低电平，故输出端 $Q_4 \sim Q_1$ 全为低电平。于是 74LS48 的$\overline{BI}=0$，显示器灭灯。74LS148 因其选通输入端$\overline{ST}=0$ 而处于工作状态，此时 74LS279 不工作。当控制开关 S 置于“开始”位置时，74LS148 和 74LS279 同时处于工作状态，即抢答器处于等待工作状态，输入端 I_7、I_6、…、I_0 等待输入信号。当有选手将抢答键

按下时，例如按下 6 键，则 74LS148 的输出$\overline{Y_2}\,\overline{Y_1}\,\overline{Y_0}=001$，$\overline{Y}_{EX}=0$，经 74LS279 后，$Q_4Q_3Q_2=110$，$Q_1=1$。对 74LS48 来说，因为$\overline{BI}=1$，故处于工作状态，驱动显示器显示出数字 6。此外，$Q_1=1$ 使 74LS148 的$\overline{ST}=1$，74LS148 处于禁止状态，封锁其他键的输入。当按下的键松开后，74LS148 的$\overline{Y}_{EX}$为高电平，但由于 Q_1 的输出仍维持高电平不变，所以 74LS148 仍处于禁止工作状态，其他键的输入不被接受。因而保证了抢答者的优先性以及抢答电路的准确性。当优先抢答者回答完问题后，由节目主持人操作控制开关 S，使抢答电路复位，以便进行下一轮抢答。

数字抢答器的其他单元电路，如控制电路、定时电路、报警电路等请学生自行设计。

7.4 高速并行 A/D 转换系统

1. 实验任务

（1）基本功能实现

要求设计实现的高速并行 A/D 转换系统功能如下：

1）实现 3 位输出 A/D 转换。

2）模拟输入电压值变换。

3）自行设计高速并行 A/D 转换系统的供电电源。

4）设定参考电压为 5V。

（2）扩展功能与创新

在实现上述功能基础上，增加以下两个功能：

1）设计数码管显示 A/D 转换输出值电路。

2）扩展成 4 位二进制输出的并行 A/D 转换器。

2. 预习提示

（1）系统参考框图

高速并行 A/D 转换系统原理框图如图 7-8 所示。

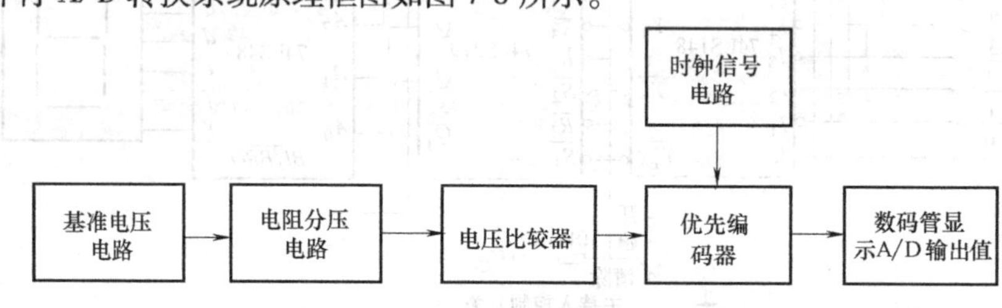

图 7-8 高速并行 A/D 转换系统原理框图

（2）系统参考电路及简要原理

3 位并行比较型 A/D 转换系统原理电路如图 7-9 所示，它是由电压比较器、寄存器、和代码转化器三部分组成。

电压比较器中，量化电平用电阻链把参考电压 U_{REF} 分压，得到从（1/15）U_{REF} ~（13/15）U_{REF}之间比较电平，量化单位 $\Delta=(2/15)U_{REF}$。然后，把这七个比较电平分别接到七个比较器 $C_1\sim C_7$ 的输入端，作为比较基准。同时，将输入的模拟电压加到每个比较器的另一个输入端上，与这七个比较基准进行比较。

其中，模拟电压 U_I 的变化范围是 $0 \sim U_{REF}$。

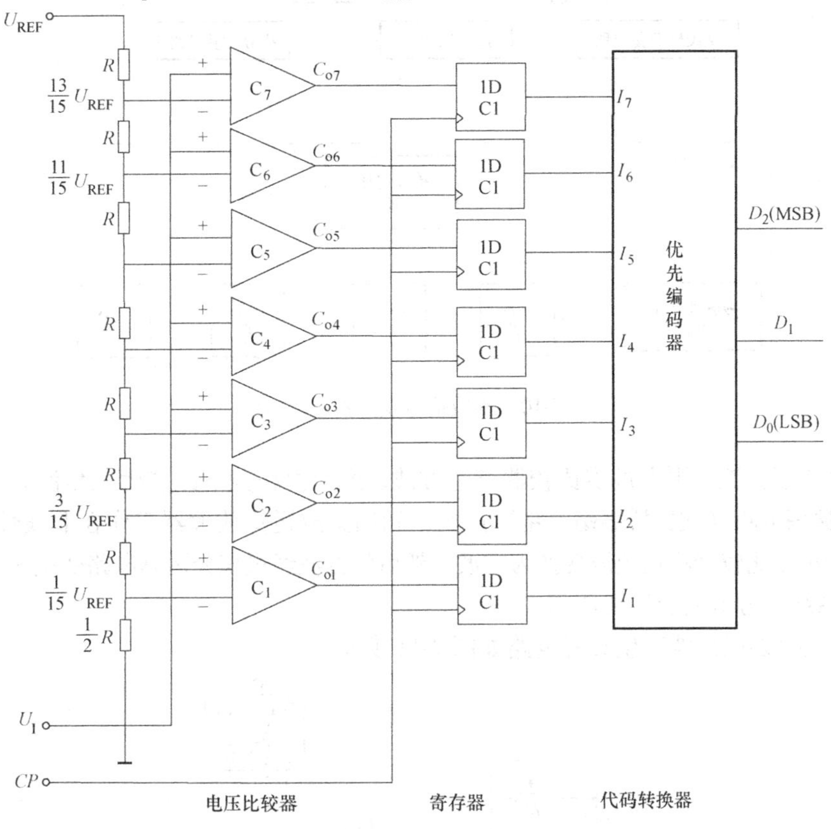

图7-9　3位并行比较型A/D转换系统原理电路

7.5　函数信号发生器

1. 实验任务

（1）基本功能实现

设计完成一台函数信号发生器，要求实现以下功能：

1）输出波形有正弦波、三角波、方波三种。

2）频率在10Hz～10kHz范围内可调。

3）输出电压幅值，方波 $U_{PP} < 20V$、三角波 $U_{PP} = 5V$、正弦波 $U_{PP} > 1V$。

（2）扩展功能与创新

在上述基本功能基础上，增加以下扩展功能：

1）占空比可调：方波的占空比在20%～50%范围内可调；

2）电压可调：三角波的电压峰峰值可调；

3）使用数码管显示输出频率或输入电压。

2. 预习提示

（1）系统参考框图

函数信号发生器原理框图如图 7-10 所示。

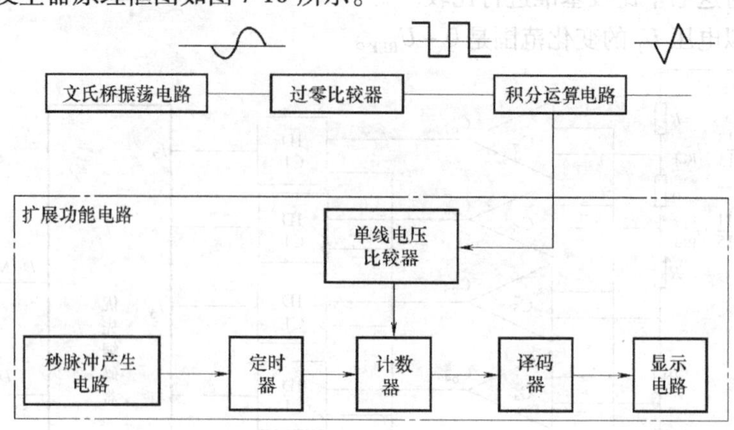

图 7-10 函数信号发生器原理框图

首先产生正弦波，再由过零比较器产生方波，最后由积分电路产生三角波。正弦波通过 *RC* 串并联振荡电路（文氏桥振荡电路）产生，利用集成运算放大器工作在非线性区的特点，由最简单的过零比较器将正弦波变换为方波，然后将方波经过积分运算电路变换成三角波。

（2）系统参考电路及简要原理

正弦波-方波-三角波产生参考电路如图 7-11 所示。

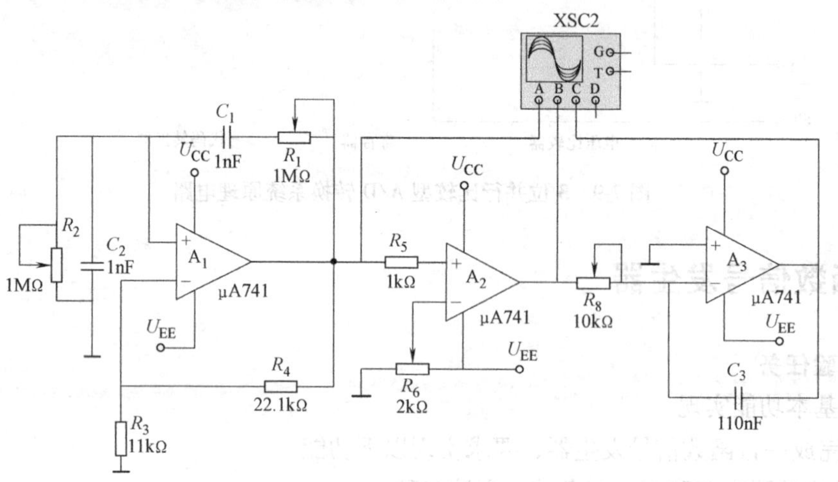

图 7-11 正弦波-方波-三角波产生参考电路

图 7-11 中，运算放大器 A_1 及其外围电路为基本文氏电桥反馈型振荡电路，它由放大器即运算放大器与具有频率选择性的反馈网络构成，施加正反馈就产生振荡（运算放大器施加负反馈就为放大电路的工作方式，施加正反馈就为振荡电路的工作方式）。图中，电路既应用了经由 R_3 和 R_4 的负反馈，也应用了经由串并联 *RC* 网络的正反馈，电路的特性行为取决于是正反馈还是负反馈占优势。这个电路由两部分组成，即放大电路和由 R_1、R_2、C_1 和 C_2 组成的选频网络（R_1、R_2 为同轴电位器，必须时刻保持 $R_1=R_2$）。

$$f=\frac{1}{T}=\frac{1}{2\pi R_1 C_1}$$

中间部分电路为最简单的过零比较器，将输入的正弦波与比较电压比较产生方波，方波占空比的调整由调整 R_6 的阻值来实现。

最后一部分为简单的积分运算电路，将输入的方波进行积分运算，输出相对应三角波，三角波的电压峰峰值调整可由调整 R_8 的大小来实现。

7.6 集成差分放大电路的设计

1. 实验任务

（1）基本功能实现

设计三个差分放大电路：单运算放大器差分放大电路、双运算放大器差分放大电路、三运算放大器差分放大电路。实现零点漂移抑制。要求如下：

1）自行设计输入信号源，0~2V 幅值连续可调。

2）测量差分放大的实际倍数，并实现多种倍数可调。

3）三种差分放大器的输入输出阻抗测量（负载可用 100Ω 电阻）。

4）计算三种电路的共模抑制比。

（2）扩展功能与创新

1）设计出相应的显示电路，对于放大倍数和输入/输出电压进行显示。

2）三运算放大器的差分放大电路的输入阻抗大，通过外围元器件设计，使单、双运算放大器也能有较高的输入阻抗。

2. 预习提示

（1）系统参考框图

差分放大电路原理框图如图 7-12 所示。

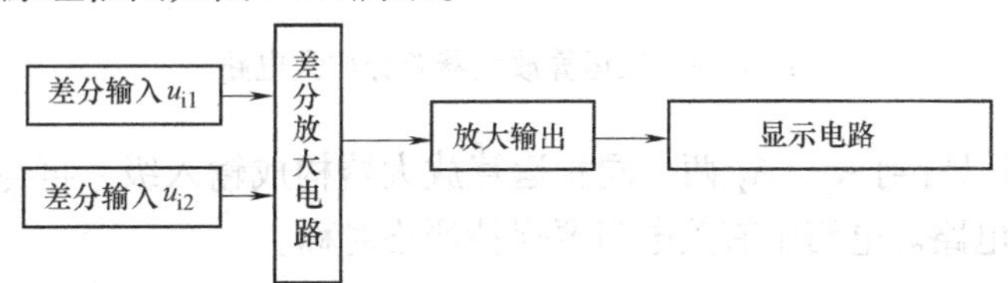

图 7-12 差分放大电路原理框图

（2）系统参考电路及简要原理

1）单运算放大器差分放大电路。差分接法：单运算放大器差分放大电路如图 7-13 所示。输入信号是从集成运算放大器的反相和同相输入端引入，如果反馈电阻 R_F 等于输入端电阻 R_1，那么输出电压为同相输入电压减反相输入电压。这种电路也称为减法器。

2）双运算放大器差分放大电路。可采用两个运算放大器构成的差分放大电路，如图 7-14 所示，$R_1 = R_1'$，$R_2 = R_2'$有

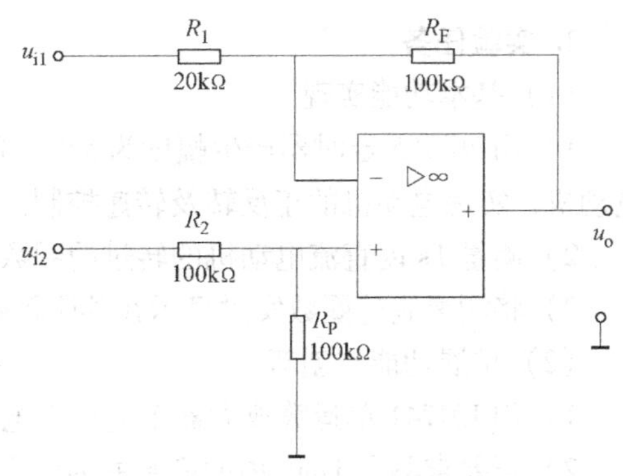

图 7-13 单运算放大器差分放大电路

$$u_o = (u_{i1} - u_{i2})\left(1 + \frac{R_1}{R_2} + \frac{2R_1}{R_G}\right) + U_{REF}$$

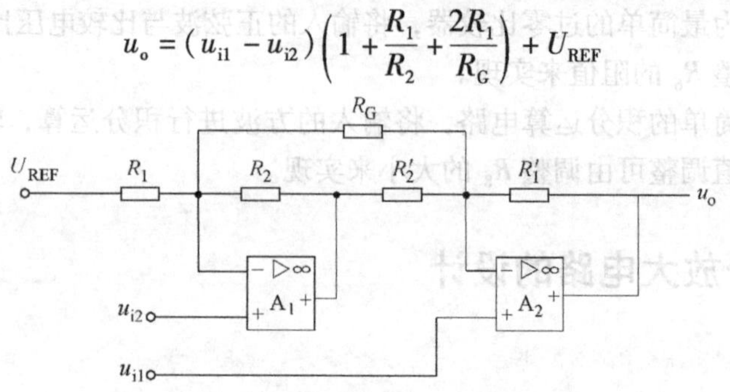

图 7-14 双运算放大器差分放大电路

3）三运算放大器差分放大电路。如图 7-15 所示，为高输入阻抗差分放大电路，应用十分广泛，从仪器测量放大器到特种测量放大器，几乎都能见到其踪迹。

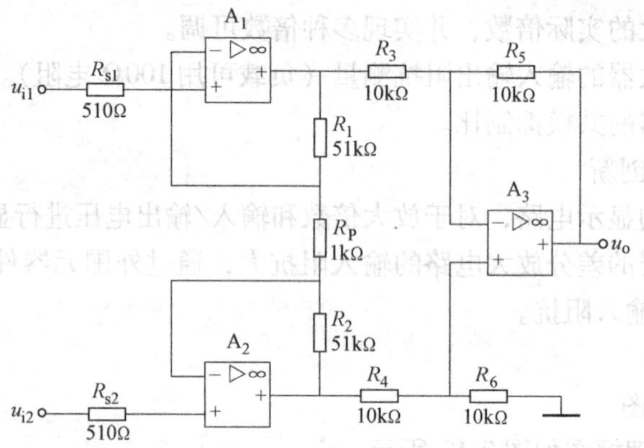

图 7-15 三运算放大器差分放大电路

从图 7-15 中可以看到 A_1、A_2 两个同相运算放大器构成输入级，再与 A_3 串联组成三运算放大器差分放大电路。电路中有关电阻要保持严格对称。

7.7 直流电动机数字脉冲控制电路的设计

1. 实验任务

（1）基本功能实现

1）用 NE555 定时器产生幅度为 5V，频率为 2kHz 的方波，并以 H 桥驱动电路驱动直流电动机，实现电动机的正反转及转速控制。

2）测量 1s 内直流电动机的转过的圈数。

3）将测量到的圈数实时显示在共阴极数码管上。

（2）扩展功能与创新

1）用 LM741 单运算放大器单电源供电来产生方波。

2）若要求测量 1min 内的圈数并显示在 3 位数码管上，电路该如何修改？

3）若要求数字脉冲控制步进电动机并采用电动机驱动芯片 L298N 驱动，电路该如何修改？

4）可在上述扩展功能的基础上再自主增加新的功能。

2. 预习提示

（1）系统参考框图

直流电动机的数字脉冲控制电路框图如图 7-16 所示。

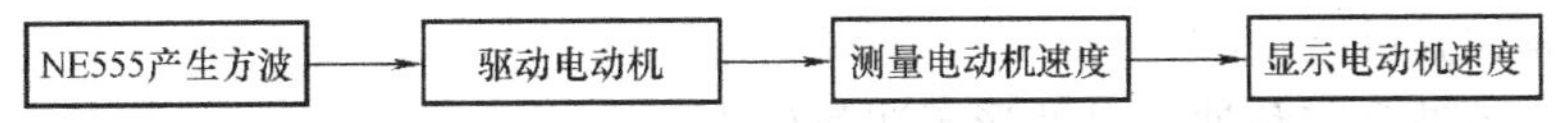

图 7-16 直流电动机的数字脉冲控制电路框图

（2）系统参考电路及简要原理

本实验的方波信号由 NE555 产生，通过计算，选取合适的电阻值和电容值来产生幅度是 5V、频率是 2kHz、占空比是 50% 的方波。方波通过双掷开关接到 H 桥驱动电路（见图 7-17），驱动直流电动机快速平稳的正、反向转动。R_1 和 R_2 可采用电位器，以控制电动机速度。

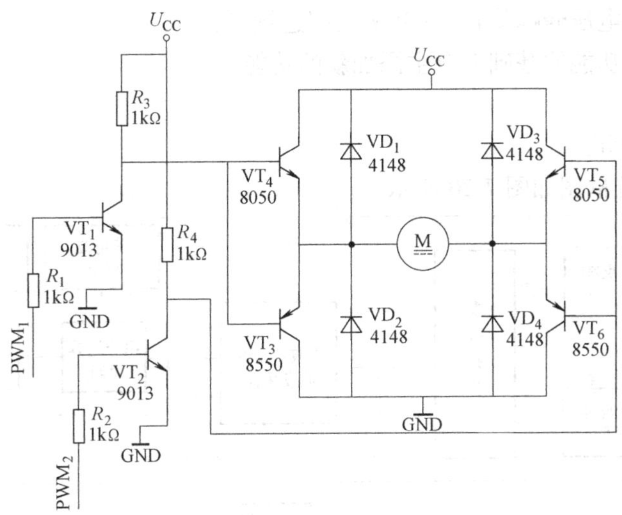

图 7-17 H 桥驱动电路

测量电动机转速可在电动机轴上安装黑白两色的码盘实现。码盘可用硬纸板制作，如图 7-18 所示。当电动机带动码盘每转动一圈时，传感器输出一个脉冲信号，经比较器整形后，送至计数器时钟引脚，由计数器进行计数。转速测量电路如图 7-19 所示。

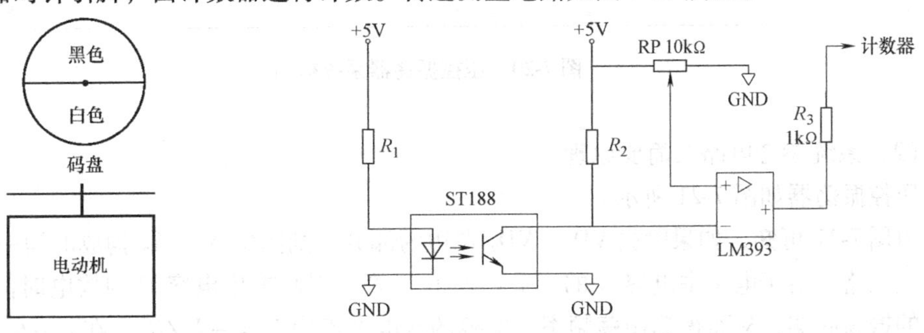

图 7-18 转速码盘的制作 图 7-19 转速测量电路

7.8 压控振荡器

1. 实验任务

(1) 基本功能实现

压控振荡器的设计要求如下：

1) 可产生方波和三角波，且波形无明显失真。

2) 输入0~10V直流电压，输出频率为100Hz~2kHz。

3) 输出三角波的电压峰峰值在1~6V之间连续可调。

(2) 扩展功能与创新

1) 扩展输出波形（例如产生正弦波等）。

2) 输入0~10V直流电压，输出频率为10Hz~20kHz。

3) 扩展电路功能，使用数码管显示输出频率或输入电压。

4) 输出方波的电压峰峰值在2~10V之间连续可调。

5) 在上述扩展功能的基础上自主添加新的功能。

2. 预习提示

(1) 参考系统框图

压控振荡器系统框图如图7-20所示。

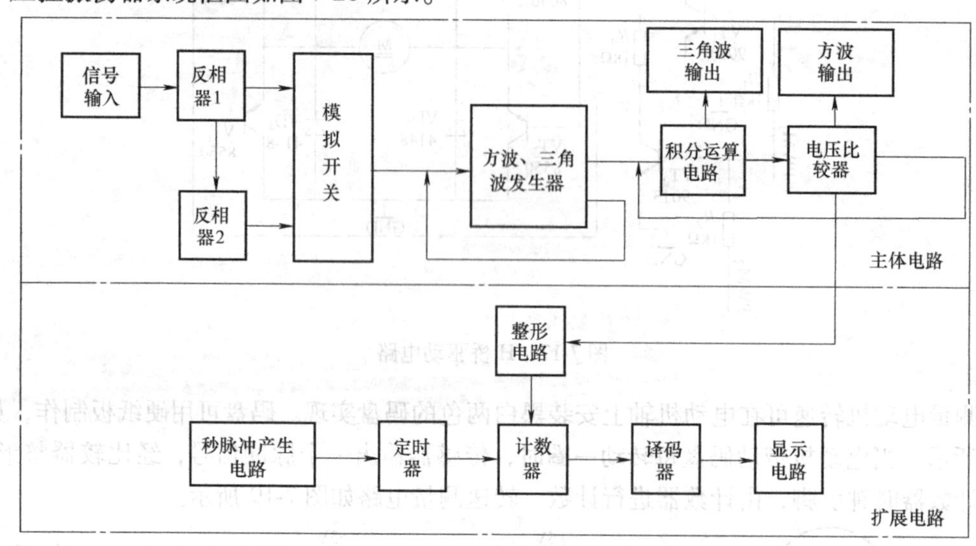

图7-20 压控振荡器系统框图

(2) 系统参考电路及简要原理

压控振荡器如图7-21所示。

由图7-21可知，如果除去VD_1、VD_2左边的部分，则图中A_1、A_2构成的为一方波-三角波产生电路。由于电路中电容C的充放电时间相等，因此求出电容C的放电时间即可得到电路的振荡周期，从而得到振荡频率。电容的放电电流为$i_C = -U_i/R_6$，在$t_1 \sim t_2$放电期间，电容上的电压变化量为

$$\Delta U_C = -\frac{2R_1}{R_2}U_z$$

由此可得放电时间 $T_1 = t_2 - t_1$，有

$$T_1 = \frac{C\Delta U_C}{i_C} = \frac{C\left(-\frac{2R_1}{R_2}U_z\right)}{-\frac{U_i}{R_6}} = \frac{2R_6CR_1U_z}{R_2U_i}$$

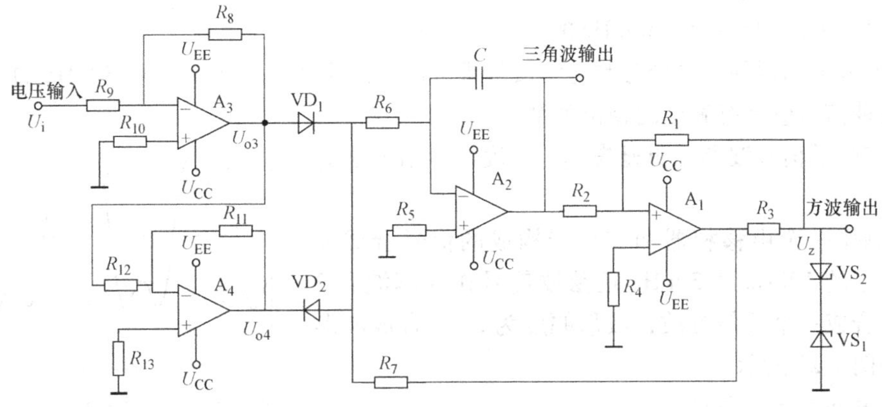

图 7-21 压控振荡器

因此电路的振荡周期为

$$T = 2T_1 = \frac{4R_6CR_1U_z}{R_2U_i}$$

相应的振荡频率为

$$f = \frac{1}{T} = \frac{R_2}{4R_6CR_1U_z}U_i$$

由上式可知，U_i 改变时，f 随 U_i 的改变而成正比例地变化，但不影响三角波和方波的幅值。如果 U_i 为直流电压，则电路振荡频率的调节十分容易；当 U_i 为频率远小于 f 的正弦信号时，则压控振荡器就成为调频振荡器，它能输出抗干扰能力很强的调频波。

图 7-21 中，A_3、A_4 是两个互相串联的反相器，它们的输出电压相等，相位相反，即有 $U_{o4} = -U_{o3} = U_i$。图中，VD_1、VD_2 状态受 A_2 输出控制，当 A_2 输出高电位时，其值大于 U_{o4} (U_i)，VD_1 截止，VD_2 导通，积分器 A_1 对 $U_{o4}(U_i)$ 积分。反之，当 A_2 输出为低电位时，其值小于 $U_{o3}(-U_i)$，则 VD_1 导通，VD_2 截止，积分器 A_1 对 $U_{o3}(-U_i)$ 积分。VD_1、VD_2 在电路中起一个开关的作用。

方波输出幅度为 $\pm U_z$，三角波输出幅度为 $U_{o1m} = \pm\frac{R_2}{R_1}U_{om}$。

当改变控制电压 U_i 时，三角波将上升，下降的斜率随之变化，即振荡频率随之变化，从而实现电压控制振荡频率的目的。由图 7-21 可知

$$U_{o1} = \frac{R_2}{R_1}|U_o| = \frac{1}{R_6C}\int_0^{T/4}U_i\mathrm{d}t = \frac{U_iT}{4R_6C}$$

即振荡频率

$$f=\frac{R_1}{4R_2R_6C}\frac{U_i}{U_{om}}$$

7.9 信号波形分离及合成实验电路

1. 实验任务

（1）基本功能实现

1）设计实现制作一个 300kHz 的方波发生器。

2）方波振荡器的信号经分频与滤波处理，同时产生频率为 10kHz 和 30kHz 的正弦波信号，这两种信号应具有确定的相位关系。

3）产生的信号波形无明显失真，幅度峰峰值分别为 6V 和 2V。

4）制作一个由移相器和加法器构成的信号合成电路，将产生的 10kHz 和 30kHz 正弦波信号作为基波和 3 次谐波，合成一个近似方波，波形幅度为 5V。合成波形的形状如图 7-22 所示。

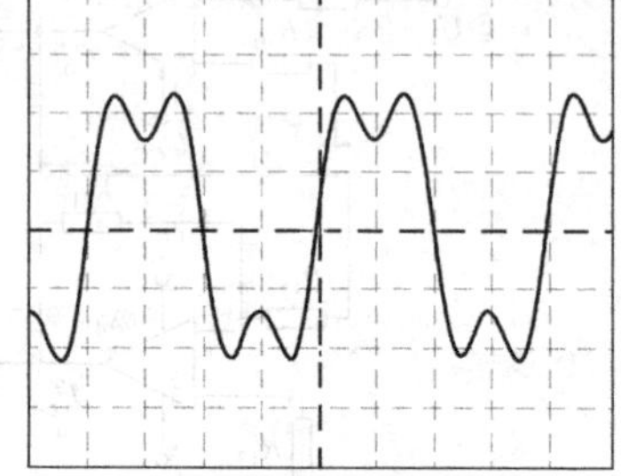

图 7-22　利用基波和 3 次谐波合成的近似方波

（2）扩展功能与创新

1）在基本功能实现 4）的基础之上，再产生一个 50kHz 的正弦波信号作为 5 次谐波，参与信号合成，使合成的波形更接近于方波，如图 7-23 所示。

2）根据三角波谐波的组成关系，设计一个新的信号合成电路，将产生的 10kHz、30kHz 等各个正弦信号，合成一个近似的三角波形，如图 7-24 所示。

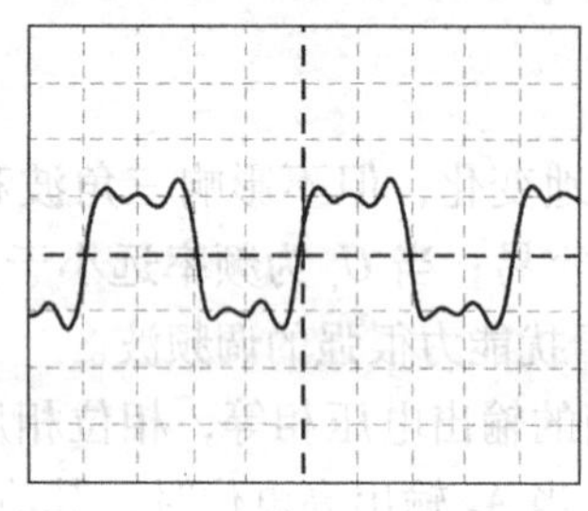

图 7-23　利用基波和 3 次、5 次谐波合成的近似方波

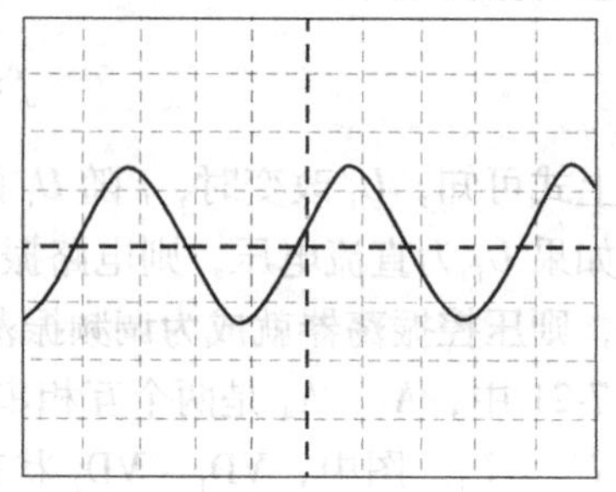

图 7-24　根据三角波的组成关系合成的近似三角波

3）设计制作一个能对各个正弦信号的幅度进行测量和数字显示的电路，测量误差不大于 ±5%。

2. 预习提示

（1）参考系统框图

实验任务是对一个特定频率的方波进行变换，产生多个不同频率的正弦信号，再将这些正弦信号合成为近似方波和近似三角波。其原理框图如图 7-25 所示。

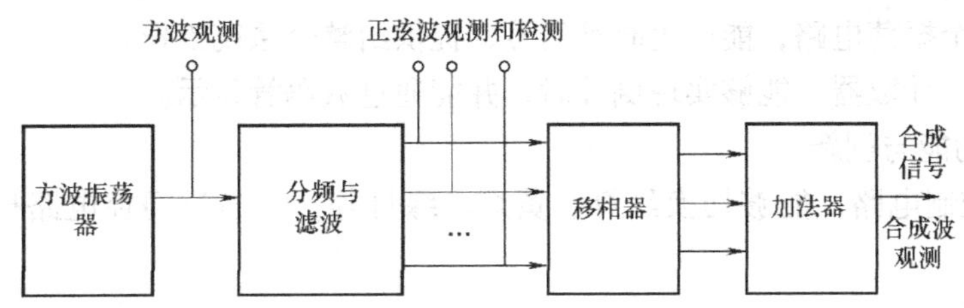

图 7-25　信号波形分离及合成实验原理框图

实验要求是，首先设计制作一个 300kHz 的方波发生器，并在这个方波上进行分频；其次，通过必要的信号转换，分别产生 10kHz、30kHz 和 50kHz 的正弦波；然后，对这三个正弦波进行频率合成，合成后的目标信号为 10kHz 近似方波和近似三角波。

（2）系统参考电路及简要原理

下面仅介绍滤波电路模块的参考电路，如图 7-26 所示。图中，应用 Multisim 设计的滤波电路是采用运算放大器搭建的二阶低通滤波器。通过理论计算与计算机仿真，对电路中的电阻、电容匹配正确的值，可实现对任意信号进行滤波处理。该滤波电路具有稳定性强、可靠性高以及灵活性强等优点。

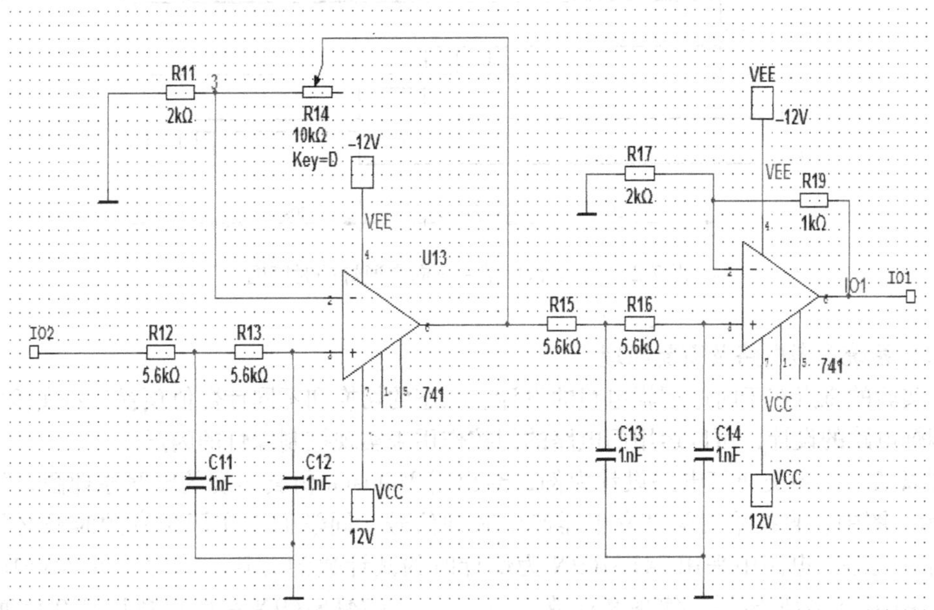

图 7-26　产生 $f=10$kHz 的滤波电路模块的参考电路

7.10　十字路口交通灯控制电路的设计

1. 实验任务

（1）基本功能实现

实现一个十字路口交通灯的电路设计，能够控制十字路口各个方向的红、绿、黄三色灯按实际运行规律进行切换。要求如下：

1）设计一个振荡电路，能产生时钟信号，提供给整个系统工作。

2）设计一个计数器，能够实现倒计时，并能通过数码管显示。

（2）扩展功能与创新

设计逻辑控制电路，能够切换红灯、黄灯、绿灯等，并通过门控电路控制交通灯的闪烁。

2. 预习提示

（1）系统控制要求

十字路口交通灯的安装示意如图 7-27 所示。

路口某方向亮绿灯（另一方向亮红灯）20s 后，绿灯以占空比为 50% 的 1s 周期（0.5s 脉冲宽度）闪烁 3 次（另一方向亮红灯），然后变为黄灯亮 2s（另一方向亮红灯），如此循环工作。十字路口某一方向交通灯的时序图如图 7-28 所示。

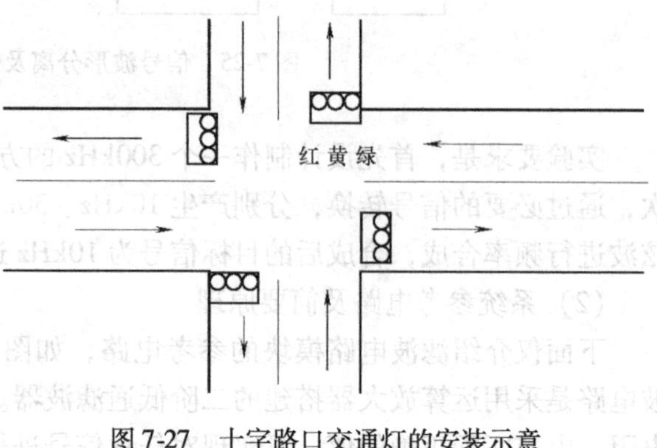

图 7-27　十字路口交通灯的安装示意

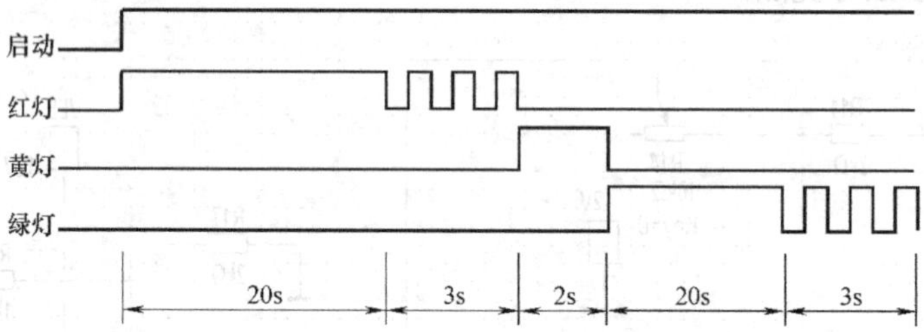

图 7-28　十字路口某一方向交通灯的时序图

（2）系统参考电路及简要原理

本实验的难点在于时序逻辑电路的设计、状态的切换和不同计数值预置。本实验的交通灯的闪烁电路的设计，可以运用门电路的门控作用来实现控制绿灯的闪烁。

现以某一方向交通灯电路设计为例，给出用 Multisim 仿真实现的电路原理图，如图 7-29 所示。图中，直接采用信号发生器产生时钟信号，同学们在实际仿真的时候必须自行设计时钟电路。电路中采用 74LS169N 为倒计时的减计数的芯片，通过设置 74LS169N 的 1 脚（～D/U）为低电平，实现减计数。“个位”的 74LS169N 在倒计数计到 0 后通过 15 脚（～RCO）产生一个溢出信号，提供给 9 脚（～LOAD）一个脉冲信号，实现预置数的装载。同时给“十位”的 74LS169N 一个 CLK 信号，“十位”减 1。应注意的是，“个位”的预置数值并不是都相同，与“当前的状态”有关系：当前为红灯和绿灯的时候，预置数都为 9；而当前为黄灯的时候，预置数为 2。可通过另外一个计数器来标志“当前的状态”，即采用另一个计数器 74LS169N 进行三进制计数，并将计数的值通过 74LS138 进行译码。74LS138 输出的值可以提供给红、绿、黄灯的点亮控制电路，也可以提供给逻辑判断电路来实现不同状态下倒计时计数器预置数的切换。交通灯的闪烁可以通过一个 74LS08 门控电路实现。

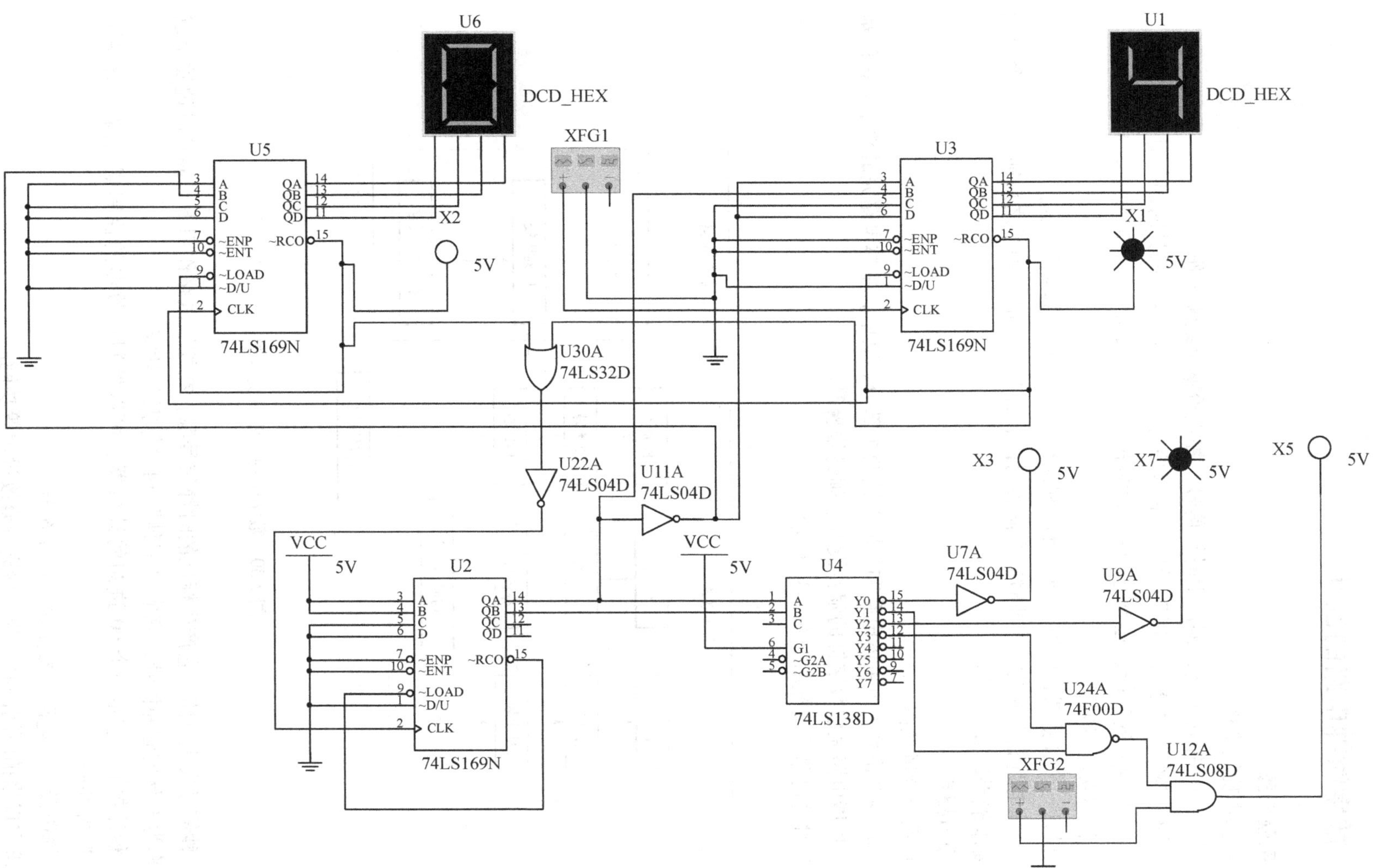

图 7-29 十字路口某一方向交通灯的仿真电路

7.11 数字时钟电路的设计

1. 实验任务

(1) 基本功能实现

1) 设计一个振荡电路，能产生时钟信号，提供给整个系统工作。

2) 具有“秒”、“分”、“时”计时、显示功能。小时按24小时计时制计时。

3) 具有整点报时功能，在59分59秒时发出1kHz的音频信号，时间持续1s。

(2) 扩展功能与创新

1) 设计一个计数器，能够实现顺计时和倒计时，并通过数码管显示。

2) 设计电路能实现设定当前时间和闹铃时间，并且闹铃时间到了之后能产生一个声光提示，要求能手动清除闹铃。

2. 预习提示

(1) 系统参考框图

数字时钟电路系统由主体电路和扩展电路两个部分，其中，主体电路完成数字时钟的基本功能，扩展电路完成数字钟的闹铃设置、闹铃报警等。

数字时钟电路系统框图如图7-30所示。

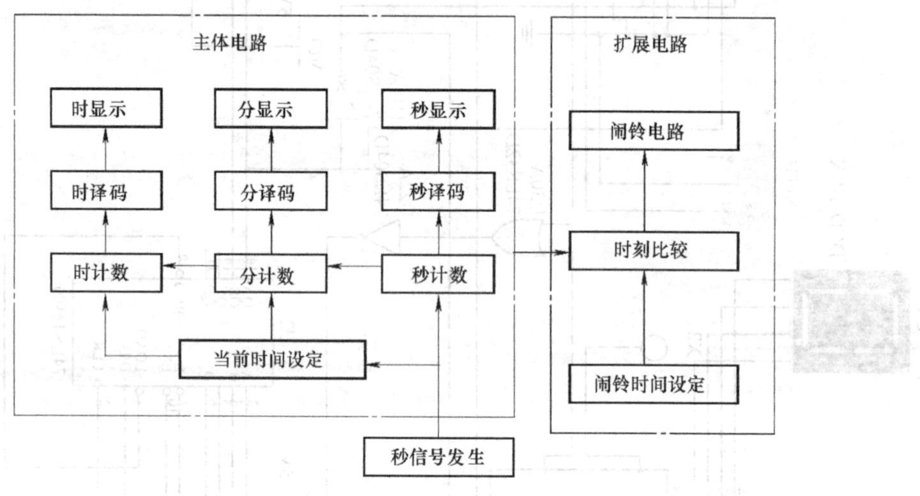

图7-30 数字时钟电路系统框图

1) 秒信号发生电路。它产生标准的时钟信号源，在控制电路作用下，能及时地发出或中断频率为1Hz的脉冲信号，完成“记秒”和“停振”功能。

2) 秒计数器。它是一个60进制的计数器，可以控制计数器的控制端实现“清零”、“倒计时”等功能。

3) 译码及显示电路。参见第6章6.6节。

要求实现当前时间的时、分、秒进行修改设定等功能。

（2）系统参考电路及简要原理

本实验的难点在于“当前时间设定”功能和“闹铃及闹铃时间设定”功能：同学们可以按照前面所学过的实验设计出“当前时间设定”功能对应的电路。在这里以调整“分计数器”仿真为例说明“当前时间设定”的一种方法。仿真电路如图 7-31 所示。

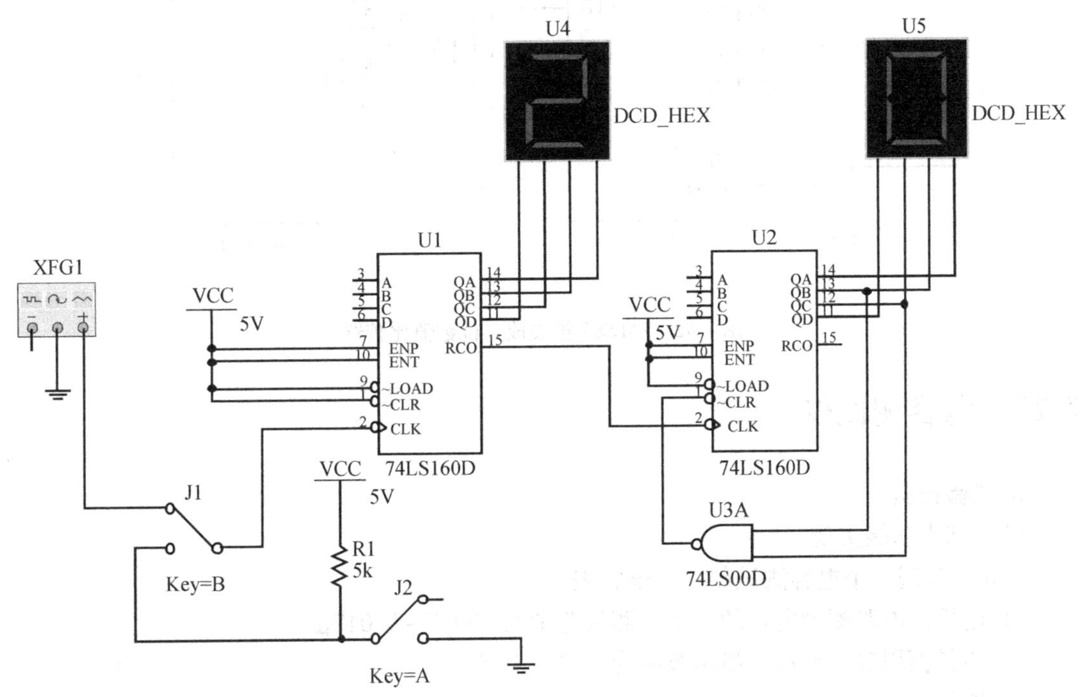

图 7-31　当前时间设定仿真电路

“秒计数器”的进位信号采用信号发生器模拟，J1 是切换开关，可以通过设置 Key = B 设置选择的位置，当开关选择“秒计数器”的进位信号时正常计数，当开关选择另一端的时候，对当前时间进行调整设置。

J2 是调整时间的脉冲产生开关，输出端接一上拉电阻 R1，保证 J2 开关悬空的时候是高电平，当 J2 开关转换到接地端的时候，输出一个低电平。通过 Key = A 切换可以产生脉冲，将时间调整到要设置的时刻。

可以采用数值比较器来实现当前时间与闹铃设定时间的比较。用于比较两个数大小或相等的电路称为数值比较器。由于闹铃时刻比较的数值共有 6 位，而用 74LS85 只能实现 4 位数值比较器，所以必须设计电路实现数值比较器的扩展。

74LS85 数值比较器（参见图 7-32）的串级输入端 IA > B（AGTB）、IA < B（ALTB）、IA = B（AEQB）是为了扩大比较器功能设置的，当不需要扩大比较位数时，IA > B、IA < B 接低电平，IA = B 接高电平；若需要扩大比较器的位数时，只需将低位的 FA > B、FA < B 和 FA = B 分别接高位相应的串接输入端 IA > B、IA < B、IA = B 即可。

在 Multisim 仿真平台上 74LS85 的引脚图的名称和图中有所不同，但可以直接读出各个管脚的功能。扩展成 8 位数值比较器的简单电路见图 7-32 所示。

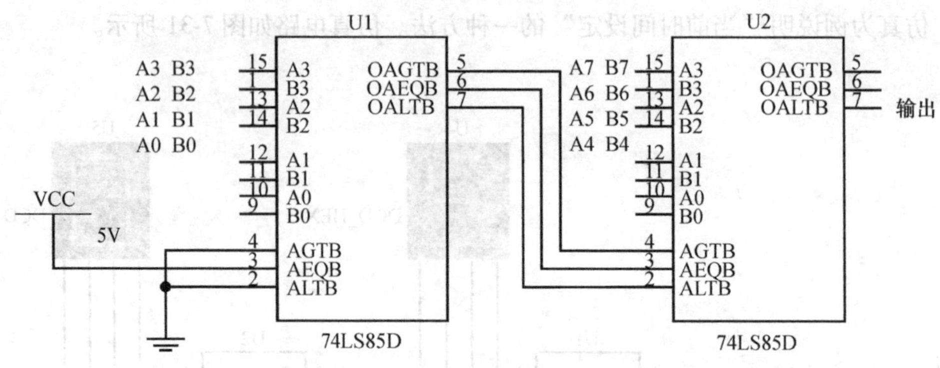

图 7-32　74LS85 扩展成 8 位数值比较器

7.12　电容测试仪

1. 实验任务

（1）基本功能实现

设计和实现一个电容测试仪——电容表。

1）用检测电路测量电容的大小，测量范围为 100pF ~ 0.047μF。

2）测量值用数字显示，显示范围为 0000 ~ 1999。

3）测量时间小于 1s。

4）误差小于 10pF。

5）用 Multisim 进行仿真。

（2）扩展功能与创新

1）测量范围扩大为 100pF ~ 1000μF。

2）测量电容变化时，可以自动切换量程。

3）可以测量电阻大小。

4）在上述扩展功能的基础上自主添加新的功能。

2. 预习提示

（1）系统参考方案

1）采用 555 定时器构成多谐振荡器，把电容量转换成频率进行测量，原理如图 7-33 所示。

2）采用容抗法，把电容量转换成电平信号进行测量，原理如图 7-34 所示。

（2）系统参考电路及简要原理

一个被测电容范围为 1000pF ~ 1000μF 的参考电路如图 7-35 所示，请同学自行分析其原理。

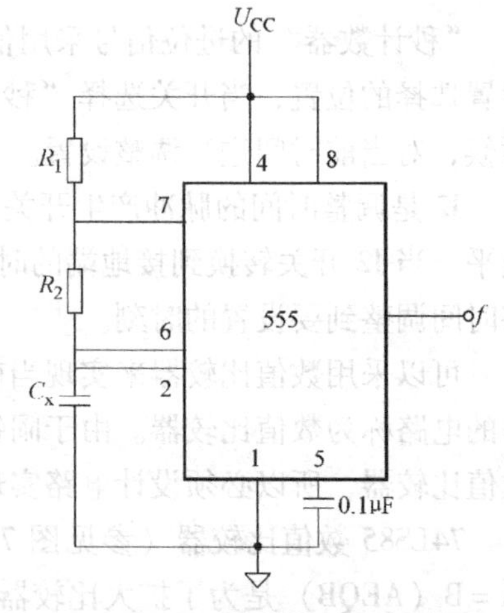

图 7-33　555 定时器构成多谐振荡器的测量原理

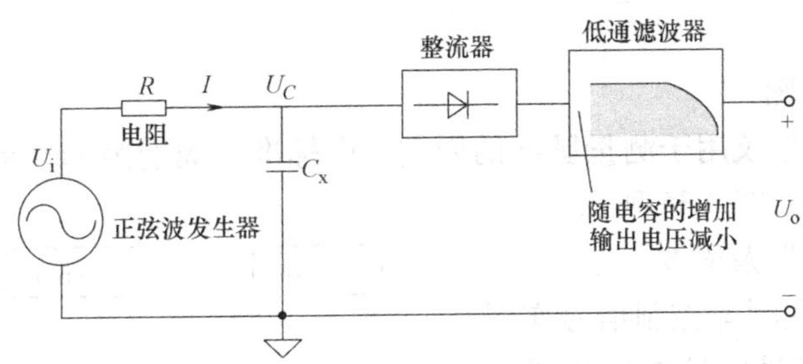

图 7-34　容抗法的测量原理

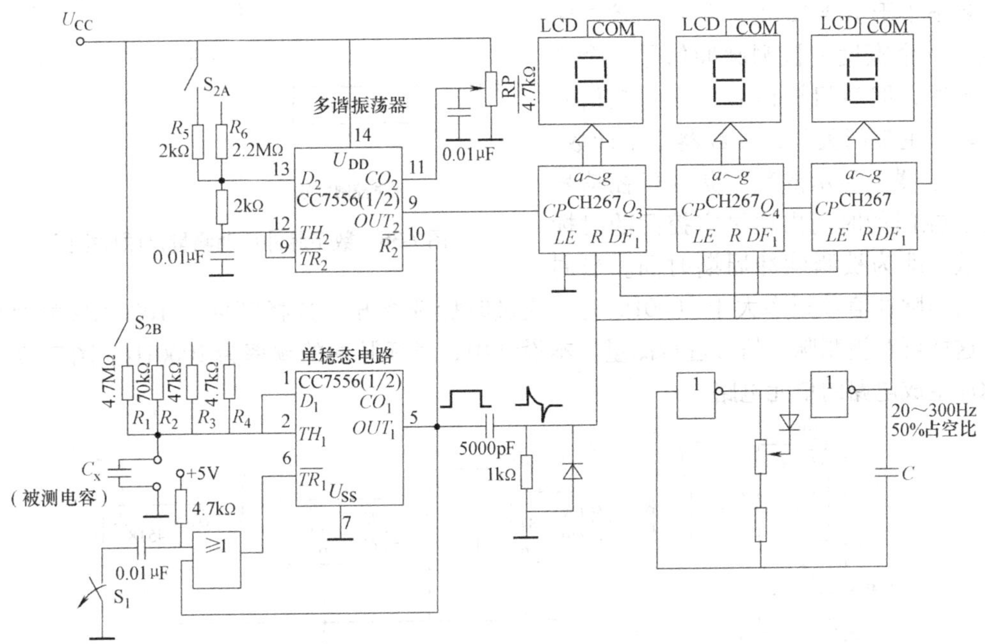

图 7-35　一个供参考的电容测试仪电路

7.13　数字脉冲周期测量仪

1. 实验任务

(1) 基本功能实现

设计和实现一个数字脉冲周期测量仪。要求如下：

1) 两位数字显示，测量脉冲周期范围为 1 ~ 99ms。

2) 可进行脉冲周期时间的测量和累加。

3) 测量灵敏度为 1V。

4) 测量精度为 ±1ms。

(2) 扩展功能与创新

1) 测量范围扩大为 1 ~ 999ms。

2) 增加手动清零，手动测量功能。

3) 在上述扩展功能的基础上自主添加新的功能。

2. 预习提示

（1）系统参考框图

数字脉冲周期测量仪用于测量脉冲的周期，由标准的周期为 1ms 的脉冲对被测脉冲进行测量，其原理框图如图 7-36 所示。

（2）系统参考电路及简要原理

1）简要原理。在测量控制信号作用下，被测脉冲信号经过门控电路生成门控信号控制主控门。当周期性被测脉冲信号频率小于 1000Hz 时，经过门控电路后生成一个宽度为被测脉冲信号一个周期的脉冲，即为门控信号。此门控信号结束时，主控门关闭，计数器停止计数，此时显示器上显示的数字是在门控信号打开主控门的时间内通过主控门的时标脉冲数，即为被测脉冲周期时间。当周期性被测脉冲信号频率大于 1000Hz 时，通过时标选择开关选择频率为 10000Hz 的时标脉冲，这样可对被测脉冲信号进行测量。本设计中，时标脉冲的频率为 1000Hz。图 7-37 为时标脉冲生成电路的单元电路。

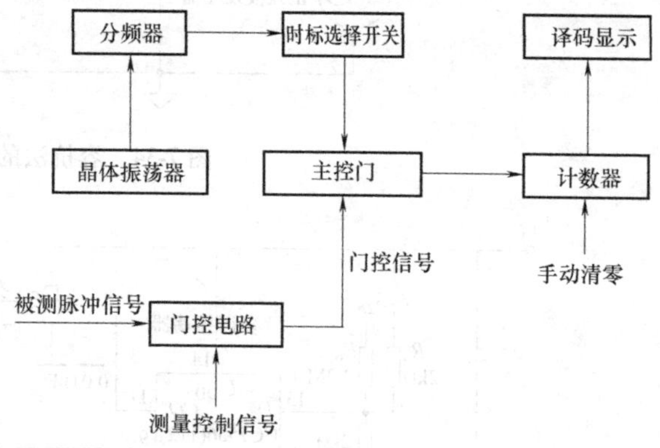

图 7-36 数字脉冲周期测量仪原理框图

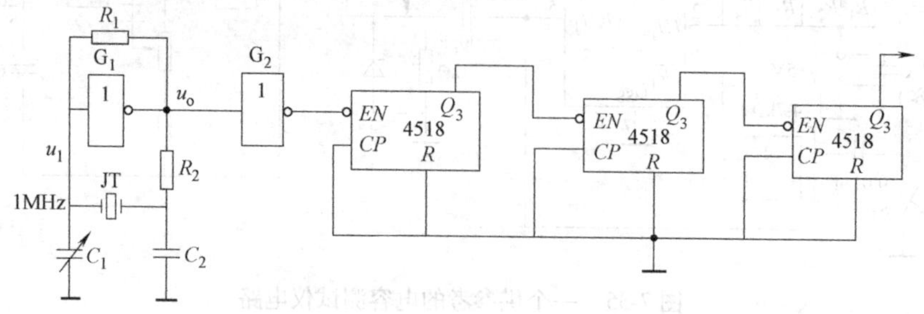

图 7-37 时标脉冲生成电路的单元电路

2）门控电路。门控信号是被测脉冲信号经门控电路生成的。被测脉冲信号经门控电路生成一个宽度为被测脉冲信号一个周期的脉冲，即门控信号。门控电路如图 7-38 所示。

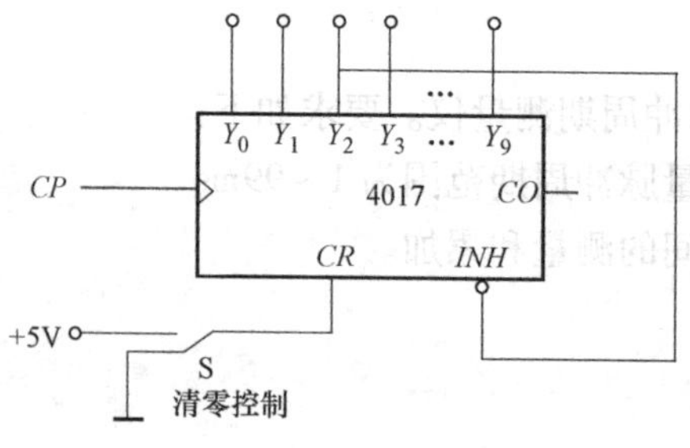

图 7-38 门控电路

实现数字脉冲周期测量仪的整机电路由同学自行完成设计，并加以调试。

7.14　图书馆人数统计

1. 实验任务

（1）基本功能实现

设计一个进入图书馆人数并记录一天的进出人次数的电路（用两片 74LS161 和两片 74LS192）。要求：

1）设计简单可靠的传感器实现感应来人的进出。

2）可以判断来人是进入还是离开。

3）可以显示的最大数字为 99。

4）可以显示当前时刻在图书馆的总人数，又可以显示进入图书馆的总人次数。

5）具有手动清零功能。

（2）扩展功能与创新

1）扩展显示最大的数字为 9999。

2）增加统计显示离开图书馆的总人数。

3）可以限定在一段时间间隔内（比如一节课）进入图书馆的人数，当人数出现超出限定值时实现报警。

4）当有人迟到或早退时，可以发出提示，客观记录并显示人数。

5）在扩展的基础上自主添加新的功能，自拟验收方案。

2. 预习提示

（1）系统参考框图

图书馆人数统计可以用十进制、十六进制计数器（加、减）实现。进门感应和出门感应信号可由光电传感器（TCRT5000/ST188）或开关信号模拟，显示采用数码管实现。

其原理框图如图 7-39 所示。

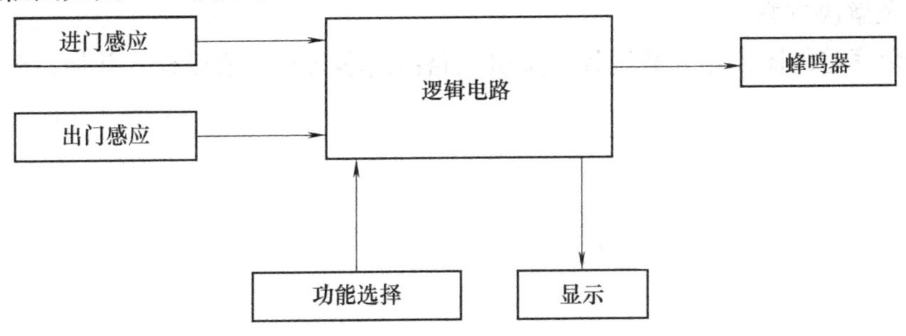

图 7-39　图书馆人数原理框图

（2）系统参考电路图及简要原理

通过进、出门感应器，将收集的信号送入到计数器中（可用 74LS161 及 74LS192 实现），通过译码器译码后，数据被送入显示器中显示出来。下面简要介绍系统获取时钟信号的方法。

1）“双通道”型时钟信号的设计

方案可采用“双通道”型设计，即认为图书馆有“入口”与“出口”两个独立的通道，并在这两个通道中各安装 1 个红外传感器统计进出的人次。出、入口的感应电路原理相同，即未经过人时，接收管不接收光，图 7-40 中晶体管处于截止状态，A 点输出低电平；当有人经过时，接收管接收光，晶体管导通，A 点输出高电平，使得 A 点形成脉冲，经过整形电路，将这个脉冲送入计数器的时钟端。

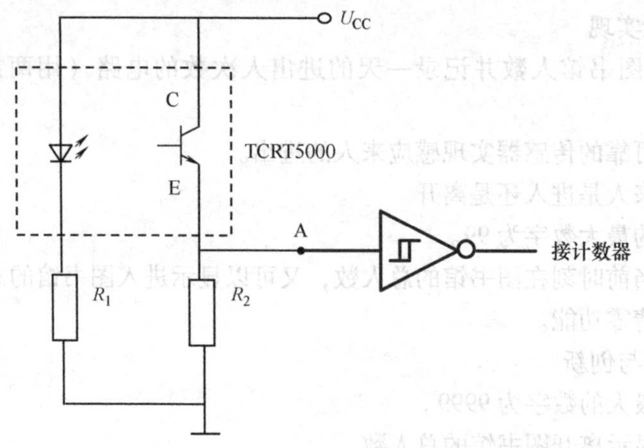

图 7-40 TCRT5000 传感器模块电路原理图

2）“单通道”型时钟信号的设计

方案中也可采用“单通道”型设计，即认为图书馆的“入口”与“出口”只有一个独立的通道，由两个红外传感器来实现，并用 D 触发器判断是进门还是出门。

3）用手动开关模拟人员进出的信号

可直接用手动开关来采集人员进出的脉冲信号。但实际电路中，由于机械开关的接触抖动，相当于连续出现几个脉冲信号，会造成错误动作。为了消除开关的接触抖动，必须加一个防抖电路，其电路可参考见第 6 章 6.4 节“触发器的应用”实验中的开关接触抖动（反跳）的影响及解决方案。

实现一个完整的图书馆人数统计，整机电路由同学自行完成设计，并加以调试。

附录　常用集成电路引脚排列

1. TTL 系列

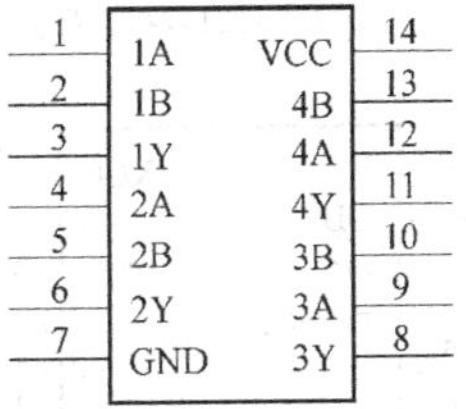

7400 四 2输入与非门

引脚	名称	名称	引脚
1	1Y	VCC	14
2	1A	4Y	13
3	1B	4B	12
4	2Y	4A	11
5	2A	3Y	10
6	2B	3B	9
7	GND	3A	8

7402 四 2输入或非门

引脚	名称	名称	引脚
1	1A	VCC	14
2	1B	4B	13
3	1Y	4A	12
4	2A	4Y	11
5	2B	3B	10
6	2Y	3A	9
7	GND	3Y	8

7403 四 2输入与非门 (LS–OC)

引脚	名称	名称	引脚
1	1A	VCC	14
2	1Y	6A	13
3	2A	6Y	12
4	2Y	5A	11
5	3A	5Y	10
6	3Y	4A	9
7	GND	4Y	8

7404 六非门

引脚	名称	名称	引脚
1	1A	VCC	14
2	1B	4B	13
3	1Y	4A	12
4	2A	4Y	11
5	2B	3B	10
6	2Y	3A	9
7	GND	3Y	8

7408 四 2输入与门

引脚	名称	名称	引脚
1	1A	VCC	14
2	1B	4B	13
3	1Y	4A	12
4	2A	4Y	11
5	2B	3B	10
6	2Y	3A	9
7	GND	3Y	8

7409 四 2输入与门(LS–OC)

引脚	名称	名称	引脚
1	1A	VCC	14
2	1B	2D	13
3	NC	2C	12
4	1C	NC	11
5	1D	2B	10
6	1Y	2A	9
7	GND	2Y	8

7420 二 4输入与非门

引脚	名称	名称	引脚
1	A	VCC	14
2	C	B	13
3	D	NU	12
4	E	NU	11
5	F	H	10
6	NC	G	9
7	GND	Y	8

7454 $Y=\overline{AB+CD+EF+GH}$

引脚	名称	名称	引脚
1	A	VCC	14
2	B	J	13
3	C	I	12
4	D	H	11
5	E	G	10
6	Y	F	9
7	GND	NC	8

74LS54 $Y=\overline{AB+CDE+FGH+IJ}$

引脚	名称	名称	引脚
1	1CLR′	VCC	14
2	1D	2CLR′	13
3	1CLK	2D	12
4	1PRE′	2CLK	11
5	1Q	2PRE′	10
6	1Q′	2Q	9
7	GND	2Q′	8

7474 双 D 触发器

引脚	名称	名称	引脚
1	1A	VCC	14
2	1B	4B	13
3	1Y	4A	12
4	2A	4Y	11
5	2B	3B	10
6	2Y	3A	9
7	GND	3Y	8

7486 四 2输入异或门

引脚	名称	名称	引脚
1	R9(1)	VCC	14
2	NC	RO(2)	13
3	R9(2)	RO(1)	12
4	QC	CLKB′	11
5	QB	CLKA′	10
6	NC	QA	9
7	GND	QD	8

74290 二–五–十进制异步计数器

引脚	名称	名称	引脚
1	1CLK′	1K	16
2	1PRE′	1Q	15
3	1CLR′	1Q′	14
4	1J	GND	13
5	VCC	2K	12
6	2CLK′	2Q	11
7	2PRE′	2Q′	10
8	2CLR′	2J	9

7476 双 JK触发器

引脚	名称	名称	引脚
1	1CLK	VCC	16
2	1K	1CLR′	15
3	1J	2CLR′	14
4	1PRE′	2CLK	13
5	1Q	2K	12
6	1Q′	2J	11
7	2Q′	2PRE′	10
8	GND	2Q	9

74112 双JK触发器

引脚	名称	名称	引脚
1	A0	VCC	16
2	A1	Y0	15
3	A2	Y1	14
4	G2A′	Y2	13
5	G2B′	Y3	12
6	G1	Y4	11
7	Y7	Y5	10
8	GND	Y6	9

74138 3线–8线译码器

引脚	名称	名称	引脚
1	4	VCC	16
2	5	E0	15
3	6	GS	14
4	7	3	13
5	E1	2	12
6	A2	1	11
7	A1	0	10
8	GND	A0	9

74148 8线-3 线优先编码器

引脚	名称	名称	引脚
1	D3	VCC	16
2	D2	D4	15
3	D1	D5	14
4	D0	D6	13
5	Y	D7	12
6	W	A0	11
7	G′	A1	10
8	GND	A2	9

74151 8选1数据选择器

引脚	名称	名称	引脚
1	1G′	VCC	16
2	A1	2G′	15
3	1C3	A0	14
4	1C2	2C3	13
5	1C1	2C2	12
6	1C0	2C1	11
7	1Y	2C0	10
8	GND	2Y	9

74153 二4选1数据选择器

引脚	名称	名称	引脚
1	CLR′	VCC	16
2	CLK	RCO	15
3	A	QA	14
4	B	QB	13
5	C	QC	12
6	D	QD	11
7	ENP	ENT	10
8	GND	LOAD′	9

74160 十进制加计数器

引脚	名称	名称	引脚
1	CLR′	VCC	16
2	CLK	RCO	15
3	A	QA	14
4	B	QB	13
5	C	QC	12
6	D	QD	11
7	ENP	ENT	10
8	GND	LOAD′	9

74161 4位二进制加计数器

引脚	名称	名称	引脚
1	B	VCC	16
2	QB	A	15
3	QA	CLR	14
4	DOWN	BO′	13
5	UP	CO′	12
6	QC	LOAD′	11
7	QD	C	10
8	GND	D	9

74192 加减十进制计数器

引脚	名称	名称	引脚
1	CLR′	VCC	16
2	SR	QA	15
3	A	QB	14
4	B	QC	13
5	C	QD	12
6	D	CLK	11
7	SL	S1	10
8	GND	S0	9

74194 4位双向移位寄存器

引脚	名称	名称	引脚
1	1D	VCC	14
2	1TH	2D	13
3	1CO	2TH	12
4	$1\overline{R}$	2CO	11
5	1OUT	$2\overline{R}$	10
6	$1\overline{TR}$	2OUT	9
7	GND	$2\overline{TR}$	8

556 定时器

555

引脚	名称	名称	引脚
1	GND	VCC	8
2	TRI	D15	7
3	OUT	THR	6
4	RES	CON	5

555 定时器

引脚	名称	名称	引脚
1	CR	VCC	16
2	CP	CO	15
3	D0	Q0	14
4	D1	Q1	13
5	D2	Q2	12
6	D3	Q3	11
7	CT_P	CT_T	10
8	GND	$\overline{LD}$	9

74 HC163 4位二进制同步计数器

2. CMOS 系列

引脚	名称	名称	引脚
1	I1	VDD	14
2	I2	I8	13
3	O1	I7	12
4	O2	O4	11
5	I3	O3	10
6	I4	I6	9
7	VSS	I5	8

4001 四2输入或非门

引脚	名称	名称	引脚
1	O1	VDD	14
2	I1	O2	13
3	I2	I8	12
4	I3	I7	11
5	I4	I6	10
6	NC	I5	9
7	VSS	NC	8

4002 二4输入或非门

引脚	名称	名称	引脚
1	I1	VDD	14
2	I2	I8	13
3	O1	I7	12
4	O2	O4	11
5	I3	O3	10
6	I4	I6	9
7	VSS	I5	8

4011 四2输入或非门

引脚	名称	名称	引脚
1	O1	VDD	14
2	I1	O2	13
3	I2	I8	12
4	I3	I7	11
5	I4	I6	10
6	NC	I5	9
7	VSS	NC	8

4012 二4输入与非门

引脚	名称	名称	引脚
1	O1	VDD	14
2	O1′	O2	13
3	CP1	O2′	12
4	CD1	CP2	11
5	D1	CD2	10
6	SD1	D2	9
7	VSS	SD2	8

4013 双D触发器

引脚	名称	名称	引脚
1	I1	VDD	14
2	O1	I6	13
3	I2	O6	12
4	O2	I5	11
5	I3	O5	10
6	O3	I4	9
7	VSS	O4	8

4069 六非门

引脚	名称	名称	引脚
1	I1	VDD	14
2	I2	I8	13
3	O1	I7	12
4	O2	O4	11
5	I3	O3	10
6	I4	I6	9
7	VSS	I5	8

4081 四2输入与门

引脚	名称	名称	引脚
1	O1	VDD	14
2	I1	O2	13
3	I2	I8	12
4	I3	I7	11
5	I4	I6	10
6	NC	I5	9
7	VSS	NC	8

4082 二4输入与门

引脚	名称	名称	引脚
1	I1	VDD	14
2	O1	I6	13
3	I2	O6	12
4	O2	I5	11
5	I3	O5	10
6	O3	I4	9
7	VSS	O4	8

40106 六施密特触发器

引脚	名称	名称	引脚
1	DB	VDD	16
2	DC	OF	15
3	LT′	OG	14
4	BI′	OA	13
5	EL′	OB	12
6	DD	OC	11
7	DA	OD	10
8	VSS	OE	9

4511 BCD七段锁存/译码/驱动器

引脚	名称	名称	引脚
1	Q12	VDD	16
2	Q13	Q10	15
3	Q14	Q8	14
4	Q6	Q9	13
5	Q5	RESET	12
6	Q7	CP1	11
7	Q4	$\overline{CP0}$	10
8	VSS	CP0	9

4060 14级二进制串行计数/分频器

引脚	名称	名称	引脚
1	1CP	VDD	16
2	1EN	2CR	15
3	1Q0	2Q3	14
4	1Q1	2Q2	13
5	1Q2	2Q1	12
6	1Q3	2Q0	11
7	1CR	2EN	10
8	VSS	2CP	9

4518 双BCD十进制同步加法计数器

引脚	名称	名称	引脚
1	1Q	VDD	14
2	$1\overline{Q}$	2Q	13
3	1CP	$2\overline{Q}$	12
4	$1R_D$	2CP	11
5	1D	$2R_D$	10
6	$1S_D$	2D	9
7	VSS	$2S_D$	8

4013 双上升沿D触发器

引脚	名称	名称	引脚
1	Ya	VDD	16
2	Yg	Yb	15
3	Yf	Yc	14
4	$\overline{CT}$	Yd	13
5	CR	Ye	12
6	$\overline{IE}$	BO	11
7	CP_D	CO	10
8	VSS	CP_D	9

40110 十进制加/减计数器/锁存/七段译码/显示驱动器

3. 集成运算放大器系列

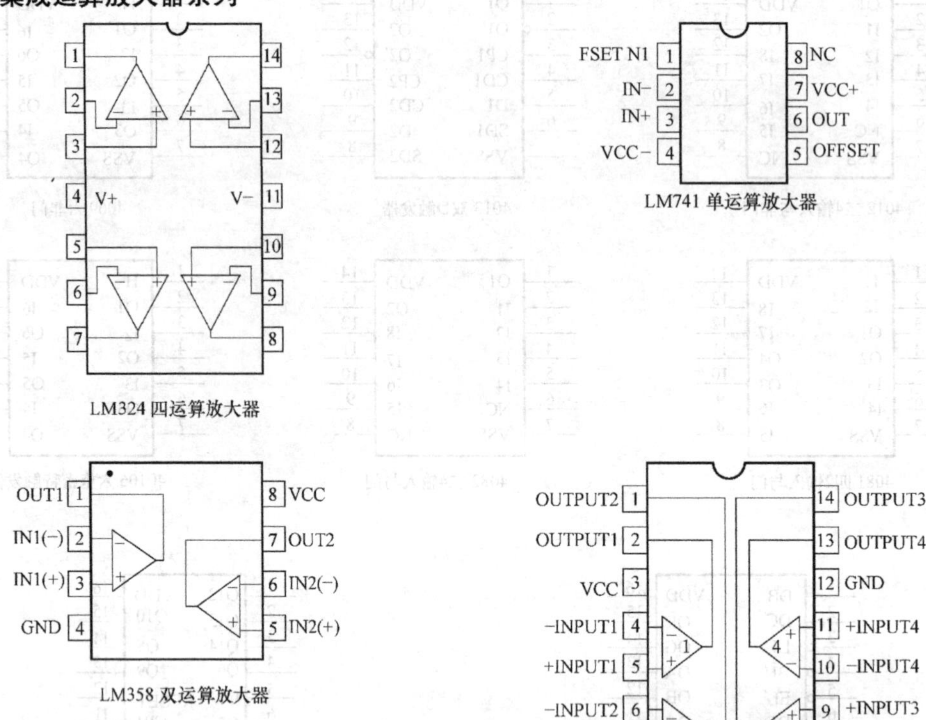

LM324 四运算放大器

LM741 单运算放大器

LM358 双运算放大器

LM339 比较器

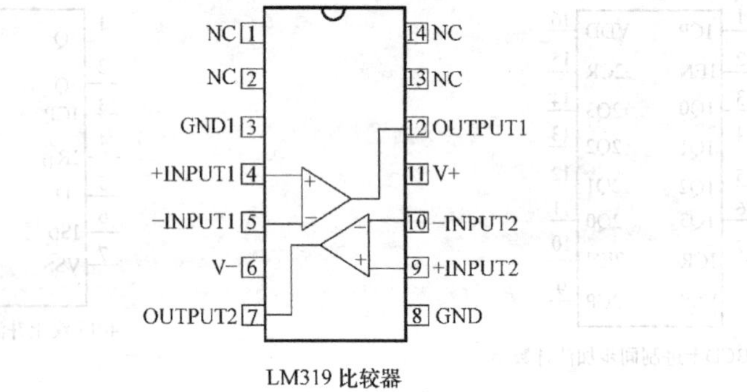

LM319 比较器

参 考 文 献

[1] 吴霞，李敏. 电路与电子技术仿真与实践［M］. 北京：中国水利水电出版社，2005.

[2] 王萍，林孔元. 电工学实验教程［M］. 北京：高等教育出版社，2006.

[3] 黄智伟，李传奇，邹其洪. 电子电路计算机仿真设计与分析［M］. 北京：电子工业出版社，2004.

[4] 李哲英，骆丽，李金平. 模拟电子线路分析与 Multisim 仿真［M］. 北京：机械工业出版社，2008.

[5] 王冠华. Multisim10 电路设计及应用［M］. 北京：国防工业出版社，2008.

[6] 庄俊华. Multisim9 入门及其应用［M］. 北京：机械工业出版社，2008.

[7] 潘岚. 电路与电子技术实验教程［M］. 北京：高等教育出版社，2005.

[8] 陈宗涛. 电机试验技术教程［M］. 南京：东南大学出版社，2010.

[9] 王广惠. 电机实验与技能实训. 北京：中国电力出版社，2008.

[10] 秦曾煌. 电工学：上册［M］. 7 版. 北京：高等教育出版社，2006.

[11] 邱关源. 电路［M］. 5 版. 北京：高等教育出版社，2006.

[12] 毕满清. 电子技术实验与课程设计. 北京：机械工业出版社，2005.

[13] 杨志忠. 电子技术课程设计［M］. 北京：机械工业出版社，2008.

[14] 张新喜，许军，王新忠，等. Multisim 10 电路仿真及应用［M］. 北京：机械工业出版社，2010.

[15] 聂典，丁伟. Multisim 10 计算机仿真在电子电路设计中的应用［M］. 北京：电子工业出版社，2009.

[16] 许晓华，何春华. Multisim 10 计算机仿真及应用［M］. 北京：清华大学出版社，2011.

[17] 王连英. 基于 Multisim 10 的电子仿真实验与设计［M］. 北京：北京邮电大学出版社，2009.

[18] 崔建明，陈惠英，温卫中. 电路与电子技术的 Multisim 10 仿真［M］. 北京：中国水利水电出版社，2009.

[19] 蒋卓勤，黄天录，邓玉元. Multisim 及其在电子设计中的应用［M］. 2 版. 西安：西安电子科技大学出版社，2011.

[20] 孙肖子. 现代电子线路和技术试验简明教程［M］. 北京：高等教育出版社，2008.